U0175001

数学的可视化技术及数学美赏析

方文波　宁　敏　方朝剑　著

科学出版社
北　京

内 容 简 介

本书以精美直观的几何图形来展现数学的美,即便只有初高中数学基础的读者也能欣赏到数学的美;而对于数学基础较好的读者不仅能欣赏到数学的美,还能发现甚至创造数学的美. 本书共 4 章,内容主要包括曲线、曲面、平面区域与空间立体、分形. 每章先介绍相应的可视化技术,如方程设计方法及图形绘制算法,然后对本章对象进行赏析,内容以图形、方程、应用和小故事为主. 书中所有图形均在本书作者研发的绘图软件 MathGS 或 MathTools 中绘制,读者可以根据书中给出的方程及相关绘图参数自行在这两个绘图软件中进行绘制(MathGS 或 MathTools 软件可通过搜索"中科云教育"平台下载使用).

本书可以作为数学文化课程的教学参考书;书中收录了大量世界著名曲线和曲面的方程和图形,故可作为数学老师的工具书;本书中很多插图和 Gif 动画可以直接用于大学数学的教学,因此本书还可作为大学数学教师的参考书;绘图软件 MathGS 和 MathTools 可作为大学数学教师进行信息化教学的有力工具,也可作为广大数学爱好者提高数学素养和数学文化水平的"闲"书.

图书在版编目(CIP)数据

数学的可视化技术及数学美赏析 / 方文波,宁敏,方朝剑著. —北京:科学出版社,2021.9

ISBN 978-7-03-068984-9

Ⅰ. ①数… Ⅱ. ①方… ②宁… ③方… Ⅲ. ①数学-美学-高等学校-教材 Ⅳ. ①O1-05

中国版本图书馆 CIP 数据核字(2021)第 103039 号

责任编辑:吉正霞 王 晶 / 责任校对:郑金红
责任印制:彭 超 / 封面设计:图阅盛世

科 学 出 版 社 出版
北京东黄城根北街 16 号
邮政编码:100717
http://www.sciencep.com

武汉中科兴业印务有限公司印刷
科学出版社发行 各地新华书店经销

*

2021 年 9 月第 一 版 开本:787×1092 1/16
2022 年 10 月第二次印刷 印张:13 3/4
字数:350 000

定价:58.00 元
(如有印装质量问题,我社负责调换)

前　言

　　本书第一作者在高校从事教学工作三十多年，一直专注大学数学的数字化教学资源的研发与教学实践．在教学过程中，经历了多媒体、混合多媒体、可视化、信息化等教学发展阶段．在技术上，经历了最初的简单应用、在某些点上自主研发教学软件、全方位自主研发教学软件等过程．在应用技术的目标上，经历了利用技术教好数学、利用技术实现直观阐释抽象、利用技术实现表现艺术等阶段．在对数学教育的认识上，实现了从数学是一种知识、数学教育就是知识教育到数学是一种文化、数学教育是一种文化传承，再到数学是一种艺术、数学教育是一种艺术熏陶的升华．鉴于目前国内大学数学教育只注重知识教育，而忽视数学教育的文化传承和艺术熏陶的现状，从而一直想编写一本基于信息技术的实现数学教育的"闲"书，以弥补大学数学教育的不足．但因各种原因，该想法一直没有付诸行动，直到 2019 年，为了迎接教育部对华中师范大学数学与应用数学师范专业进行的第 3 级认证，学院要求开设一门信息技术方面的教育教学类课程．以此为契机，才将多年来的想法付诸行动，所开设的课程命名为"数学的可视化技术及其应用"．不久后，作者又对该课程的教学内容和教学目标进行了适当调整，以"数学的可视化技术及数学美赏析"为课程名申请了学校通识教育核心课程．本书主要是将上述两门课程的讲稿整理并补充一些新内容而成．本书具有以下三个特色．

　　特色一，数形结合，图文并重．本书试图用精美的图形来展现冰冷的数学美，所以插图与文字、公式同等重要，每幅图至少对应于一个公式．图形将公式形象化、直观化，公式又使图形更美观（例如，着色算法为 3 个数学公式），它们相互配合，更能激发读者的阅读兴趣．

　　特色二，浅显易懂，读者面广．书中虽然有大量的数学公式，但不涉及其背景知识，只是展示它的美，所以这些公式的理解不需要读者具有深厚的数学知识，具有中学数学基础的读者就能阅读，也就能赏析到数学的美，从而降低了欣赏数学美的门槛．另外书中还有大量与数学相关的趣闻轶事及应用，这使本书具有传承数学文化的功能，也能扩大本书的读者面．

　　特色三，资源丰富，动静结合．本书随书赠送作者研发的绘图软件 MathGS（高等数学图形系统）和 MathTools（高等数学工具箱），书中所有几何图形均可在 MathGS 或 MathTools 中重现．MathTools 可以动态绘制任何空间曲线（包括平面曲线）以及旋轮线、阿基米德螺线、箕舌线、蔓叶线等曲线．柱面、旋转曲面和直纹曲面也可动态绘制．

　　书中归纳总结出的 4 种曲线方程设计方法、10 种曲面方程设计方法、正弦曲线填充平面区域算法等均有非常强的实用价值，同时也能启发读者的创新思维．书中很多插图和 Gif 动画可以直接用于大学数学的教学，因此本书可以作为大学数学教师的参考书，MathGS 和 MathTools 可作为大学数学教师进行信息化教学的有力工具．

　　本书由方文波编写，书中第 1～2 章中的图形由华中师范大学信息化办公室宁敏老师负责制作及审查，书中 Gif 动画、第 3～4 章中的图形由武汉纺织大学伯明翰时尚创意学院方朝剑老师负责制作及审查．

　　本书在编写过程中得到了华中师范大学数学与统计学学院的大力支持，在出版时得到了华中师范大学数学与统计学学院和华中师范大学本科生院的经费资助，在此表示衷心的感谢！

本书可在科学出版社"中科云教育"平台（http://www.coursegate.cn）下载 Gif 动画、MathGS 和 MathTools 两个软件数据下载包，下载后便可学习使用. 如遇问题可以与我们沟通，若有一些好的建议也可以与我们联系. 我们的联系方式：414200694@qq.com. 由于时间仓促，本书难免有疏漏和不足之处，敬请读者批评指正.

编　者

2021 年 2 月

目　　录

第1章

曲　线

1.1　曲线方程设计方法——以心形线为例

1.1.1　笛卡儿与克里斯汀的故事

笛卡儿 1596 年出生在法国，欧洲大陆暴发黑死病时他流浪到瑞典.

传说在 1649 年斯德哥尔摩的街头，笛卡儿邂逅了瑞典公主克里斯汀. 几天后，克里斯汀的父亲——瑞典国王便聘请笛卡儿到皇宫做克里斯汀的家庭教师，主要讲授哲学和数学. 不久后，公主的数学在笛卡儿的指导下突飞猛进，笛卡儿还向她介绍了自己研究的新领域——直角坐标系. 他们每天形影不离地相处，彼此产生了爱慕之心，但国王知道后勃然大怒，下令将笛卡儿处死，在克里斯汀苦苦哀求下，国王将笛卡儿流放回法国，克里斯汀也被父亲软禁起来.

笛卡儿回法国后不久便染上重病，但他每日坚持给克里斯汀写信，盼望着她的回信. 可是这些信件都被国王拦截下来，克里斯汀从未收到他的来信. 就在笛卡儿给克里斯汀寄出第 13 封信后，他的病情越来越严重，不久便离开了这个世界，而这第 13 封信内容只有短短的一个公式：$\rho = a(1 - \sin\theta)$. 当国王打开信看到这个公式后，将全城的数学家召集到皇宫，却没有一个人能解开，看着心爱的女儿整日闷闷不乐，国王就把这封信交给了克里斯汀.

公主看到后，立即明白恋人的意图，她马上着手把方程的图形画出来. 看到图形，她开心极了，知道恋人仍然爱着她. 原来方程的图形是一颗心的形状，这就是著名的"心形线"（Cardioid）.

在历史上，笛卡儿和克里斯汀的确有过交集. 但笛卡儿是 1649 年 10 月 4 日应克里斯汀邀请来到瑞典，当时克里斯汀已成为瑞典女王. 而且笛卡儿与克里斯汀谈论的主要是哲学问题而不是数学.

1.1.2　定义

"心形线"是动圆在定圆外侧滚动且两圆半径相等时，动圆上一定点的几何轨迹，是外摆线的一种，因其形状像心脏而得名，由笛卡儿在 1741 年发表，如图 1.1.1 所示.

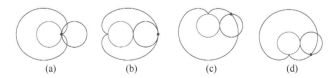

(a)　　　　(b)　　　　(c)　　　　(d)

图 1.1.1　动点的初始位置及对应的心形线

每幅子图中，右侧的小圆为动圆，标出的点为动圆上定点的初始位置.

1.1.3 几何性质

1. 方程

极坐标方程

图 1.1.1（a） $\rho = a(1-\cos\theta),\ a > 0$；

图 1.1.1（b） $\rho = a(1+\cos\theta),\ a > 0$；

图 1.1.1（c） $\rho = a(1-\sin\theta),\ a > 0$；

图 1.1.1（d） $\rho = a(1+\sin\theta),\ a > 0$.

直角坐标方程

图 1.1.1（a） $x^2 + y^2 = a\sqrt{x^2+y^2} - ax,\ a > 0$；

图 1.1.1（b） $x^2 + y^2 = a\sqrt{x^2+y^2} + ax,\ a > 0$；

图 1.1.1（c） $x^2 + y^2 = a\sqrt{x^2+y^2} - ay,\ a > 0$；

图 1.1.1（d） $x^2 + y^2 = a\sqrt{x^2+y^2} + ay,\ a > 0$.

参数方程

图 1.1.1（a） $\begin{cases} x = a(1-\cos\theta)\cos\theta, \\ y = a(1-\cos\theta)\sin\theta, \end{cases} (a>0, 0 \leqslant \theta \leqslant 2\pi)$；

图 1.1.1（b） $\begin{cases} x = a(1+\cos\theta)\cos\theta, \\ y = a(1+\cos\theta)\sin\theta, \end{cases} (a>0, 0 \leqslant \theta \leqslant 2\pi)$；

图 1.1.1（c） $\begin{cases} x = a(1-\sin\theta)\cos\theta, \\ y = a(1-\sin\theta)\sin\theta, \end{cases} (a>0, 0 \leqslant \theta \leqslant 2\pi)$；

图 1.1.1（d） $\begin{cases} x = a(1+\sin\theta)\cos\theta, \\ y = a(1+\sin\theta)\sin\theta, \end{cases} (a>0, 0 \leqslant \theta \leqslant 2\pi)$.

2. 面积和弧长

面积为 $\dfrac{3}{2}\pi a^2$，弧长为 $8a$.

1.1.4 心形线方程的设计

因为"心形线"有着美丽的爱情故事传说，所以每个年代都有不少年轻朋友希望设计出与众不同的"心形线"来向自己心爱的对象表白. 结果设计出大量的心形线，其方程有直角坐标方程、参数方程以及极坐标方程. 通过研究，作者发现，心形线方程的设计主要有两种方法：剪裁拼接法、压缩变形法. 下面对这两种方法逐一进行介绍.

1. 剪裁拼接法

将不在标准位置上的椭圆用 x 轴（或 y 轴）分成完全相同的两部分，然后按一定的方式将它们重新拼接起来，便得到一个心形线. 本方法的实质是将椭圆的方程改造成心形线的方程.

如图 1.1.2（a）所示的椭圆的方程为 $5x^2+6xy+5y^2=128$，用剪裁拼接法设计出的"心形线"如图 1.1.2（b）所示. 具体过程如图 1.1.3 所示.

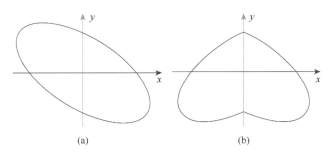

(a) (b)

图 1.1.2 椭圆及剪裁拼接成的心形线

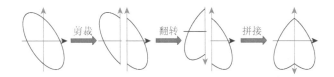

图 1.1.3 心形线的设计过程

下面推导由椭圆剪裁拼接成的心形线的方程是如何求出的.

图 1.1.2（b）中的心形线位于 y 轴右侧部分的方程为 $5x^2+6xy+5y^2=128$（$x>0$）. 该心形线关于 y 轴对称，故只需将右侧部分的方程中的 x 换成$-x$ 即得左侧部分的方程，即为 $5x^2-6xy+5y^2=128$（$x<0$）.

由上述两个方程合并成一个方程，得

$$5x^2+6\,|\,x\,|\,y+5y^2=128$$

这就是剪裁拼接而成的心形线的方程.

同时，上述由椭圆方程推导出心形线方程的过程，形式上是将椭圆方程中的x替换成$|\,x\,|$，即可得心形线的方程.

图 1.1.2（b）所示的心形线是用该方程在 MathGS 软件中绘制，有兴趣的读者可以利用该方程在 MathGS 软件中绘制这个心形线图.

同理，也可将图 1.1.2（a）所示的椭圆的绿轴（y 轴）右侧的一半绕 x 轴旋转 180°，得到如图 1.1.4（a）所示的心形线. 因在方程 $5x^2+6xy+5y^2=128$ 中，x 与 y 具有轮换对称性，即将

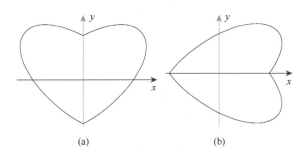

(a) (b)

图 1.1.4 关于竖轴和横轴对称的心形线

x 与 y 的位置互换，方程不变. 因此还可以得到对称轴为 x 轴的心形线，例如将图 1.1.2（a）中椭圆位于 x 轴上方的一半绕 y 轴旋转 $180°$ 得到如图 1.1.4（b）所示的心形线，其方程为 $5x^2 - 6x|y| + 5y^2 = 128$.

现将心形线的方程一般化，得到 $ax^2 + 2b|x|y + cy^2 = d$，且设 $a > 0$，$b > 0$，$c > 0$，$d > 0$. 在这 4 个参数中，a，b，c 控制心形线的形状，可通过改变它们的值设计出不同形状的"心形线"，但当它们的值不满足不等式 $b^2 - ac > 0$ 时就不再是"心形线"，请读者在 MathGS 软件中进行验证.

2. 压缩变形法

"心形线"可以通过圆或椭圆压缩变形而得到. 压缩变形方式有三种，在这里分别称为压缩变形法（一）、压缩变形法（二）和压缩变形法（三）.

1）压缩变形法（一）

图 1.1.5（b）所示的"心形线"是将图 1.1.5（a）所示的圆压缩变形而成. 但如何才能将圆压缩变形成"心形线"呢？经过大量实验发现，只需将圆的方程 $x^2 + y^2 = 1$ 中的 y 换成 $y - f(x)$，$f(x)$ 在 $[-a, a]$ 上的图形具有图 1.1.6 所示的形状（黑色或灰色）即可.

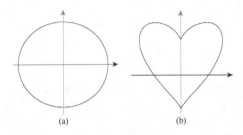
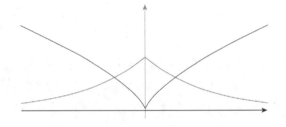

图 1.1.5　圆以及压缩而成的心形线　　　　图 1.1.6　$f(x)$ 的图形形状

这样的函数比较容易找到，如 $|x|$，$\sqrt[n]{|x|^m}$，$e^{-|x|}$，$e^{-|\sin kx|}$，$|\sin x|$，$|\tan x|$，$|\arcsin x|$，$|\arctan x|$，$\dfrac{7(x^2 + |x| + 0.5)}{3(x^2 + |x| + 2)}$ 等这些函数均可作为这里的 $f(x)$.

例如，图 1.1.5（b）所示的心形线的方程为 $x^2 + (y - \sqrt[3]{x^2})^2 = 1$. 在该方程中，用 $-x$ 代换 x，方程不变，也就是说方程关于变量 x 是偶函数，因此该心形线关于 y 轴对称，也可以通过在方程中植入参数来调整心形线的形状. 另外，类似地可以设计出关于 x 轴对称的方程，有兴趣的读者可自行探索.

若压缩变形法（一）中的变形函数 $f(x)$ 为其他函数，则将圆压缩变形成其他形状图形. 图 1.1.7 中给出了 3 种压缩后的图形. 其方程分别为

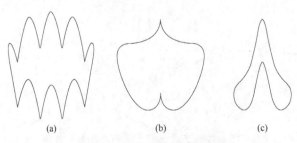

图 1.1.7　圆压缩而成的曲线

图 1.1.7（a） $f(x)=|\cos 6x|$ ；

图 1.1.7（b） $f(x)=x^2-\sqrt[9]{x^4}$ ；

图 1.1.7（c） $f(x)=\dfrac{\mathrm{e}^{\cos 4x}}{1+2.5\sin^2 x}$.

2）压缩变形法（二）

直接在圆或椭圆方程中加一个平方项，即心形线的方程为 $x^2+y^2+(y-f(x))^2=1$ 或 $x^2+y^2+\sin^2(y-f(x))=1$ ，其中 $f(x)$ 与压缩变形法（一）中的变形函数具有相同的性质. 图 1.1.8 给出了三条利用压缩变形法（二）设计的心形线. 其方程分别为

图 1.1.8（a） $x^2+y^2+\left(y-1.3\sqrt[5]{|x|^3}\right)^2=1$ ；

图 1.1.8（b） $3x^2+0.65y^2+(y-1.2\,|\arctan 2x|)^2=1$ ；

图 1.1.8（c） $3x^2+0.65y^2+\left(y-\mathrm{e}^{\sqrt[3]{x^2}}\right)^2=1$.

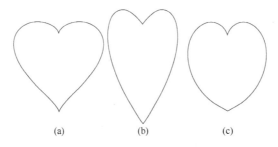

(a)   (b)   (c)

图 1.1.8 压缩变形法（二）设计的心形线

若压缩变形法（二）中的变形函数 $f(x)$ 为其他函数，则将圆压缩变形成其他形状图形. 图 1.1.9 中给出 3 种压缩后的图形. 其方程分别为

图 1.1.9（a） $x^2+y^2+6\left(\sqrt[5]{|x|^3}-\sqrt[5]{|y|^3}\right)^2=1$ ；

图 1.1.9（b） $x^2+y^2+(\sin 4x+\sin 4y)^2=1$ ；

图 1.1.9（c） $x^2+y^2+\left(\dfrac{\sin x}{x}+\dfrac{\sin y}{y}\right)^2=1$.

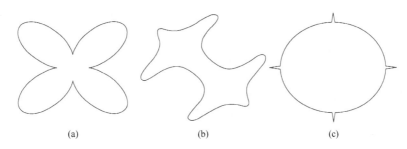

(a)   (b)   (c)

图 1.1.9 压缩变形法（二）设计的曲线

3）压缩变形法（三）

压缩变形法（一）和压缩变形法（二）都要求圆的方程为直角坐标方程，设计出的心形线

的方程也是直角坐标方程. 而压缩变形法（三）对圆的压缩变形是通过对极径的控制而实现，其设计的灵感来源于阿基米德螺线.

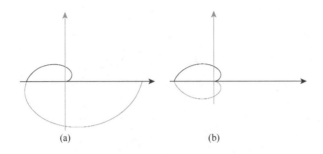

图 1.1.10　阿基米德螺线及由此设计出的心形线

图 1.1.10（a）为阿基米德螺线，其极坐标方程为 $\rho=a\theta$. 图 1.1.10（a）中，阿基米德螺线在灰轴上方的部分的范围是 $0\leqslant\theta\leqslant\pi$，将该部分复制一份并翻转到灰轴的下方，即得到图 1.1.10（b）所示的心形线. 因上方部分的范围是 $0\leqslant\theta\leqslant\pi$，故下方部分的范围可设为 $-\pi\leqslant\theta\leqslant0$，且极径需满足 $\rho\geqslant0$，于是心形线的极坐标方程即为 $\rho=a|\theta|$ $(-\pi\leqslant\theta\leqslant\pi)$. 这也是作者到目前为止设计的方程中最简单的一种心形线. 图 1.1.10（b）所示的心形线方程 $\rho=a|\theta|$ $(-\pi\leqslant\theta\leqslant\pi)$，实质上是将圆的极坐标方程 $\rho=a$ 乘以函数 $f(\theta)=|\theta|$ 而得到，这就是对圆进行了压缩变形. 当 $f(\theta)$ 取 $\sqrt[n]{|\theta|^m}$,$\mathrm{e}^{-|\theta|}$,$|\tan\theta|$,$|\arcsin\theta|$,$|\arctan\theta|$ 这些函数时，也能将圆压缩变形成心形线. 图 1.1.11 给出了由压缩变形法（三）设计出的 3 条心形线，其方程分别为

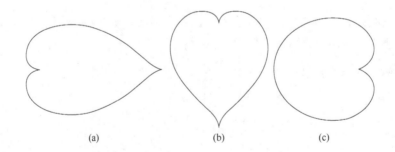

图 1.1.11　压缩变形法（三）设计的心形线

图 1.1.11（a）$\begin{cases}x=(\sqrt[5]{\pi^3}-\sqrt[5]{\theta^3})\cos\theta\\y=(\sqrt[5]{\pi^3}-\sqrt[5]{\theta^3})\sin\theta\end{cases}$ $(-\pi\leqslant\theta\leqslant\pi)$;

图 1.1.11（b）$\begin{cases}x=|\arcsin\theta|\sin\pi\theta\\y=|\arcsin\theta|\cos\pi\theta\end{cases}$ $(-1\leqslant\theta\leqslant1)$;

图 1.1.11（c）$\begin{cases}x=(\mathrm{e}-2\mathrm{e}^{-|\theta|})\cos\theta\\y=(\mathrm{e}-2\mathrm{e}^{-|\theta|})\sin\theta\end{cases}$ $(-\pi\leqslant\theta\leqslant\pi)$.

若压缩变形法（三）中的变形函数 $f(x)$ 为其他函数，则将圆压缩变形成其他形状图形. 图 1.1.12 给出 3 种压缩后的图形，其方程分别为

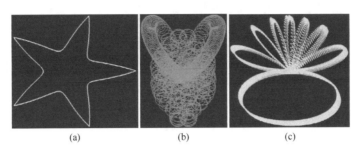

图 1.1.12　压缩变形法（三）设计的其他曲线

图 1.1.12（a）$\begin{cases} x = e^{-|\sin 2.5\theta|}\cos\theta \\ y = e^{-|\sin 2.5\theta|}\sin\theta \end{cases}$　　$(-\pi \leqslant \theta \leqslant \pi)$；

图 1.1.12（b）$\begin{cases} x = \dfrac{\sin 4\theta}{\theta}\cos\theta + 0.1\cos(500\theta) \\ y = \dfrac{\sin 4\theta}{\theta}\sin\theta + 0.1\sin(500\theta) \end{cases}$　　$(-\pi \leqslant \theta \leqslant \pi)$；

图 1.1.12（c）$\begin{cases} x = -|\sin(1.25\,\mathrm{ch}\,\theta)|\sin\theta + 0.1|\cos 500\theta| \\ y = -|\sin(1.25\,\mathrm{ch}\,\theta)|\cos\theta + 0.1|\cos 500\theta| \end{cases}$　　$(-\pi \leqslant \theta \leqslant \pi)$.

1.1.5　其他心形线

下面给出 6 个其他类型的心形线，参数方程、极坐标方程和直角坐标方程各 2 个.

其他心形线（1）$\begin{cases} x = 16\sin^3\theta \\ y = 13\cos\theta - 5\cos 2\theta - 2\cos 3\theta - \cos 4\theta \end{cases}$，其图形如图 1.1.13（a）所示；

其他心形线（2）$\begin{cases} x = \sin\theta\cos\theta\ln(|\theta|) \\ y = \sqrt{|\theta|}\cos\theta \end{cases}$　$(-1 \leqslant \theta \leqslant 1)$，其图形如图 1.1.13（b）所示；

其他心形线（3）$\rho = \arccos(\sin\theta)$，其图形如图 1.1.14（a）所示；

其他心形线（4）$\rho = \dfrac{\sin\theta\sqrt{|\cos\theta|}}{\sin\theta + 1.2} - 2\sin\theta + 2$，其图形如图 1.1.14（b）所示；

其他心形线（5）$\begin{cases} y = f(x) = \sqrt{2|x| - x^2} \\ y = g(x) = -2.14\sqrt{\sqrt{2} - \sqrt{|x|}} \end{cases}$　$(-2 \leqslant x \leqslant 2)$，其图形如图 1.1.15（a）所示；

其他心形线（6）$y = \left(\sqrt{\cos x}\cos 200x + \sqrt{|x|} - 0.7\right)(4 - x^2)^{0.01}$　$\left(-\dfrac{\pi}{2} \leqslant x \leqslant \dfrac{\pi}{2}\right)$，其图形如

图 1.1.15（b）所示.

1.1.6　美化后的心形线

对心形线也可以进行进一步的美化. 若心形线的方程为参数方程或极坐标方程，则可用曲线图案（比如螺旋线）画出该心形线；若心形线的方程为隐式方程，则可对该心形线围成的区域进行填充（本书在第 3 章中具体讨论）.

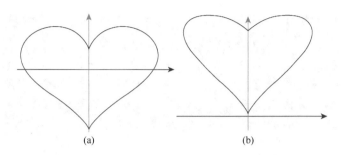

图 1.1.13　其他心形线（1）和其他心形线（2）

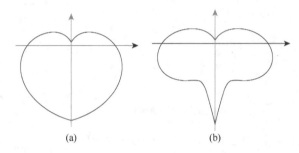

图 1.1.14　其他心形线（3）和其他心形线（4）

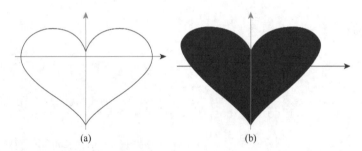

图 1.1.15　其他心形线（5）和其他心形线（6）

　　将其他心形线（1）、其他心形线（2）、其他心形线（3）和其他心形线（4）的方程依次修改为

$$\begin{cases} x = 16\sin^3\theta - 0.3\sin 300\theta \\ y = 13\cos\theta - 5\cos 2\theta - 2\cos 3\theta - \cos 4\theta - 0.3\cos 300\theta \end{cases}$$

$$\begin{cases} x = \sin\theta\cos\theta\ln(|\theta|) - 0.03\sin 300\theta \\ y = \sqrt{|\theta|}\cos\theta - 0.03\cos 300\theta \end{cases} \quad (-1 \leqslant \theta \leqslant 1)$$

$$\begin{cases} x = \arccos(\sin\theta)\cos\theta - 0.09\sin^{\frac{7}{9}}(150\theta) \\ y = \arccos(\sin\theta)\sin\theta - 0.09\cos^{\frac{7}{9}}(150\theta) \end{cases}$$

$$\rho = \frac{\sin\theta\sqrt{|\cos\theta|}}{\sin\theta + 1.2} - 2\sin\theta - 0.2|\sin 300\theta| + 2$$

上式的图形分别为图 1.1.16（a）～（d）所示.

　　利用 MathGS 软件的功能和其他心形线（1）的方程，可以得到如图 1.1.17 所示的更为神奇的心形线.

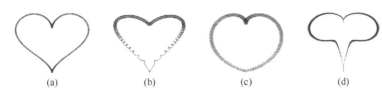

图 1.1.16 美化后的心形线

图 1.1.17 美化后的其他心形线

扫码见 1.1 节中部分彩图

1.2 曲线绘制算法

1.2.1 显式曲线绘制算法

平面曲线的方程有显式直角坐标方程 $y=f(x)$，参数方程 $\begin{cases} x=\varphi(t) \\ y=\psi(t) \end{cases}$，极坐标方程 $\rho=\rho(\theta)$.

显式直角坐标方程和极坐标方程很容易化成参数方程：方程 $y=f(x)$ 等价于参数方程 $\begin{cases} x=t \\ y=f(t) \end{cases}$，$\rho=\rho(\theta)$ 化成的参数方程为 $\begin{cases} x=\rho(\theta)\cos\theta \\ y=\rho(\theta)\sin\theta \end{cases}$. 若曲线 C 的方程是上述三种方程中的某一种，则称曲线 C 为显式曲线. 显式曲线的绘制比较容易，因为在显式曲线上取点就是计算函数值. 设显式曲线 C 的参数方程为 $\begin{cases} x=\varphi(t) \\ y=\psi(t) \end{cases}$ $(\alpha \leqslant t \leqslant \beta)$，则绘制显式曲线 C 的算法如下.

步骤 1 将区间 $[\alpha,\beta]$ 作 n 等分，分点设为 $\alpha=t_0<t_1<\cdots<t_{n-1}<t_n=\beta$；

步骤 2 计算 $\begin{cases} x_i=\varphi(t_i) \\ y_i=\psi(t_i) \end{cases}$，则可求得曲线 C 上的 $n+1$ 个点 (x_i,y_i) $(i=0, 1, \cdots, n)$；

步骤 3 用折线将这 $n+1$ 个点连接起来即得曲线 C 的图形.

显式曲线绘制算法的优点是速度快、效率高、易实现，缺点是将区间 $[\alpha,\beta]$ 作 n 等分有时不太合理，因为绝大多数曲线在不同区间上的弯曲程度不相同，所以绘制曲线时，在弯曲程度大的区间上应多取点，而在弯曲程度小的区间上可少取点.

1.2.2 隐式曲线绘制算法

隐式曲线是指由二元方程 $F(x,y)=0$ 所确定的曲线. 隐式曲线的绘制相比显式曲线的绘制要困难一些，正因为如此，很多学者对这一问题进行了相关研究，设计出很多行之有效的算法. 主要可归纳为两类：连续跟踪法和基于场细分的隐式曲线绘制算法.

（1）连续跟踪法，这种方法是从曲线上的某点（称为起点）开始按照一定的规则连续跟踪绘制曲线. 如正负法、TN 法、短线跟踪法和曲线的像素级生成算法等均属于连续跟踪法. 这种算法的优点是效率比较高, 其缺点是起点集的确定很困难. 因为隐式曲线往往比较复杂, 有很多隐式曲线由很多互不相交的分枝组成, 要想画出较完整的曲线, 必须在每个分枝上各取一个起点, 这项工作难度较大, 有时甚至不可能完成.

（2）基于场细分的隐式曲线绘制算法, 这种方法通常从整个绘图区域开始, 通过估计函数 $F(x,y)$（$F(x,y)=0$ 为要绘制曲线的隐式方程）在当前区域的界, 判断该区域是要排除的无关区域还是需要进一步细分的有关区域. 对有关区域不断细分, 进一步不断排除无关区域, 直到有关区域达到一个像素的大小为止, 若还是无法排除则把这个像素画出来. 这种方法的优点是能可靠地绘制出隐式曲线, 不会丢失隐式曲线的任何部分, 而且不需要对奇点进行特别的处理. 其缺点是如何有效地估计函数在区域上的界, 如果估计方法过于保守会导致"胖"曲线的出现, 原因是它有可能将不在曲线上的像素因无法排除而画出来.

1. 正负法

基本思路: 假设要绘制的曲线方程为 $F(x,y)=0$, 绘图区域为 $[x_{\min},x_{\max}]\times[y_{\min},y_{\max}]$, 则曲线将绘图区域分为三个点集, 分别记为 $G_- = \{(x,y)\,|\,F(x,y)<0\}$（负侧）, $G_0 = \{(x,y)\,|\,F(x,y)=0\}$（曲线上）, $G_+ = \{(x,y)\,|\,F(x,y)>0\}$（正侧）. 绘图区域上任意一点必属于上述三个点集之一.

如图 1.2.1 所示, 设从曲线 G_0 上一点 P_0 开始, 以既定步长 Δx 沿某一方向前进一步, 达 G_- 或 G_+. 假定到达 G_- 中一点 P_1, 此时 $F(x,y)<0$, 设法以一定步长 Δy 沿某一方向向 G_+ 前进入 P_2, 穿过 G_0, 再设法向 G_- 前进, 如此类推, 可得 $n+1$ 个点 $P_0,P_1,\cdots,P_n$, 用直线依次将这些点连接起来, 曲线的绘制结束. 用这种方法绘制曲线时, 拟合曲线始终紧紧围绕原曲线, 纵横误差不超过 Δx 或 Δy. 每前进一步, 只需判别 $F(x,y)$ 的符号, 以决定下一步走法, 当步长充分小时, 这条折线就绘制成一条光滑曲线.

2. TN 法

基本思路: 设曲线 C 的方程为 $F(x,y)=0$, P_0 和 T_0 分别是初始点和初始切向量, P_n 是终点.

首先, 自 P_0 出发沿 T_0 以 δ 为步长前进至 Q_0, 再由 Q_0 出发沿 P_0 处的法向量以 η 为步长逐次前进至将穿过曲线为止, 得点 P_1. 然后, 由 P_1 出发沿 P_1 处的切向量 $T_1\parallel\overrightarrow{P_0P_1}$ 以 δ 为步长前进至 Q_1, 并由 Q_1 沿 P_1 处的法向量以 η 为步长逐次前进至将穿过曲线为止, 得点 P_2. 以此类推, 可得 $n+1$ 个点 $P_0,P_1,\cdots,P_n$, 用直线依次将这些点连接起来, 曲线的绘制结束. 用 TN 法跟踪绘制曲线的具体过程如图 1.2.2 所示.

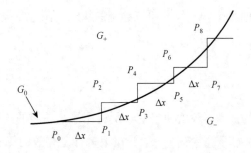 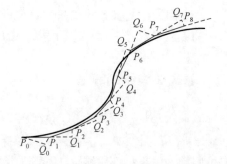

图 1.2.1　正负法跟踪绘制曲线示意图　　　　图 1.2.2　TN 法跟踪绘制曲线示意图

3. 短线跟踪法

基本思路：用平行于坐标轴的两组短线跟踪隐式曲线，使得每条短线位于隐式曲线附近. 短线的长度可设置得足够短，使得在短线跟踪过程中，曲线与两根短线分别最多只有一个交点. 短线与曲线相交的判别条件是短线的两个端点位于曲线的两侧，这时可直接用短线的中点作为短线与曲线的交点. 两组短线在跟踪曲线时，相当于折线 "Γ" 或 "⌐" 在跟踪曲线. 跟踪过程如图 1.2.3 所示.

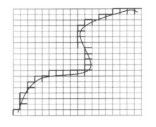

图 1.2.3　短线跟踪法跟踪绘制曲线示意图

4. 曲线的像素级生成算法

曲线的像素级生成算法主要是逐点选择距离实际曲线最近的像素点. 设当前像素点的坐标为 (x, y)（当前像素点是指刚刚选择的位于曲线上的像素点），则下一步从其相邻像素点中选择一个距离实际曲线最近的像素点作为下一步的当前像素点，共有 8 个相邻像素点，分别设为 $m_1, m_2, \cdots, m_8$，如图 1.2.4（a）所示.

为实现曲线绘制，根据曲线的不同走向在算法中分为 8 个部分，分别进行处理. 例如，若曲线的走向（当前像素点处的切线方向，可以用最后两个像素点确定的向量近似）在 m_1 和 m_2 之间（或称其方向在 R_1 内），此时走向向量与 x 轴的夹角大于 0 而小于 45°，则由算法的 P_1 部分处理. 若曲线的走向在 R_2 内，即在 m_2 和 m_3 之间，则由算法的 P_2 部分处理，以此类推，如图 1.2.4（b）所示.

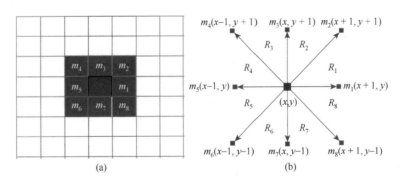

图 1.2.4　一个像素点的 8 个相邻像素点及对应的移动方向

设曲线的隐式方程为 $F(x, y) = 0$，下面以 P_1 为例来讨论算法的实现. 对于这个走向的曲线，需要判断当前像素点 (x, y) 的右邻像素点 $m_1(x+1, y)$ 和右上邻像素点 $m_2(x+1, y+1)$ 中哪一个距离曲线较近，即比较 $|F(x+1, y)|$ 和 $|F(x+1, y+1)|$ 的大小. 若 $|F(x+1, y)| < |F(x+1, y+1)|$，则说明 m1 距离曲线较近，下一步的当前点就是 m_1，否则下一步的当前点就是 m_2.

本算法最为关键的技术是算法能自动调整方向，即判断曲线走向的变化，以便转入到算法的相应部分进行处理. 具体方法：以 P_1 部分为例，首先判断 $F(x+1, y)$ 和 $F(x+1, y+1)$ 的符号，若它们同号，则说明这两个像素点在曲线的同一侧，此时，认为曲线的走向不在 R_1 内，而最大可能是在 R_2 或 R_8 内. 如何确定是 R_2 或 R_8，要通过比较 $|F(x+1, y)|$ 和 $|F(x+1, y+1)|$ 的大小来决定. 若 $|F(x+1, y)| < |F(x+1, y+1)|$，则说明曲线的走向在 R_8 内，否则在 R_2 内，以此类推.

此算法的优点是只运用整数运算，便可绘制多种曲线，且能自动调整前进的方向，因此这种算法能随着曲线走向的变化而调整，使其总能与曲线的走向保持一致. 但相比于正负法，该算法总是选择距离曲线最近的点，而且没有直角点，因而既减少了计算量又有助于生成光滑的曲线.

5. 移动正方形算法

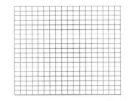

图 1.2.5 网络化后的绘图区域

移动正方形（marching squares）算法先将曲线 $F(x,y)=C$ 所在的二维数据场（即绘图区域）用网格划分，网格单元是一个正方形，整个二维数据场就是由这种正方形组成，如图 1.2.5 所示.

移动正方形算法的基本思想是逐个处理数据场的网格单元. 首先对给定的阈值 C，遍历所有网格单元，将网格单元的 4 个顶点 (x_i,y_i) 上的值 $F(x_i,y_i)$ $(i=1,2,3,4)$ 分别与阈值 C 进行比较，找出顶点值大于阈值又有顶点值小于阈值的网格单元，即为与曲线 $F(x,y)=C$ 相交的网格单元，然后通过线性插值求该曲线与这些网格单元边的交点，并将各交点按一定规则连成线段，最后将所有网格单元中的线段连接起来，得到一条折线，用该折线来逼近曲线 $F(x,y)=C$.

曲线与网格单元的位置关系有如图 1.2.6 所示的 16 种情形.

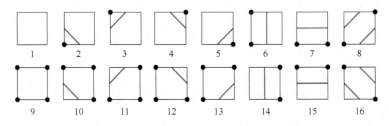

图 1.2.6 曲线与网格单元的位置关系

在图 1.2.6 中，每个正方形均为网格单元，正方形的顶点用黑点表示时，表示函数在该顶点的值大于阈值。图中 16 种情形的说明如下.

情形 1，网格单元在曲线的一侧，即曲线没有穿过该网格单元，因为 4 个顶点的函数值都小于阈值.

情形 2~5，网格单元的顶点中有一个顶点的函数值大于阈值，其余 3 个的函数值小于阈值，这时曲线与网格单元的两条相邻边相交.

情形 6、7、14、15，网格单元的顶点中相邻的两个顶点的函数值大于阈值，另外两个的函数值小于阈值，这时曲线与网格单元的两个平行边相交.

情形 8、16，网格单元的顶点中相对的两个顶点的函数值大于阈值，另外两个的函数值小于阈值，这时曲线与网格单元的 4 条边均相交.

情形 9，网格单元的 4 个顶点的函数值均大于阈值，这时网格单元在曲线的一侧，即曲线与该网格单元不相交.

情形 10~13，网格单元的顶点中有 3 个顶点的函数值大于阈值，只有一个的函数值小于阈值，这时曲线与网格单元的两条相邻边相交.

移动正方形算法属于场细分的隐式曲线曲面绘制算法.

1.2.3 MathGS 软件绘制平面曲线

MathGS 软件主界面如图 1.2.7 所示.

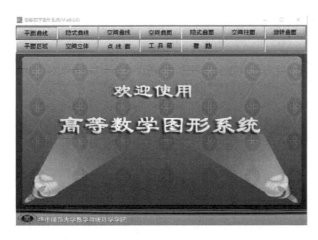

图 1.2.7　MathGS 软件主界面

在 MathGS 软件中,"平面曲线"模块用来绘制平面显式曲线,"隐式曲线"模块用来绘制平面隐式曲线,"空间曲线"模块用来绘制空间曲线. 下面通过两个例子来介绍如何在 MathGS 软件中绘制平面曲线.

例 1.2.1　在同一个坐标系中绘制曲线 $\rho = 1 - \cos\left(\theta + \dfrac{k\pi}{8}\right)$ $(k = 0,1,\cdots,8)$ 的图形.

解　曲线的方程为极坐标方程,而 MathGS 软件中不能直接绘制由极坐标方程给定的曲线,需要将方程转换成参数方程

$$\begin{cases} x = \left[1 - \cos\left(\theta + \dfrac{k\pi}{8}\right)\right]\cos\theta \\[3mm] y = \left[1 - \cos\left(\theta + \dfrac{k\pi}{8}\right)\right]\sin\theta \end{cases} \quad (k = 0,1,\cdots,8)$$

该方程中含有一个参数 k,而在 MathGS 软件中绘图,方程中除自变量以外不能再含其他任何参数,因此,在绘制该曲线的图形时,参数 k 要依次用 0, 1, $\cdots$, 8 代替,即要绘制 9 条曲线. 方程及其他参数的输入和图形分别如图 1.2.8 所示.

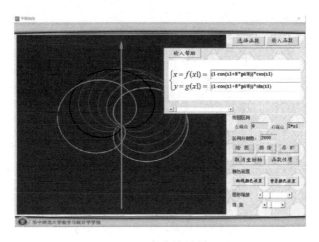

图 1.2.8　9 条曲线绘制界面

在 MathGS 软件的"平面曲线"模块中,一个坐标系中最多可绘制 20 条曲线,每条曲线的颜色可以互不相同. 如图 1.2.8 中绘制了 9 条曲线,且均为心形线,这 9 条心形线只是位置不同,其他几何性质完全相同. 当参数 k 要依次取 $0, 1, \cdots, 8$ 时,后一条心形线是将前一条心形线顺时针旋转 $\dfrac{\pi}{8}$ 所得的结果.

例 1.2.2　在 MathGS 软件的"隐式曲线"模块中绘制方程 $5x^{2n} + 8xy + 5y^{2n} = 8(n = 1, 2, 20)$ 的图形.

解　在"隐式曲线"模块中,一个坐标系中一次只能绘制一个图形,所以要分 3 次进行绘制,方程及其他参数的输入和图形分别如图 1.2.9～图 1.2.11 所示.

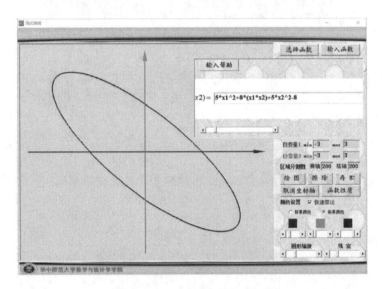

图 1.2.9　$n = 1$ 时曲线绘制界面

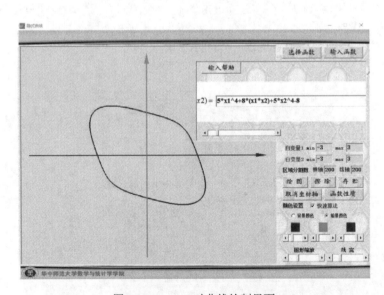

图 1.2.10　$n = 2$ 时曲线绘制界面

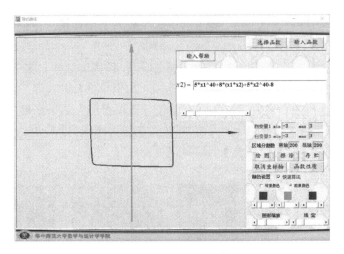

图 1.2.11　$n = 20$ 时曲线绘制界面

　　试问，有没有办法将上述 3 条曲线在一个坐标系中绘制出来呢？当然有，其方法就是构造组合曲线，组合曲线的方程是将上述 3 条曲线的方程相乘，具体方程为

$$(5x^2 + 8xy + 5y^2 - 8)(5x^4 + 8xy + 5y^4 - 8)(5x^{40} + 8xy + 5y^{40} - 8) = 0$$

绘制的图形如图 1.2.12 所示.

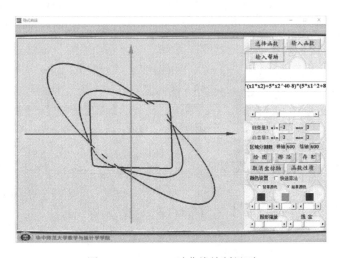

图 1.2.12　$n = 20$ 时曲线绘制界面

扫码见 1.2 节中部分彩图

1.3　精彩曲线赏析

1.3.1　螺线

　　数学中有各式各样富含诗意的曲线，螺线（spiral）就是其中比较特别的一类. 螺线这个名词来源于希腊文，它的原意是"旋卷"或"缠卷". 螺线也称定倾曲线，是一类特殊曲线. 动点在定直线上作匀速直线运动，同时定直线又作匀速旋转运动，这时动点的几何轨迹即为螺线. 若定直线在平面上绕一固定点旋转，则动点的轨迹称为平面螺线. 若定直线绕 z 轴旋转，则动

点的轨迹是一条空间曲线称为螺旋线. 螺旋线分为左旋与右旋两种, 是绕在圆柱面或圆锥面上的曲线.

从图 1.3.1 (a) 中可见, 生活中最常见的蜘蛛网是一种螺旋结构. 它的结构充分地说明了蜘蛛是一个多么了不起的、有着奇妙螺旋概念的生命. 车前草的叶片也是一种螺旋状排列, 其间夹角为 137°、30°、38°. 这样的叶序排列, 可以使叶片获得最大的采光量, 且得到良好的通风. 自然中大多数植物叶子在茎上的排列, 一般都是螺旋状 [图 1.3.1 (b)]. 此外, 向日葵籽在盘上的排列、海螺也是螺旋式的 [图 1.3.1 (c) (d)].

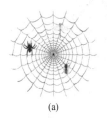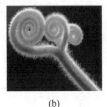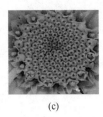

(a)　　　　　　　(b)　　　　　　　(c)　　　　　　　(d)

图 1.3.1　自然界中的螺旋形态

再如, 人的头发是从头皮毛囊中斜着生长出来的, 它循着一定的方向形成旋涡状, 这就是发旋, 且有右旋和左旋之别. 实际上, 发旋是长在体表的毛旋, 能使毛发顺着一定的方向生长. 人类头发的这些作用虽然已退化到微不足道的地步, 但其形式却保留了下来. 在野生兽类动物中, 毛旋具有保护自身和适应环境的作用. 它可使雨水顺着一定的方向淌掉, 犹如披上了一件蓑衣; 它们排列紧密, 可避免昆虫的叮咬; 除此之外, 它还具有保温作用.

图 1.3.2　工业中的螺旋形态

螺旋线被广泛应用于各个领域, 如机械材料中螺杆、螺帽、螺钉和用于玩具配件、工艺饰品配件中的螺丝扣等. 枪管内的膛线也是螺旋线, 就连一些楼梯也是螺旋状的, 比如被称为"世界中古七大奇观"之一的意大利比萨斜塔的楼梯, 便是 294 阶的螺旋线. 美国加州设计师借鉴植物车前草叶子旋转可获得最大日光的原理, 设计了一幢 13 层的螺旋状排列的大楼, 确保每个房间都有充足的阳光. 图 1.3.2 为工业中的螺旋形态.

1. 平面螺线

1) 阿基米德螺线

(1) 定义

阿基米德螺线, 亦称"等速螺线", 得名于公元前三世纪古希腊哲学家、数学家、物理学家阿基米德 (图 1.3.3). 动点沿一直线作等速运动, 而这条直线又围绕一定点在平面上作匀速旋转运动, 动点的轨迹称为阿基米德螺线, 阿基米德螺线是一个点匀速离开一个固定点的同时又以固定的角速度绕该固定点转动而产生的轨迹. 阿基米德在其著作《螺旋线》中对此做了相关描述.

图 1.3.3　阿基米德

（2）方程和图形

极坐标方程 $$\rho = a\theta + b$$

式中：a，b 为常数；θ 为极角；ρ 为极径.

参数方程 $$\begin{cases} x = (a\theta + b)\cos\theta \\ y = (a\theta + b)\sin\theta \end{cases}$$

阿基米德螺线图形如图 1.3.4 所示.

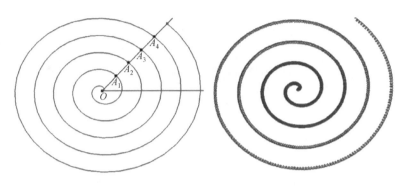

图 1.3.4 阿基米德螺线

（3）性质和应用

性质 1 等距性 过极点的射线与曲线交于 $A_1, A_2, A_3, \cdots$，则它们之间的距离都等于 $2\pi a$. 这就是阿基米德螺线也称为等速螺线.

应用 1 由匀速盘香机生产出来的盘状蚊香形状是阿基米德螺线.

应用 2 等螺距的螺钉从钉头方向看也是阿基米德螺线.

应用 3 机械缝纫机中（有一个凸轮，手轮旋转的时候用来带动缝纫针头直线运动）也有阿基米德螺线.

应用 4 喷淋冷却塔所用的螺旋喷嘴喷出喷淋液的运动轨迹也为阿基米德螺线.

应用 5 为解决用尼罗河水灌溉土地的难题，阿基米德发明了圆筒状的螺旋扬水器，后人称它为"阿基米德螺旋"，如图 1.3.5 所示.

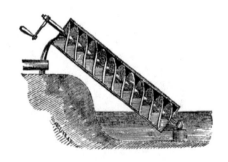

GAMES OF THE XXIVTH OLYMPIAD SEOUL 1988

图 1.3.5 阿基米德螺旋　　　　图 1.3.6 1988 年汉城奥运会会徽

应用 6 在阿基米德螺线的配合下，尺规能完成三等分任意角. 但需要注意的是阿基米德螺旋线不能由尺规作图画出.

应用 7 1988 年在韩国举办的第 24 届汉城奥运会上的会徽（图 1.3.6）由蓝、红、黄三色阿基米德螺线和奥林匹克五环组成. 三种颜色代表天、地、人"三元一体"态的螺线, 意指旋转向上以示和谐进步.

应用 8　阿基米德螺线表现在空间建筑中, 也极富美感. 如高层建筑的楼中央, 从底层到高层螺旋上升的多级楼梯, 从顶层俯视底层, 眼中透视所见的一层层螺旋楼梯, 构成一幅令人震撼、美不胜收的阿基米德螺线 [图 1.3.7 (a)].

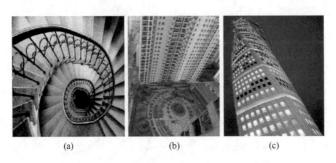

(a)　　　　　　　　　(b)　　　　　　　　　(c)

图 1.3.7　阿基米德螺线在建筑中的应用

应用 9　上海某小区平面图 [图 1.3.7 (b)], 以小区中心广场为原点, 设计阿基米德螺线形带状绿地, 形成绿色长廊, 连接弧板状住宅, 形成离心的曲线和向心的住宅共同组成小区空间, 与邻近高楼相协调, 使新区空间形态完整统一, 又极富曲线美感, 其创新设计广受好评.

应用 10　螺旋形扭转大楼. 瑞典一座 45 层楼高的反直式常规的螺旋形扭转大楼 [图 1.3.7 (c)]. 从底楼一直扭曲向上, 这扭曲线的俯视图应是阿基米德螺线. 扭转大楼不仅样子奇特, 也有利于每个房间和客厅都拥有充足的自然光.

2) 等角螺线 (对数螺线)

(1) 方程和图形

等角螺线是 1638 年由笛卡儿发现, 雅各布·伯努利做了深入的研究, 他在遗嘱里吩咐要把等角螺线刻在他的墓碑上, 因此又称伯努利螺线.

极坐标方程　　　　　　　　　　　　$\rho = e^{a\theta}$

参数方程　　　　　　　　　　　$\begin{cases} x = e^{a\theta} \cos\theta \\ y = e^{a\theta} \sin\theta \end{cases}$

图形如图 1.3.8 所示.

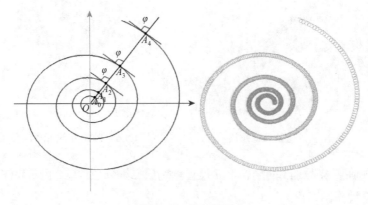

图 1.3.8　等角螺线

（2）性质和应用

性质 1（等角性） 曲线与过极点的所有射线的交角都相等，且有 $\tan\varphi = \dfrac{1}{a}$.

性质 2（等比性） 设过极点的射线与曲线交于 $A_0, A_1, A_2, \cdots$，则 $OA_0, OA_1, OA_2, \cdots$ 成等比数列，公比为 $e^{2a\pi}$.

性质 3（不变性） 雅各布·伯努利发现将等角螺线作某些变换时，所得的曲线仍是相同的等角螺线. 这些变换包括：求等角螺线的垂足曲线；求等角螺线的渐屈线；求等角螺线反演曲线；求等角螺线的焦线；将等角螺线以其极点为中心作伸缩变换.

应用 1 自然界中的等角螺线. 自然界中有许多动物、植物其形状具有等角螺线形，如鹦鹉螺，其螺壳呈等角螺线形. 又如大象的鼻子、羚羊的角和羊毛的卷曲度也呈等角螺线形，还有植物中向日葵花盘、野菊花花盘上的螺线也呈等角螺线形（图 1.3.9）.

应用 2 据动物学家研究，鹰以等角螺线方式接近猎物，昆虫以等角螺线方式接近光源. 成语中常说的"飞蛾扑火"是什么原理呢？科学家研究发现，飞蛾在长期进化过程中，已形成按自然光源——日光、月光来引导自己飞行的生活习性. 因日、月距离遥远，其光线射到地球可视作平行光，而飞蛾习惯按照光线以固定角度射入眼中而直线飞行. 因此，飞出来的轨迹就不是一条直线，而是不断调整角度，形成一条不断折向灯光光源的螺旋形飞行线路.

（3）轶闻趣事

关于等角螺线还有一个小故事. 等角螺线是笛卡儿在 1638 年发现的，雅各布·伯努利做了相关研究，并发现了许多非常优美的特性，经过各种变换，结果还保持原来的样子. 他十分惊叹和欣赏这种美，要求死后在自己的墓碑上一定要刻上等角螺线，以及墓志铭"纵使改变，依然故我". 但石匠误将阿基米德螺线刻了上去，图 1.3.10 为雅各布·伯努利的墓碑.[2]

图 1.3.9　自然界中的等角螺线　　　　图 1.3.10　雅各布·伯努利的墓碑

3）双曲螺线（倒数螺线）

（1）定义

在极坐标系中，极径与极角成反比例的动点的几何轨迹称为双曲螺线.

（2）方程和图形

极坐标方程 $\qquad\qquad\qquad \rho\theta = a$ （a 为常数）

参数方程 $\qquad\qquad\quad \begin{cases} x = \dfrac{a\cos\theta}{\theta} \\[2mm] y = \dfrac{a\sin\theta}{\theta} \end{cases}$

图形如图 1.3.11 所示.

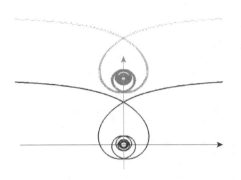

图 1.3.11　双曲螺线

（2）方程和图形

参数方程

图形如图 1.3.12 所示.

（3）性质

对称性：关于 y 轴对称.

渐近点：极点 O.

渐近线：$y = a$.

2. 螺旋线

1）圆柱螺旋线

（1）定义

动点在铅直的直线 L 上匀速上升，同时直线 L 又绕 z 轴旋转，动点的轨迹即为圆柱螺旋线.

$$\begin{cases} x = a\cos\theta \\ y = a\sin\theta \\ z = b\theta \end{cases}$$

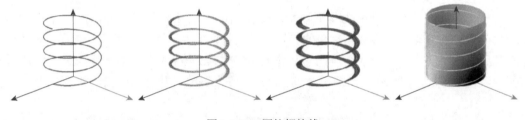

图 1.3.12　圆柱螺旋线

（3）性质和应用

性质　螺距 $h = 2\pi b$，它在轴线 Oz 方向的投影是圆；在与轴线垂直方向的投影，是正弦曲线.

应用　自然界和日常生活中处处都有螺旋线，例如：蝙蝠出洞时的飞行轨迹；植物的茎与叶；人的耳蜗等. 螺旋线还是生物学与核物理的一种重要结构，以光速运动的中微子和反中微子的轨迹，是某种具有相反（左与右）旋转性的螺旋线，而生活中常见的螺钉或螺母具有右旋性，自行车的左、右脚蹬轴的螺纹分别具有左、右旋性.

2）圆锥螺旋线

（1）定义

动点在过坐标原点的直线 L 上作匀速运动，而直线 L 又绕 z 轴匀速旋转，这时动点的轨迹称为圆锥螺旋线. 也可定义为动点在阿基米德螺线上匀速运动，同时又匀速上升.

（2）方程和图形

参数方程

$$\begin{cases} x = a\theta\cos\theta \\ y = a\theta\sin\theta \\ z = b\theta \end{cases}$$

图形如图 1.3.13 所示.

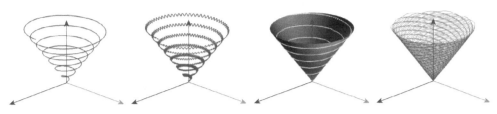

图 1.3.13　圆锥螺旋线

（3）应用

在工业上，有些弹簧和螺钉做成了圆锥螺旋线的
形状，如图 1.3.14 所示.

3）抛物螺旋线

（1）定义

动点在抛物线上匀速向上运动，同时抛物线绕对
称轴旋转，动点的轨迹即为抛物螺旋线. 它是旋转抛物
面上的螺旋线.

（2）方程和图形

参数方程
$$\begin{cases} x = a\theta\cos\theta \\ y = a\theta\sin\theta \\ z = b\theta^2 \end{cases}$$

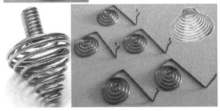

图 1.3.14　圆锥螺旋线形弹簧

图形如图 1.3.15 所示.

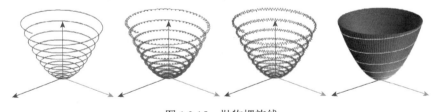

图 1.3.15　抛物螺旋线

4）球面螺旋线

（1）定义

动点在球面上从最低点开始匀速向上（z 轴正向）运动，同时球面绕 z 轴旋转，动点的轨
迹即为球面螺旋线，它则是球面上的螺旋线.

（2）方程和图形

参数方程
$$\begin{cases} x = a\sin\dfrac{\theta}{2}\cos 20\theta \\ y = a\sin\dfrac{\theta}{2}\sin 20\theta \\ z = a\cos\dfrac{\theta}{2} \end{cases}$$

图形如图 1.3.16 所示.

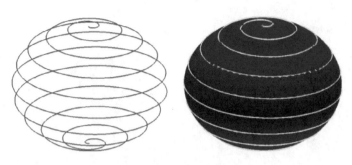

图 1.3.16　球面螺旋线

5）圆环面螺旋线

（1）定义

动点在一个圆周上匀速运动，同时该圆周又绕与其在同一平面上且不相交的直线旋转，动点的轨迹即为圆环面螺旋线，它是圆环面上的螺旋线.

（2）方程和图形

参数方程
$$\begin{cases} x = 2 + 0.5\cos16\theta\cos\theta \\ y = 2 + 0.5\cos16\theta\sin\theta \\ z = 2 + 0.5\sin16\theta \end{cases}$$

图形如图 1.3.17 所示.

图 1.3.17　圆环面螺旋线

3. 超级螺线

极坐标方程：$\rho = \mathrm{e}^{\frac{\theta}{a}}(|\cos b\theta|^c + |\sin b\theta|^d)^f$　（a,b,c,d,f 为常数），它们共同控制螺旋的形状. 下面给出几幅这些参数取不同值时所得到的超级螺线，供读者欣赏.

当 $a = 5, b = 1, c = d = 210, f = -0.01$ 时，所得四角超级螺线如图 1.3.18 所示.

图 1.3.18　四角超级螺线（一）

当 $a=3, b=1, c=d=5, f=-1$ 时，所得四角超级螺线如图 1.3.19 所示.

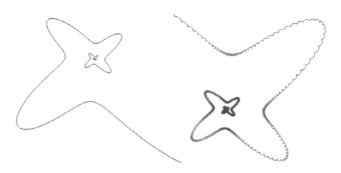

图 1.3.19　四角超级螺线（二）

当 $a=5, b=2.5, c=d=5, f=-0.2$ 时，所得十角超级螺线如图 1.3.20 所示.

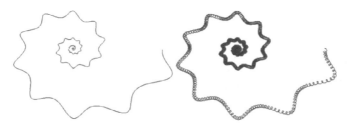

图 1.3.20　十角超级螺线（一）

当 $a=20, b=2.5, c=21, d=260, f=-0.01$ 时，所得十角超级螺线如图 1.3.21 所示.

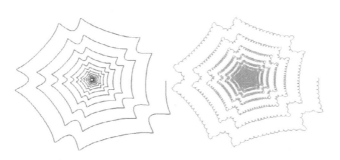

图 1.3.21　十角超级螺线（二）

图 1.3.22 给出了三条超级螺线：四角、五角和六角超级螺线. 其参数值分别为

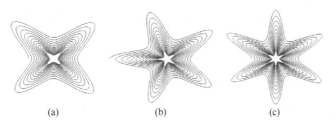

(a)　　　　　　　　(b)　　　　　　　　(c)

图 1.3.22　三条超级螺线

图 1.3.22（a）$a = 50, b = 1, c = d = 7, f = -0.5$；

图 1.3.22（b）$a = 50, b = 1.25, c = d = 7, f = -0.5$；

图 1.3.22（c）$a = 50, b = 1.5, c = d = 7, f = -0.5$.

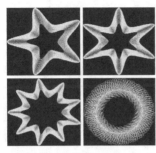

将图 1.3.22 中的三条超级螺线的参数值改为 $a = 150$，$f = -0.333$，b 依次改为 1.25，1.5，2.25 和 π，便可得图 1.3.23 所示的五角星、六角星、九角星和花环.

螺线的极坐标方程非常简单，特别是阿基米德螺线的极坐标方程更是简单的一个线性函数，但即使是这么简单的函数，其图形却是如此漂亮和富有诗意. 自然界中丰富多彩的螺旋，竟能由如此简单的函数来解释和刻画，让人不得不为数学的神奇而喝彩.

图 1.3.23　闪闪的红心

1.3.2　玫瑰线

（1）方程和图形

极坐标方程　　　　　　　　$\rho = a \sin n\theta$　　或　　$\rho = a \cos n\theta$

参数方程　　　　　$\begin{cases} x = a \sin n\theta \cos \theta \\ y = a \sin n\theta \sin \theta \end{cases}$　或　$\begin{cases} x = a \cos n\theta \cos \theta \\ y = a \cos n\theta \sin \theta \end{cases}$

图形如图 1.3.24 和图 1.3.25 所示.

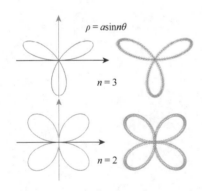

图 1.3.24　三叶和四叶玫瑰线

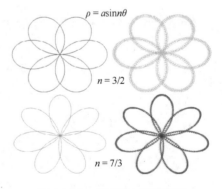

图 1.3.25　六叶和七叶玫瑰线

（2）参数的特性

玫瑰线的参数主要是 a、n 及 θ，其值的大小决定玫瑰线的形状，包括叶子数、叶子长度宽度和曲线闭合周期. 系数 a 只跟叶子的长度有关，而 n 和 θ 则影响玫瑰线的多样性和周期性，这里主要讨论 n 和 θ 对玫瑰线几何结构的影响，从而揭示玫瑰线的生成规则. 通过对方程 $\rho = a \sin n\theta$ 的大量试验，发现玫瑰线具有 3 个特性.

特性 1　当 n 为整数时，若 n 为奇数，则玫瑰线的叶子数为 n，闭合周期为 π，即 θ 角在 0～π 内玫瑰线是闭合的（如图 1.3.24 所示的三叶玫瑰线）. 当 n 为偶数时，玫瑰线的叶子数为 $2n$，闭合周期为 2π，即 θ 角取值在 0～2π 内玫瑰线才是闭合和完整的（如图 1.3.24 所示的四叶玫瑰线）.

特性 2　当 n 为非整数的有理数时，设 L/W，且 L/W 为简约分数，此时，L 与 W 不可能同时为偶数. L 决定玫瑰线的叶子数，W 决定玫瑰线的闭合周期（$W\pi$ 或 $2W\pi$，在特性 3 中说明）及叶子的宽度，W 越大，叶子越宽. 但 W 也会同时影响叶子数的多少，对同一奇数值 L，在 W 分别取奇数和偶数值时，叶子数也是不同的.

特性 3　当 L 和 W 中有一个为偶数时，玫瑰线的叶子数为 $2L$，闭合周期为 $2W\pi$（如图 1.3.25 所示的六叶玫瑰线）. 当 L 和 W 同为奇数时，玫瑰线的叶子数为 L，闭合周期为 $W\pi$（如图 1.3.25 所示的七叶玫瑰线）. 换句话说，生成偶数个叶子的玫瑰线，L 和 W 中必须有且只有一个为偶数值，且 L 为叶子数的一半，而生成奇数个叶子的玫瑰线，L 和 W 都必须为奇数，且 L 值就是叶子数.

当 L 和 W 都较大时，为多叶玫瑰线，其图形非常漂亮，如图 1.3.26 所示.

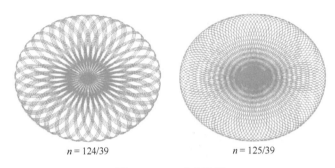

$n = 124/39$　　　　　　　　$n = 125/39$

图 1.3.26　n 叶玫瑰线

对玫瑰线的方程进行适当改造，可以得到一些不同寻常的图形，如图 1.3.27 所示.

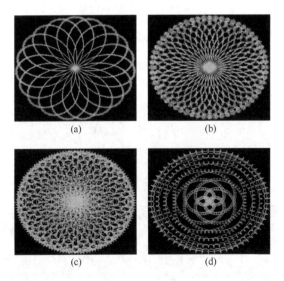

(a)　　　　　　　　(b)

(c)　　　　　　　　(d)

图 1.3.27　变形后的玫瑰线

方程分别为

图 1.3.27（a）
$$\begin{cases} x = \left(\sin\dfrac{19}{11}\theta - 0.0273\sin 300\theta \right)\cos\theta \\ y = \left(\sin\dfrac{19}{11}\theta - 0.0273\sin 300\theta \right)\sin\theta \end{cases};$$

图 1.3.27 （b）
$$\begin{cases} x = \left(\sin\dfrac{19}{11}\theta - 0.053\cos 300\theta \right)\cos\theta \\ y = \left(\sin\dfrac{19}{11}\theta - 0.053\cos 300\theta \right)\sin\theta \end{cases};$$

图 1.3.27 （c）
$$\begin{cases} x = \sin\dfrac{19}{11}\theta\cos\theta - 0.053\cos 300\theta \\ y = \sin\dfrac{19}{11}\theta\sin\theta - 0.053\sin 300\theta \end{cases};$$

图 1.3.27 （d）
$$\begin{cases} x = \sin\dfrac{2}{15}\theta\cos\theta - 0.0273\cos 300\theta \\ y = \sin\dfrac{2}{15}\theta\sin\theta - 0.0273\sin 300\theta \end{cases}.$$

由上可知，玫瑰线极坐标方程非常简单，通过其中的一个小小的参数变化，便能绘制出如此丰富多彩的美妙曲线，这正是数学的抽象美，也是数学的魅力所在.

玫瑰线具有对称性，对称的元素易达到统一的效果，画面给人一种相对平稳、安定的感觉，同时因为旋转的因素又会在平稳的基础上产生动律感. 玫瑰线在整体结构上围绕旋转中心整齐排列，具有条理性，视觉上形成了整齐美观、错落有致的感觉. 三叶和四叶玫瑰线是以相同的角度排列，在视觉心理上以一种有规律的秩序感、运动感形成一定的节奏和韵律的图形.

1.3.3　摆线

1. 摆线的概念

1）定义

在平面上，一个动圆（发生圆）沿着一条固定的直线（基线）或固定圆（基圆）做纯滚动时，此动圆上一点的轨迹.

2）方程和图形

参数方程
$$\begin{cases} x = a(t - \sin t) \\ y = a(1 - \cos t) \end{cases}$$

图形如图 1.3.28 所示.

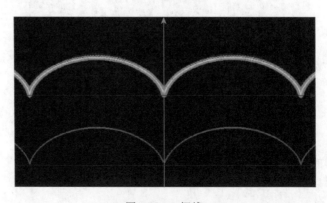

图 1.3.28　摆线

3）性质

性质 1　从图 1.3.28 中可以看出，摆线的图形具有周期性，周期为 $2\pi a$.

性质 2　图中每一拱有一个最高点：$x_k = (2k-1)\pi a\ (k=1,2,\cdots)$，拱高为 $2a$.

性质 3　一拱的弧长为 $8a$，是旋转圆直径的 4 倍，其长度是与 π 无关的有理数.

性质 4　一拱的面积为 $3\pi a^2$，是旋转圆面积的 3 倍.

性质 5　圆上描出摆线的那个点，具有不同的速度——事实上，在特定的地方它甚至是静止的.

性质 6　当多颗珠子从一个摆线形状的容器的不同点放开时，它们会同时到达底部.

4）摆线的由来

摆线最早出现在公元 1501 年出版的 C·鲍威尔的一本书中. 1599 年伽利略为摆线命名. 1634 年吉勒斯·德·罗贝瓦勒指出摆线下方的面积是生成它的圆面积的 3 倍. 1658 年克里斯多佛·雷恩也向人们指出摆线的长度是生成它的圆直径的 4 倍. 但在 17 世纪，大批卓越的数学家（如伽利略、帕斯卡、托里拆利、笛卡儿、费马、伍任、瓦里斯、惠更斯、约翰·伯努利、莱布尼茨、牛顿等）热心于研究这一曲线的性质. 17 世纪是人们对数学力学和数学运动学爱好的年代. 在这一时期，伴随着许多发现，也出现了众多有关发现权的争议，剽窃的指责，以及抹杀他人工作的现象. 摆线被贴上了引发争议的"金苹果"和"几何的海伦"的标签.

5）两个相关故事

（1）发明时钟的故事

意大利有一位年轻的科学家伽利略，有一次在比萨大教堂做礼拜意外发现一个有趣的现象，悬挂在教堂半空的一盏吊灯被风吹得来回摆动，不管摆动的幅度大还是小，每摆动一次用的时间都相同. 从此以后，伽利略便废寝忘食地研究起物理和数学，他曾用自制的滴漏来做单摆的试验，结果证明单摆摆动的时间跟摆幅没有关系，只跟单摆摆线的长度有关. 这个现象使伽利略想到或许可以利用单摆来制作精确的时钟，但他的这个想法始终没有付诸行动.

伽利略的发现轰动了科学界，可是不久大家便发现单摆的摆动周期也不完全相等. 原来，伽利略的观察和实验还不够精确. 实际上，摆的摆幅越大，摆动周期就越长，只不过这种周期的变化是很小的. 所以，如果用这种摆来制作时钟，摆的振幅会因为摩擦和空气阻力而越来越小，时钟也会越走越快.

过了不久，荷兰科学家惠更斯决定要做出一个精确的时钟. 伽利略的单摆是在一段圆弧上摆动的，所以也叫作圆周摆. 惠更斯想要找出一条曲线，使摆沿着这样的曲线摆动时，摆动周期完全与摆幅无关，于是科学家们放弃了物理实验，转而从数学的角度去寻找满足这一特性的曲线，不久之后，这样的曲线终于找到了，数学上把这种曲线叫作"摆线""等时曲线"或"旋轮线".

（2）最速下降曲线

在一个斜面上，摆两条轨道，一条是直线，一条是曲线，起点高度以及终点高度都相同. 两个质量、大小一样的小球同时从起点向下滑落，曲线上的小球反而先到终点. 这是因为曲线轨道上的小球先到达最高速度，所以先到达. 然而，两点之间的直线只有一条，曲线却有无数条，那么，哪一条才是最快的呢？伽利略于 1630 年提出了这个问题，当时他认为这条线应该是一条弧线，可是后来人们发现这个答案是错误的. 1696 年，瑞士数学家约翰•伯努利解决了这个问题，他还拿这个问题向其他数学家提出了公开挑战. 牛顿、莱布尼茨、洛必达以及雅各布•伯努利等科学家都解决了这个问题. 这条最快速下降曲线就是一条摆线.[2]

2. 内摆线

1）定义

半径为 r 的动圆绕半径为 R 的定圆内侧做纯滚动时，动圆圆周上的定点的轨迹称为内摆线. 它是内旋轮线的一种.

2）参数方程

参数方程

$$\begin{cases} x = (R-r)\cos\theta + r\cos\left(\dfrac{R-r}{r}\theta\right) \\ y = (R-r)\sin\theta - r\sin\left(\dfrac{R-r}{r}\theta\right) \end{cases}$$

若设 $R = kr(k > 1)$ ，则参数方程变为 $\begin{cases} x = r(k-1)\cos\theta + r\cos((k-1)\theta) \\ y = r(k-1)\sin\theta - r\sin((k-1)\theta) \end{cases}$.

（1）若 k 是整数，则曲线是闭合的，并且曲线有 k 个尖角. 特别地，对于 $k = 2$，曲线是直线，圆圈称为卡尔达诺圆.

（2）若 $k = \dfrac{p}{q}$ 是一个有理数，则曲线具有 p 个尖点.

（3）若 k 是非有理数，则曲线永远不会闭合，并且填充大圆和半径为 $R\text{-}2r$ 的圆之间的区域.

3）举例

当 $k = 3$ 时为图 1.3.29 所示的三尖瓣线.

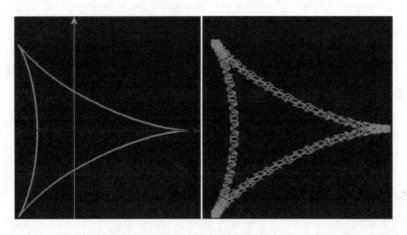

图 1.3.29　三尖瓣线

当 $k = 4$ 时为图 1.3.30 所示的星形线.

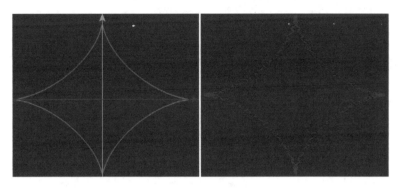

图 1.3.30　星形线

当 $k = \dfrac{5}{3}$ 时为图 1.3.31 所示的五角星.

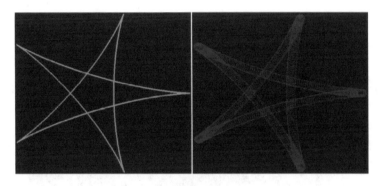

图 1.3.31　五角星

当 $k = \dfrac{36}{5}$ 时为图 1.3.32 所示的三十六角星.

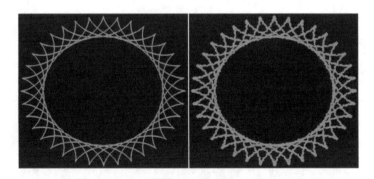

图 1.3.32　三十六角星

3. 外摆线

1) 定义

半径为 r 的动圆绕半径为 R 的定圆外侧滚动，动圆圆周上的定点的轨迹称为外摆线. 它是外旋轮线的一种.

2）参数方程

参数方程
$$\begin{cases} x = (R+r)\cos\theta - r\cos\left(\dfrac{R+r}{r}\theta\right) \\ y = (R+r)\sin\theta - r\sin\left(\dfrac{R+r}{r}\theta\right) \end{cases}$$

若设 $R = kr(k > 1)$，则参数方程变为 $\begin{cases} x = r(k+1)\cos\theta - r\cos((k+1)\theta) \\ y = r(k+1)\sin\theta - r\sin((k+1)\theta) \end{cases}$.

（1）若 k 是整数，则曲线是闭合的，曲线有 k 个拱，并且拱与拱之间不交叉. 特别地，当 $k = 1$ 时，曲线只有一拱，这就是心形线.

（2）若 $k = \dfrac{p}{q}$ 是一个有理数，则曲线具有 p 个拱，q 决定拱的跨度，q 越大跨度也越大.

（3）若 k 是非有理数，则曲线永远不会闭合，并且填充大圆和半径为 $R + 2r$ 的圆之间的区域.

3）举例

当 $k = 2$ 时两拱外摆线如图 1.3.33 所示.

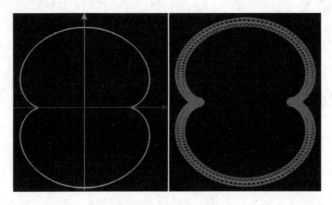

图 1.3.33　两拱外摆线

当 $k = 6$ 时六拱外摆线如图 1.3.34 所示.

1.3.34　六拱外摆线

当 $k = \dfrac{21}{13}$ 时 21 拱外摆线如图 1.3.35 所示.

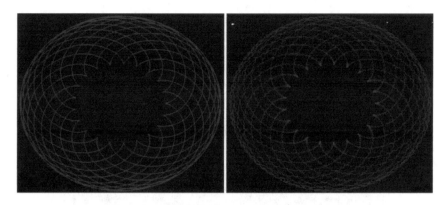

图 1.3.35　21 拱外摆线

当 $k = \pi$ 时有无穷多拱的外摆线如图 1.3.36 所示.

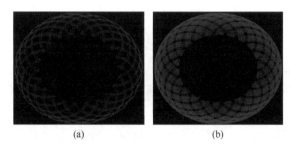

(a)　　　　　　　　　(b)

图 1.3.36　有无穷多拱的外摆线

图 1.3.36（a）的绘图区间为绘图区间 $[0, 80\pi]$，图 1.3.36（b）的绘图区间为绘图区间 $[0, 160\pi]$.

摆线没有华丽的外表，看似平凡，但在平凡的外表里却蕴含着丰富的物理原理，有着广泛的实际应用. 将摆线形成的这种在直线上的滚动拓展到圆周上的滚动后，就可产生变化无穷的美丽曲线.

1.3.4　旋轮线

1. 内旋轮线

1）定义

半径为 r 的动圆绕半径为 R 的定圆内侧滚动，动圆上的定点的轨迹称为内旋轮线. 若定点在动圆的圆周上，则这时的内旋轮线就是内摆线.

2）方程

设定点与动圆圆心的距离为 d，则内旋轮线的参数方程为

$$
\begin{cases}
x = (R - r)\cos\theta + d\cos\left(\dfrac{R - r}{r}\theta\right) \\
y = (R - r)\sin\theta - d\sin\left(\dfrac{R - r}{r}\theta\right)
\end{cases}
$$

内旋轮线形状由外圆（定圆）的半径 R、内圆（动圆）的半径 r 和定点到动圆圆心的距离 d 共同决定. 其讨论与内摆线类似, 这里不做一般讨论, 只给出几条具体曲线.

（1）当 $R=3, r=2, d=\pm 1$ 时, 曲线为三叶玫瑰线.

（2）当 $R=4, r=3, d=\pm 1$ 时, 曲线为四叶玫瑰线; 当 $R=4, r=3, d=\pm r$ 时, 曲线为星形线.

（3）当 $R=2r$, 且 $d<r$ 时, 曲线为椭圆; 当 $R=2r$, 且 $d=r$ 时, 曲线为动圆的直径.

（4）当 $R=8, r=6$ 时, 对于不同的 d (即动点在圆盘的不同位置), 可以得到不同的内旋轮线, 如图 1.3.37 所示.

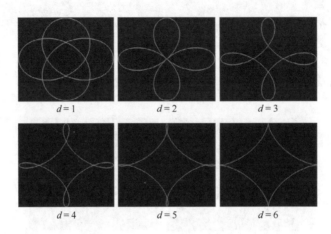

$$d=1 \qquad d=2 \qquad d=3$$

$$d=4 \qquad d=5 \qquad d=6$$

图 1.3.37　不同的 d 不同的线

图 1.3.38 和图 1.3.39 中给出 4 条不同形状的内旋轮线.

图 1.3.38（a）的参数为 $R=7, r=4, d=2$, 图 1.3.38（b）的参数为 $R=31, r=3, d=2$.

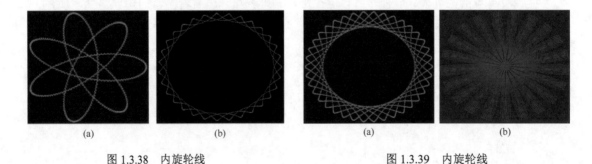

（a）　　　　　　（b）　　　　　　　　　　（a）　　　　　　（b）

图 1.3.38　内旋轮线　　　　　　　图 1.3.39　内旋轮线

图 1.3.39（a）的参数为 $R=38, r=7, d=5$, 图 1.3.39（b）的参数为 $R=6, r=\pi, d=2.814$.

2. 外旋轮线

1）定义

半径为 r 的动圆绕半径为 R 的定圆外侧滚动, 动圆上的定点的轨迹称为外旋轮线. 若定点在动圆的圆周上, 则这时的内旋轮线就是外摆线.

2）方程

设定点与动圆圆心的距离为 d, 则外旋轮线的参数方程为

$$\begin{cases} x = (R+r)\cos\theta - d\cos\left(\dfrac{R+r}{r}\theta\right) \\ y = (R+r)\sin\theta - d\sin\left(\dfrac{R+r}{r}\theta\right) \end{cases}$$

外旋轮线形状由定圆的半径 R、动圆的半径 r 和定点到动圆圆心的距离 d 共同决定. 其讨论与外摆线类似, 这里不做一般讨论, 只给出几条具体曲线, 如图 1.3.40 所示.

图 1.3.40（a）～（d）中的 4 条外旋线的参数分别为

（a）$R = 7, r = 2, d = 1.5$ （b）$R = 7, r = 3, d = 2.7$

（c）$R = 14, r = 2, d = 1.87$ （d）$R = 3\pi, r = 4, d = 3.87$

正弦函数（$\sin x$）和余弦函数（$\cos x$）是两个最基本的三角函数, 其图形是简单的波形图, 但由它们表示的内（外）旋轮线却变化莫测、异常美丽.

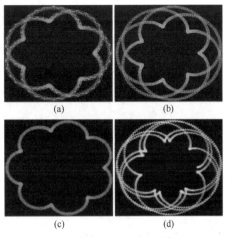

图 1.3.40 四条外旋轮线

1.3.5 名人曲线

1. 高斯曲线（正态曲线）

1）高斯曲线的历史

正态分布（normal distribution）, 又称高斯分布（Gaussian distribution）. 最早由德国的数学家和天文学家棣莫弗在求二项分布的渐近公式中得到. 德国数学家高斯率先将其应用于天文学, 并研究了它的性质. 高斯的这项工作对后世的影响极大, 他使正态分布同时有了"高斯分布"的名称, 后世之所以多将最小二乘法的发明权归之于他, 也是出于这一工作. 1993 年版德国 10 马克印有高斯头像的钞票, 其上还印有正态分布的密度曲线. 这传达了一种想法: 在高斯的一切科学贡献中, 其对人类文明影响最大者, 就是这一项.[1]

2）方程和图形

正态分布的密度函数为

$$f(x) = \frac{1}{\sqrt{2\pi}\sigma} e^{-\frac{(x-\mu)^2}{2\sigma^2}} \quad (-\infty < x < +\infty)$$

它有两个参数, 第一参数 μ 是服从正态分布的随机变量的均值, 第二个参数 σ 是此随机变量的标准差.

若 $\mu = 0$, $\sigma = 1$, 则上述函数变为 $\Phi(x) = \dfrac{1}{\sqrt{2\pi}} e^{-\frac{x^2}{2}} (-\infty < x < +\infty)$, 此函数称为标准正态分布的密度函数. 图 1.3.41 中画出了 9 条正态曲线.

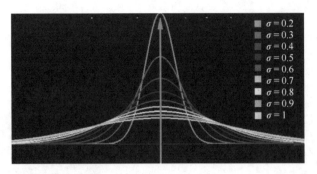

图 1.3.41　正态曲线

3）性质

性质 1（集中性）　正态曲线的高峰位于正中央，即均值所在的位置.

性质 2（对称性）　正态曲线以均值为中心，左右对称，并以 x 轴为渐近线，且与渐近线所围图形的面积等于 1.

性质 3（均匀变动性）　正态曲线在均值处取得最大值，并由均值所在处开始，分别向左右两侧逐渐均匀下降. 形状呈现中间高两边低，因此又称为钟形曲线.

性质 4（参数的意义）　μ 是正态分布的位置参数，描述正态分布的集中趋势位置. 概率规律为取与 μ 邻近的值的概率大，而取离 μ 越远的值的概率越小. σ 描述正态分布资料数据分布的离散程度，σ 越大，数据分布越分散，σ 越小，数据分布越集中. 这称为正态分布的形状参数，σ 越大，曲线越扁平，反之，σ 越小，曲线越瘦高.

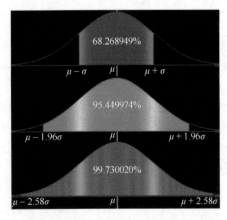

图 1.3.42　正态分布的 3σ 原则

性质 5（"3σ"原则）　如图 1.3.42 所示，填充部分的面积为随机变量落在相应区间的概率，即随机变量落在区间（$\mu-\sigma$，$\mu+\sigma$）的概率等于 68.268949%，落在区间（$\mu-1.96\sigma$，$\mu+1.96\sigma$）的概率等于 95.449974%，落在区间（$\mu-2.58\sigma$，$\mu+2.58\sigma$）的概率等于 99.730020%.

根据"小概率事件"和假设检验的基本思想，"小概率事件"通常指发生的概率小于 5% 的事件，认为在一次试验中该事件是几乎不可能发生的. 由此可见 X 落在（$\mu-3\sigma$，$\mu+3\sigma$）以外的概率小于 3‰，在实际问题中常认为相应的事件是不会发生的，基本上可以把区间（$\mu-3\sigma$，$\mu+3\sigma$）看作随机变量 X 实际可能的取值区间，这称为正态分布的"3σ"原则.

4）应用

应用一　在统计学中的应用. 正态分布是许多统计方法的理论基础.

应用二　在教育研究中的应用. 教育统计学统计规律表明，学生的智力水平，包括学习能力、实际动手能力等呈正态分布. 因而考试成绩分布应基本服从正态分布. 考试分析要求绘制出学生成绩分布的直方图，以"中间高、两头低"来衡量成绩符合正态分布的程度. 其评价标准认为：考试成绩分布情况直方图，基本呈正态曲线状，属于好；如果略呈正（负）态状，属于中等；如果呈严重偏态或无规律，就是比较差的.

应用三　在医学研究中的应用. 某些医学现象，如同质群体的身高、红细胞数量、血红蛋白及实验中的随机误差，呈正态或近似正态分布；有些人体的许多生理生化指标（变量）虽服从偏态分布，但经数据转换后的新变量服从正态或近似正态分布，可按正态分布规律处理. 其中经过对数转换后服从正态分布的指标，称为服从对数正态分布. 因此可以用正态分布法或对数正态分布法制定某些指标的医学参考值范围.

应用四 在工业等领域的应用. 正态分布有极其广泛的实际背景，生产与科学实验中很多随机变量的概率分布都可以近似地用正态分布来描述. 例如：在生产条件不变的情况下，产品的强力、抗压强度、口径、长度等指标；同一种生物体的身长、体重等指标；同一种种子的重量；测量同一物体的误差；弹着点沿某一方向的偏差；某个地区的年降水量以及理想气体分子的速度分量，等等. 一般来说，如果一个量是由许多微小的独立随机因素影响的结果，那么就可以认为这个量具有正态分布.

2. 箕舌线

1）定义

设 M 是半径为 a 的圆上的动点，Q 是射线 OM 与 $y=2a$ 的交点，$QP \perp x$ 轴，$MP \mathbin{/\mkern-5mu/} x$ 轴，则 P 点的轨迹即为箕舌线，如图 1.3.43 所示.

2）方程和图形

直角坐标方程
$$y = \frac{8a^3}{x^2 + 4a^2}$$

参数方程
$$\begin{cases} x = 2a \tan\theta \\ y = 2a \cos^2\theta \end{cases}$$

其图形如图 1.3.43 所示. x 轴为其图形的渐近线，与渐近线所围图形的面积为 $4\pi a^2$.

一直到二十世纪初，人们才发现箕舌线在现实中的身影——海浪、平滑的小山，还有 X 射线的谱线分布. a 越大，"浪" 越高. 箕舌线绕其渐近线旋转所得曲面是一个非常漂亮的曲面，如图 1.3.44 所示.

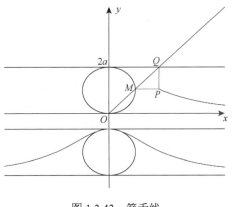

图 1.3.43　箕舌线

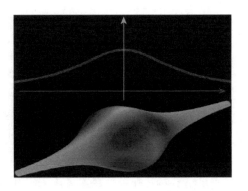

图 1.3.44　箕舌线及其旋转曲面

3）趣闻轶事

阿涅西意大利数学家、哲学家兼慈善家，博洛尼亚大学数学与自然哲学院长（图 1.3.45）. 阿涅西自幼被誉为神童，5 岁就懂法语和意大利语，13 岁就学会了希腊语、希伯来语、西班牙语、德语和拉丁语等，在 20 岁时，专心数学研究，30 岁出版世界上第一本微积分教材《分析讲义》（图 1.3.46）.

图 1.3.45　阿涅西　　　　图 1.3.46　1748 年版《分析讲义》

在父亲的默许下，阿涅西终于如愿以偿，不用再出席社交场合参与辩论，而得以在自己的世界里潜心修行. 每日除去祈祷、做慈善之外就是安静地研读数学，她的日子过得平淡却充实.

在见识到了知识海洋的广阔后，阿涅西更是惊叹于数学之美. 她自学牛顿、莱布尼茨、费马、欧拉、笛卡儿，还有伯努利兄弟的著作后，被前人的研究深深震撼. 1740 年，阿涅西邀请兰皮耶利到米兰指导自己的数学学习. 导师的指导加上自身的努力，阿涅西很快完成了雷诺的《分析论证》的学习，这为她一生中最重要的工作——《分析讲义》的创作打下了坚实的基础.

阿涅西可不是心血来潮地开始研究数学，她和数学的缘分可以追溯到幼时. 早在她 14 岁时，她就开始利用解析几何和弹道学知识解决问题，18 岁那年，在导师的指导下，她还在书稿中对当时两部数学著作进行评论，评注令审稿教授赞不绝口，其数学功底可见一斑.

当然，除去天赋，阿涅西也不乏勤奋，攻读数学向来不是什么康庄大道，路上荆棘丛生，丝毫不亚于艰苦的"万里长征". 即使身为神童，阿涅西也不敢有丝毫偷懒. 挑灯夜读已是家常便饭，即使被连声催促睡觉，她也置若罔闻. 看到她如此地拼命，家人比较着急，对他们来说，阿涅西的健康比什么都重要. 何况还有先例：1730～1732 年期间，在紧张的学习压力和母亲的离世打击下，阿涅西屡次遭受神经疼痛的折磨，疼痛发作起来常常误伤自己，家人不得不把她的手脚固定住. 后来在医生的治疗和家人细心照顾下，她才渐渐恢复健康. 这种事情家人不想再次经历，于是对阿涅西施压，不许她熬夜钻研题目，并劝说她要学会放松心情，而休息是为了更好地学习.

一次，阿涅西又伏案良久苦苦做不出答案，家人开始连声催促. 纵是不舍得离开书桌，这位温顺的姑娘还是把问题搁置在桌上，回到卧室睡觉去了. 第二天早上，阿涅西起床第一件事就是跑到书桌前准备继续思考未做出的题目答案. 然而当看到桌上摆放着写的密密麻麻的稿纸时，她惊呆了，以为自己还没睡醒又揉了揉惺忪的睡眼：题目竟然已经被解出来了！当时她联想到是不是妹妹呢？阿涅西晃了晃仍在睡梦中的妹妹，"泰雷萨，是不是你帮我做的题呀？""不是，是你自己！昨晚上我醒来看见你点着蜡烛坐在桌前，不知道写什么，写得非常投入."泰雷萨揉着眼睛说道. 看到阿涅西半信半疑的眼神，泰雷萨又说道："不信你自己去看看字迹，是不是你的？". 阿涅西仔细辨认稿纸上的笔迹，确定是自己的笔迹，但为什么自己不记得昨晚发生的事情呢？这是怎么回事？后来经过医生检查，阿涅西患上了梦游症.

从此，阿涅西多了个雅号——"梦游学者"，这成为当时家喻户晓的逸闻趣事.

阿涅西所著《分析讲义》分上下两册，上册内容为算数、代数、三角函数和解析几何，算是入门的梳理；下册主要探讨无穷级数和微分方程，在当时算是比较前沿的数学. 该书在当时是微积分的集大成之作，将并不成体系的数学方法，用简洁、优美、有序的方式集合在一起. 在她之前，没有人将牛顿和莱布尼茨两个"大冤家"的数学方法总结到一起.

"对代数的非凡诠释，对一些已经解决或未解决的几何问题给出了最优美的解"，之后还"举重若轻地对当下的数学知识水平进行了一番总结". 想要将当时全欧洲的数学智慧凝聚在一本教材里，不仅需要极其明晰的思维、理解力和表达力，还需要精通各国语言. 这些阿涅西都做到了.

很快该书在法国和意大利的大学间流行起来，并成为一本有权威的教材用书. 法国科学院甚至给出"关于高等数学最完整、最好的著述"的高度评价，并在 1749 年 12 月专门开会研究此书，后来又经高层授意全国大学印发.

阿涅西在她所著的《分析讲义》里描述了一条曲线，称为"箕舌线". 不过因为它的发音（versoria）跟意大利语当中的"女巫"（versiera）很相似，乃至人们将意大利语著作翻译时误译，这个曲线也被称为"阿涅西的女巫".[3]

并且这本书当时还惊动了不少权贵，教皇本笃十四世、欧陆统治者特雷西娅女皇都使用过，还专门致信感谢她，并赐予金牌和钻石表彰. 此书的英语翻译者，剑桥大学教授 John Colson，专门为此去学习了意大利语为"让英国的年轻人也能学到如此优秀的著作".

在 2014 年 5 月 16 日，互联网 Google Doodle 以阿涅西的头像和箕舌线做成动画图片，以纪念她诞辰 296 年，如图 1.3.47 所示.

图 1.3.47　Google Doodle 制作的纪念阿涅西的动画图片

3. 蔓叶线

1）定义

希腊数学家狄奥克勒斯在解决倍立方问题时发现的一条优美曲线称为"蔓叶线". 由于当时对蔓叶线认识的局限性，人们只注意到轨迹在圆内的部分，其和对应的圆弧组成的图形很像常青藤的一片叶子，这就是"蔓叶线"名字的由来. 蔓叶线有时又称双蔓叶线，是狄奥克勒斯在公元前 180 年发现的. 设 M 是半径为 a 的母圆上的动点，满足 $OM = PQ$ 的点 P 的轨迹即为蔓叶线，如图 1.3.48 所示.

2）方程和图形

直角坐标方程　　　　　　　　　$y^2(2a-x) = x^3$

参数方程

$$\begin{cases} x = \dfrac{2at^2}{1+t^2} \\ y = \dfrac{2at^3}{1+t^2} \end{cases}$$

其图形如图 1.3.48 所示.

3）性质

在 MathGS 软件的"平面曲线"模块中输入上述方程，即可得到如图 1.3.48 所示的蔓叶线. 在 MathTools 的"蔓叶线"工具中可动态绘制蔓叶线.

性质 1 尖点（0，0），在尖点处与 x 轴相切.

性质 2 对称性关于 x 轴对称.

性质 3 渐近线 $x = 2a$.

性质 4 面积与渐近线所围面积为 $3\pi a^2$.

蔓叶线绕其渐近线旋转一周所得的旋转曲面非常漂亮，旋转曲面的参数方程为

$$\begin{cases} x = \dfrac{2a}{1+t^2}\cos\theta \\ y = \dfrac{2a+3}{1+t^2} \quad (-\infty < t < +\infty) \\ \quad\quad\quad\quad (0 \leqslant \theta \leqslant 2\pi) \\ z = \dfrac{2a}{1+t^2}\sin\theta \end{cases}$$

在 MathGS 软件的"空间曲面"模块中利用该参数方程可绘制出如图 1.3.49 所示的旋转曲面.

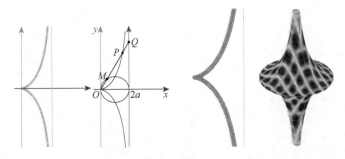

图 1.3.48 蔓叶线　　图 1.3.49 蔓叶线及其旋转曲面

4）倍立方问题

设有一个体积已知的立方体，求作一个体积是已知立方体体积 2 倍的新立方体，这就是几何学中有名的尺规作图不能问题之一——倍立方问题（或立方倍积问题）. 设 a 是已知立方体的棱长，b 是新立方体的棱长，则由 $b^3 = 2a^3$，得 $b = \sqrt[3]{2}a$. 于是倍立方问题的几何解法就是如何作出长度为 $\sqrt[3]{2}$ 的线段. 狄奥克勒斯利用蔓叶线成功地解决了这一问题. 如图 1.3.50 所示，具体方法如下.

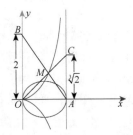

图 1.3.50 倍立方问题的解决

在蔓叶线方程中，令 $a = \dfrac{1}{2}$，即 $OA = 1$，在 y 轴上取一点 B，使 $OB = 2$. 则直线 AB 的方程为 $y = -2x + 2$，解方程组 $\begin{cases} y = -2x + 2 \\ y^2(1-x) = x^3 \end{cases}$ 得交点 M 的坐标为

$$\left(\dfrac{2}{2+\sqrt[3]{2}}, \dfrac{2\sqrt[3]{2}}{2+\sqrt[3]{2}} \right)$$

于是直线 OM 的方程为 $y = \sqrt[3]{2}x$，最后令 $x = 1$，解得 $y = \sqrt[3]{2}$，即 $AC = \sqrt[3]{2}$. 也即线段 AC 为所求.

4. 笛卡儿叶形线

1）定义

根据著名科学家笛卡儿所研究的一簇花瓣和叶形曲线特征，列出 $x^3 + y^3 - 3axy = 0$ 的方程式，这就是现代数学中有名的"笛卡儿叶线"或称为"叶形线"，数学家还为它取了一个诗意的名字——茉莉花瓣曲线.

2）方程和图形

直角坐标方程 $\qquad\qquad x^3 + y^3 - 3axy = 0$

极坐标方程 $\qquad\qquad \rho = \dfrac{3a\cos\theta\sin\theta}{\cos^3\theta + \sin^3\theta}$

参数方程 $\qquad\qquad \begin{cases} x = \dfrac{3at}{1+t^3} \\ y = \dfrac{3at^2}{1+t^3} \end{cases} \quad (t = \tan\theta \neq -1)$

图形如图 1.3.51 所示.

3）性质

在 MathGS 的"平面曲线"模块中利用上述参数方程，或在"隐式曲面"模块中利用上述直角坐标方程即可得到图 1.3.51、图 1.3.52 的优美图形.

性质 1　结点（0，0），在该点与两坐标轴相切.

性质 2　顶点 $\left(\dfrac{3}{2}a, \dfrac{3}{2}a\right)$.

性质 3　渐近线 $x + y + 1 = 0$.

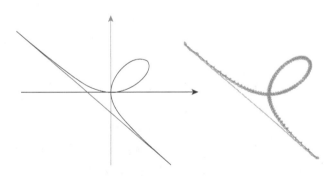

图 1.3.51　笛卡儿叶形线

图 1.3.52　笛卡儿叶形线圈套面积

性质 4　面积圈套面积 $\dfrac{3}{2}a^2$，与渐近线所围图形的面积 $\dfrac{3}{2}a^2$. 如图 1.3.52 所示.

5. 伯努利双纽线

1）定义

对伯努利双纽线的描述，1694 年雅各布·伯努利将其作为椭圆的一种类比来处理. 椭圆是由到两个定点距离之和为定值的点的轨迹. 而卡西尼卵形线则是由到两定点距离之乘积为定值的点的轨迹. 当此定值使得轨迹经过两定点的中点时，轨迹便为伯努利双纽线. 伯努利将这种曲线称为伯努利双纽线，为拉丁文中"悬挂的丝带"之意. 它的具体定义可表示为：设两定点 F_1、F_2 的距离为 $2a$，动点 P 满足 $|PF_1| \cdot |PF_2| = a^2$，则动点 P 的轨迹为双纽线，如图 1.3.53 所示.

2）方程和图形

直角坐标方程　　　　　　　　$(x^2 + y^2)^2 = 2a^2(x^2 - y^2)$

极坐标方程　　　　　　　　　$\rho^2 = 2a^2 \cos(2\theta)$

图形如图 1.3.53 所示.

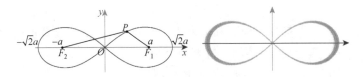

图 1.3.53　伯努利双纽线

3）性质

在 MathGS 的"平面曲线"模块中利用极坐标方程，试在"隐式曲线"模块中利用上述直角坐标方程，即可得到图 1.3.54 中的图形，还可在 MathTools 中的"圆锥曲线"工具中动态绘制该曲线.

性质 1　对称性关于两坐标轴对称.

性质 2　结点坐标原点 O，在结点处的切线斜率为 ±1.

性质 3　面积所围面积 $2a^2$.

4）应用

双纽线是函数图形，不仅体现了对称、和谐、抽象、简洁、精确、统一、奇异、突变等数学美，同时也具有特殊价值的艺术美，是形成其他一些常见的漂亮图案的基石，也是许多艺术家设计作品的主要几何元素. 双纽线函数图

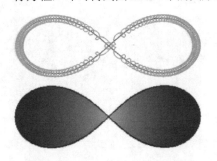

图 1.3.54　伯努利双纽线所围面积

形轮廓像阿拉伯数字中的"8"，在我国"8"是个简单的阿拉伯数字，但是人们却给它赋予了很多美好的寓意. 在南方为"发财"的意思，因为和汉字"发"谐音. 通过双纽线的外延和内涵，在不对其变形的基础上，对双纽线函数图形进行可用图式的概括，在此基础上可以创作出许多优秀的艺术作品.

　　应用一　在纺织方面，它作为花纹得到广泛应用，用双纽线编织的布料外形美观，结构紧密，具有重复性和渐变性.

　　应用二　在增压器方面，伯努利双纽线无撞击双进气拓宽流量增压器在工业中得到广泛应用.

1.3.6　动物曲线

本书中曲线还可以通过设计函数或方程（可以是直角坐标方程，也可以是极坐标方程，还可以是参数方程）绘制出惟妙惟肖的动物形状，下面介绍几条这样的曲线.

1. 蝴蝶曲线

蝴蝶曲线由南密西西比大学费伊教授设计，其极坐标方程为

$$\rho = e^{\cos 2\theta} - 2\cos 4\theta + \sin^5 \frac{\theta}{12}$$

图形如图 1.3.55 所示.

图 1.3.55　蝴蝶曲线

将蝴蝶曲线方程改变成

$$\begin{cases} \rho = e^{\cos a\theta} + b\cos c\theta + d\sin^5 f\theta \\ \rho = e^{\cos a\theta} + b\cos c\theta + d\cos^5 f\theta \end{cases}$$

时，则参数 a,b,c,d,f 取不同的值，可以得到不同的曲线，这体现出数学的变化之美. 图 1.3.56 给出了 4 个非常美丽的图形，其方程分别为

（a）$\rho = e^{\cos 2\theta} - 2\cos 4\theta + \cos^5 \dfrac{\theta}{120}$；

（b）$\rho = e^{\cos \frac{\theta}{120}} - 2\cos 4\theta + \cos^5 \dfrac{\theta}{120}$；

（c）$\rho = e^{\cos 120\theta} - 2\cos 6\theta - 13\sin^5 \dfrac{\theta}{120}$；

（d）$\rho = e^{\cos \frac{\theta}{120}} - 2\cos \pi\theta + \cos^5 \dfrac{\theta}{120}$.

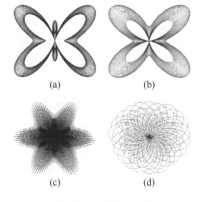

图 1.3.56　变化之美

2. 蜘蛛曲线

蜘蛛曲线由本书作者设计, 其方程为

$$\frac{x^7}{(x-\sin y)^3} + \frac{y^7}{(y-\sin x)^3} = 1$$

图形如图 1.3.57 所示.

如果将蜘蛛曲线的方程改变成 $\dfrac{x^7}{(x-\sin(y\sin y))^3} + \dfrac{y^7}{(y-\sin(x\sin x))^3} = 1$, 可得到图 1.3.58 所示的青蛙曲线. 再将之改变成 $\dfrac{x^7}{(x-y\sin y)^3} + \dfrac{y^7}{(y-x\sin x)^3} = 1$, 便得如图 1.3.59 所示的飞机曲线.

图 1.3.57　蜘蛛曲线

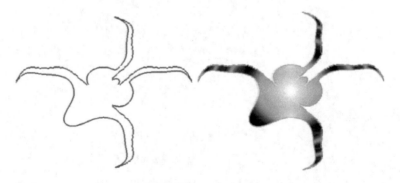

图 1.3.58　青蛙曲线

图 1.3.59　飞机曲线

3. 太极"阴阳鱼"

1）方程和图形

太极"阴阳鱼"的方程是由本书作者设计，其直角坐标方程为

$$(x^2+y^2-\pi^2)(x-1.1\sin y)(x^2+(y-1.8)^2-0.2)(x^2+(y+1.8)^2-0.2)=0$$

图形如图 1.3.60 所示.

图 1.3.60　太极"阴阳鱼"

这条太极"阴阳鱼"曲线其实是由 1 个大圆周、2 个小圆周以及 1 条垂直方向的一个周期的正弦曲线等 4 条曲线组成，选定坐标系后，只需将每条曲线的位置调整好就可. 在此可给读者一个启示：可以用几条方程为已知的曲线来构造一条新曲线. 例如，方程 $(x^2-1)(y^2-4)=0$ 的图形的边长分别为 1 和 2 的长方形.

太极"阴阳鱼"是由一条阳鱼和一条阴鱼组成. 阳鱼为白色，但眼睛为黑色；阴鱼为黑色，但眼睛为白色. 两鱼头尾环抱，一上一下，一正一反，白中含黑，黑中含白，共处一圆之中. 形象化表达了宇宙万物阴阳轮转、相反相成，共处于一个统一体中的哲理. 太极图还具有生动优美、圆满吉祥的形式美，深受人民喜爱. 神奇的是，利用这个方程进行填充时，刚好实现了白鱼的眼睛为黑色，黑鱼的眼睛为白色. 这说明可以用数学的融合之美来实现太极图的阴阳融合之美.

2）历史文化

被称为"中华第一图"的"太极图"在孔庙大成殿梁柱上，在道教寺院三茅宫、白云观里，在道士道袍和算命先生的卦摊、卦旗上，在中华医药、气功、武术会徽、会标及中国一些传统文化书刊封面上，都能看到它. 甚至韩国国旗、新加坡空军机徽也用到太极图案，1978年，首位登上美国"挑战者号"航天飞机的美籍华人科学家王赣俊，便是戴着太极图臂章飞向太空，这一切表现了人们对太极图的推崇和青睐.

太极图曾在两千多年前考古出土的西汉木胎漆盘图案中出现，有学者认为宋朝大哲学家朱熹（1130～1200 年）最早发现太极图，并把它看作道教内丹修炼的图式. 太极图是以黑白两鱼形纹组成的图案，称为"阴阳鱼太极图". 太极是我国古代的哲学术语，意为派生万物的本源.

一些学者研究认为，太极图的阴阳鱼最开始应是两条"阿基米德螺线"型太极图，后因螺

线难画，后人改为两条半圆弧形. 前者称为标准"螺线太极图"，后者称为"半圆太极图". 目前韩国国旗中的太极图及中国道教协会注册的道教标识太极图均为"半圆太极图".

4. 贝壳

壳的极坐标方程为

$$\rho = 1.4 + 5.2\cos\theta + 2.6\sin^3 120\theta$$

图形如图 1.3.61 所示.

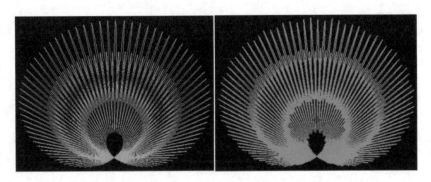

图 1.3.61 贝壳

图 1.3.62 中的两个贝壳的方程分别为

$$\begin{cases} \rho = 1.4 + 5.2\cos\theta + 4\sin^{17} 200\theta \\ \rho = 1.4 + 5.2\cos\theta + 4\sin^{16} 200\theta \end{cases}$$

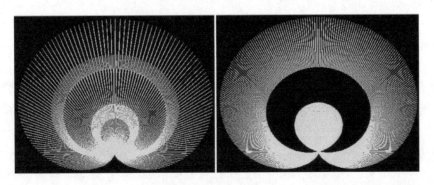

图 1.3.62 变形的贝壳

1.3.7 字形曲线

1. "井"字曲线

"井"字曲线由本书作者设计，其方程为

$$(x\sin x)^{55} + (y\sin y)^{55} = 1$$

图形如图 1.3.63 所示.

图 1.3.63　"井"字曲线

读者可以通过修改方程，对"井"字曲线进行艺术处理，如图 1.3.64 为艺术处理后的"井"字图形.

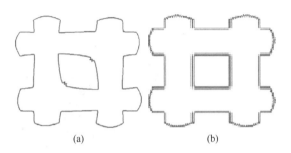

(a)　　　　　　　　　　(b)

图 1.3.64　装饰后的"井"字图形

图 1.3.64 中的两个"井"字的方程分别为

图 1.3.64（a）$\dfrac{(x\sin x)^{55}}{(x-\sin y)^{10}}+\dfrac{(y\sin y)^{55}}{(y-\sin x)^{10}}=1$；

图 1.3.64（b）$(x\sin x-0.2\sin 500x)^{55}+(y\sin y-0.2\sin 500y)^{55}=1$.

2. "十"字曲线

"十"字曲线由本书作者设计，其方程为

$$x^6+y^6-12\sin x^2y^2=1$$

图形如图 1.3.65 所示.

对图 1.3.65 中所示的"十"字曲线的方程进行改造，可以得到形态各异的"十"字曲线，图 1.3.66 中给出了两种. 有兴趣的读者可以利用 MathGS 软件自行设计.

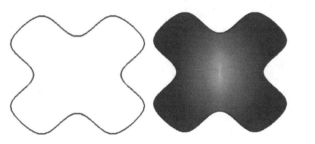

图 1.3.65　"十"字曲线

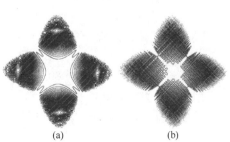

(a)　　　　　　(b)

图 1.3.66　装饰后的"十"字曲线

其方程分别为

图 1.3.66（a） $x^8 + y^8 - 100 |xy| \sin(100x^2y^2) = 1$；

图 1.3.66（b） $x^8 + y^8 - 100 |xy| \sin(50x^2) \sin(50y^2) = 1$.

3. "凹"字曲线

"凹"字曲线由本书作者设计，其方程为

$$(x^4 - 1)^4 + (y^3 + 1)^4 = \frac{3}{2}$$

图形如图 1.3.67 所示.

将方程改成 $(x^4 - 1)^4 + (y^4 - 1)^4 = \frac{3}{2}$，则得如图 1.3.68 所示的 "回" 字形曲线.

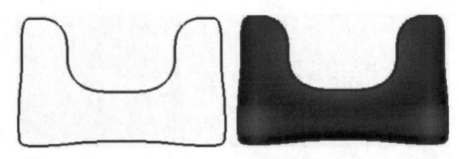

图 1.3.67　"凹"字曲线

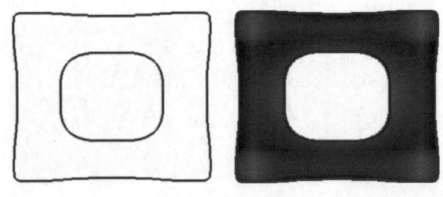

图 1.3.68　"回"字曲线

1.3.8 "人形"曲线

"人形"曲线的方程非常复杂，具体方程为

$$\frac{6-y}{15} + \frac{(8x^2 + 4(y-3)^2)^3}{6400000} + \cos(\max((x+y)\cos(y-x), (y-x)\cos(x+y)))$$
$$-\sin(\min((x+y)\sin(y-x), (y-x)\sin(x+y))) = 0$$

图形如图 1.3.69 所示，作者将图中的人形曲线称为卡通人物.

图 1.3.69 中的卡通人物曲线惟妙惟肖，好像动画片中的卡通人物形象，但其结构更复杂. 仔细观察图形可以发现，这个卡通人物的图形关于竖轴对称，有兴趣的读者可以在 MathGS 软件中验证，将方程中的 x 用$-x$ 代替，方程不变. 卡通人物这条平面曲线见证了数学的神奇：这么复杂的图形竟然可以用数学函数来绘制. 在本节末，读者将会看到更多类似于艺术家的绘画作品的平面曲线.

图 1.3.69 卡通人物

1.3.9 拟物曲线

1. 蘑菇云曲线

蘑菇云曲线的参数方程为

$$\begin{cases} x = \dfrac{t^3+t^2+t}{10}\sin mt\cos nt^2 \\[2mm] y = \dfrac{t^3+t^2+t}{10}\sin mt\sin nt^2 \\[2mm] z = \dfrac{t^3+t^2+t}{10}\cos mt \end{cases}$$

当参数值为 $m=\dfrac{3}{4}, n=12$ 时，图形如图 1.3.70 所示.

当 $m=\dfrac{3}{7}, n=12$ 时的蘑菇云曲线如图 1.3.71 所示.

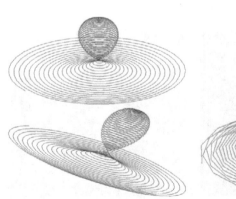
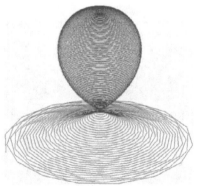

图 1.3.70 蘑菇云曲线（一）　　　图 1.3.71 蘑菇云曲线（二）

将蘑菇云曲线的方程改变成

$$\begin{cases} x = \dfrac{t^3+t^2+t}{15}\sin t\cos nt \\[2mm] y = \dfrac{t^3+t^2+t}{15}\sin t\sin nt \\[2mm] z = \dfrac{t^3+t^2+t}{15}\cos t \end{cases}$$

式中：当 $n=100$ ，且 $t\in[0,2\pi]$ 时，得到如图 1.3.72（a）所示的灯泡曲线；当 $n=100$ ，且 $t\in[0,3\pi]$ 时，得到如图 1.3.72（b）所示的灯泡曲线.

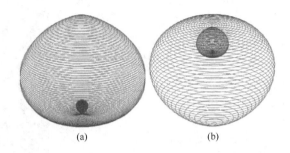

(a)   (b)

图 1.3.72   灯泡曲线

图 1.3.72（b）中的小灯泡为图 1.3.72（a）中的灯泡. 当绘图区间为 $[0,k\pi]$ 时，有 k 个灯泡依次相嵌.

2. 粽子曲线

粽子曲线由本书作者设计，其方程为

$$\begin{cases} x=\cos m\theta\cos n\theta \\ y=\cos p\theta\cos q\theta \end{cases}$$

方程中有 4 个参数，它们每取定一组值，便得到一条曲线，因而该方程可以变化出无穷多条曲线. 图 1.3.73～图 1.3.75 给出了 9 条漂亮的曲线.

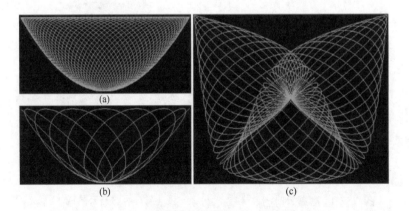

(a)

(b)   (c)

图 1.3.73   粽子曲线

其参数值为

图 1.3.73（a） $m=40,n=41,\ p=41,q=41$ ；

图 1.3.73（b） $m=7,n=8,\ p=8,q=8$ ；

图 1.3.73（c） $m=40,n=41,\ p=43,q=41$.

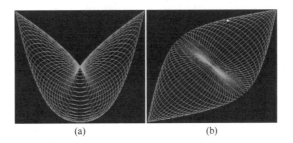

图 1.3.74　粽子曲线变化图（1）

其参数值为

图 1.3.74（a）$m = 40, n = 41, \ p = 39, q = 41$；

图 1.3.74（b）$m = 40, n = 41, \ p = 42, q = 41$.

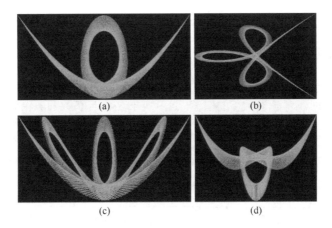

图 1.3.75　粽子曲线变化图（2）

其参数值为

图 1.3.75（a）$m = 2^3, n = 2^4, \ p = 2^4, q = 2^4$；

图 1.3.75（b）$m = 2^3, n = 2^4, \ p = 2^2, q = 2^4$；

图 1.3.75（c）$m = 2^2, n = 2^4, \ p = 2^4, q = 2^4$；

图 1.3.75（d）$m = 2^3, n = 2^4, \ p = 2^5, q = 2^4$.

1.3.10　收敛之路

1. 平面上的收敛之路

1）方程一和图形

平面上的收敛之路的系列图形均由本书作者设计，其设计灵感来源于以下两个极限：当 $t \to 0$ 或 $t \to \infty$ 时，分别讨论下列极限

$$\lim t^m \sin\frac{k}{t^n} \quad \lim\frac{\sin kt^p}{t^q} \quad (m>0, n>0, k\neq 0 \text{为常数})$$

这两个极限的结果为

$$\lim_{t\to 0} t^m \sin\frac{k}{t^n} = 0 \quad \lim_{t\to 0}\frac{\sin kt^p}{t^q} = \begin{cases} \infty, & p<q \\ k, & p=q \\ 0, & p>q \end{cases}$$

$$\lim_{t\to\infty} t^m \sin\frac{k}{t^n} = \begin{cases} 0, & m<n \\ k, & m=n \\ \infty, & m>n \end{cases} \quad \lim_{t\to\infty}\frac{\sin kt^p}{t^q} = 0$$

　　下面将这两个函数趋于极限的过程可视化. 为了在一个图形中能同时观察到这两个函数趋于极限的过程，将 $t^m \sin\dfrac{k}{t^n}$ 和 $\dfrac{\sin kt^p}{t^q}$ 的极限过程分别作为平面点 (x, y) 的横坐标 x 和纵坐标 y 的变化过程，即令 $\begin{cases} x = t^m \sin\dfrac{k}{t^n} \\ y = \dfrac{\sin kt^p}{t^q} \end{cases}$，这就是曲线的参数方程. 由上面的讨论可知，该曲线的图形可分为 9 类，在分类时不考虑参数 k 的取值. 这 9 类的名称与参数的取值条件如表 1.3.1 所示.

表 1.3.1　图形分类表

参数 m, n	参数 p, q		
	$p<q$	$p=q$	$p>q$
$m<n$	类型 1	类型 2	类型 3
$m=n$	类型 4	类型 5	类型 6
$m>n$	类型 7	类型 8	类型 9

具体图形如图 1.3.76 所示.

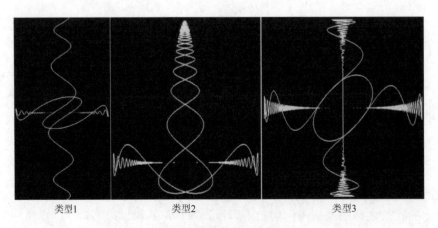

类型1　　　　　　　　　　类型2　　　　　　　　　　类型3

图 1.3.76　艰难的收敛之路一（1）

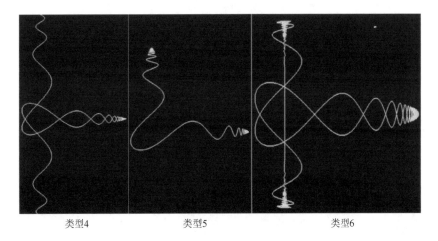

类型4　　　　　　　　类型5　　　　　　　　类型6

图 1.3.76　艰难的收敛之路一（2）

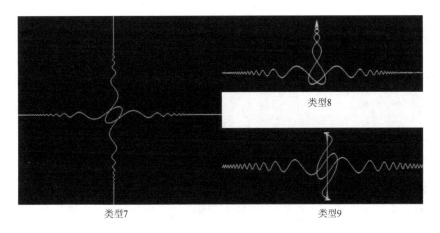

类型7　　　　　　　　　　　　类型9

图 1.3.76　艰难的收敛之路一（3）

2）赏析

下面主要解释类型 2，其他类型的解释完全类似.

类型 2 对应的参数取值条件为 $m<n$ 和 $p=q$，于是曲线上点的极限为

$$\lim_{t\to 0}(x,y)=\lim_{t\to 0}\left(t^m\sin\frac{k}{t^n},\frac{\sin kt^p}{t^q}\right)=(0,k)$$

$$\lim_{t\to\infty}(x,y)=\lim_{t\to\infty}\left(t^m\sin\frac{k}{t^n},\frac{\sin kt^p}{t^q}\right)=(0,0)$$

当 $t<0$，且 m、n 的奇偶性相反时

$$x=-|t|^m\sin\frac{k}{|t|^n}$$

当 $t>0$ 时

$$x=|t|^m\sin\frac{k}{|t|^n}$$

所以，当 $t \to 0$ 时，$(x,y) \to (0,k)$ 有两条路径 $\begin{cases} x = -|t|^m \sin\dfrac{k}{|t|^n} \\ y = \dfrac{\sin kt^p}{t^q} \end{cases}$ 和 $\begin{cases} x = |t|^m \sin\dfrac{k}{|t|^n} \\ y = \dfrac{\sin kt^p}{t^q} \end{cases}$. 这就是类型 2

中由原点向朝 y 轴正向延伸的两条曲线，它们关于 y 轴对称.

当 $t \to \infty$ 包含 $t \to -\infty$ 和 $t \to +\infty$ 时，若 m、n 的奇偶性相反，则当 $t \to -\infty$ 时，曲线上的点

(x,y) 沿路径 $\begin{cases} x = -|t|^m \sin\dfrac{k}{|t|^n} \\ y = \dfrac{\sin kt^p}{t^q} \end{cases}$ 趋于极限点 $(0,0)$，这就是类型 2 中水平方向上自左向右的类似

于锥型曲线的部分.

当 $t \to +\infty$ 时，曲线上的点 (x,y) 沿路径 $\begin{cases} x = |t|^m \sin\dfrac{k}{|t|^n} \\ y = \dfrac{\sin kt^p}{t^q} \end{cases}$ 趋于极限点 $(0,0)$，这就是类型 2 中

水平方向上自右向左的类似于锥型曲线的部分.

这就解释了类型 2 所包含的内在机理. 下面再列出 5 个参数方程以及它们的图形.

3）方程二和图形

$$\text{参数方程} \qquad \begin{cases} x = \dfrac{\sin^m t}{t^n} \\[2mm] y = \dfrac{\sqrt[p]{1+t^q}-1}{t^r} \end{cases}$$

5 个参数取不同的值时，可得到很多非常漂亮的图形. 图 1.3.77 给出了 4 条曲线. 其参数值分别为

图 1.3.77（a）$m=5, n=2, p=2, q=4, r=2$；

图 1.3.77（b）$m=2, n=1, p=2, q=2, r=1$；

图 1.3.77（c）$m=2, n=1, p=3, q=3, r=1$；

图 1.3.77（d）$m=3, n=2, p=3, q=5, r=3$.

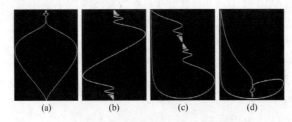

图 1.3.77　艰难的收敛之路二

4）方程三和图形

$$\text{参数方程} \qquad \begin{cases} x = \dfrac{\sin^m t}{t^n} \\[2mm] y = \dfrac{(1-\cos t)^p}{t^q} \end{cases}$$

4 个参数取不同的值时，可得到很多非常漂亮的图形. 图 1.3.78 给出了 3 条曲线. 其参数值分别为

图 1.3.78（a） $m=3,n=1,p=2,q=1$；

图 1.3.78（b） $m=3,n=2,p=2,q=2$；

图 1.3.78（c） $m=15,n=7,p=7,q=7$.

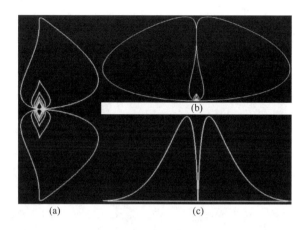

图 1.3.78 艰难的收敛之路三

5）方程四和图形

参数方程
$$\begin{cases} x = \dfrac{\sin^m t}{t^n} \\ y = \dfrac{\ln(1+|t|^p)}{t^q} \end{cases}$$

4 个参数取不同的值时，可得到很多非常漂亮的图形. 图 1.3.79 给出了 4 条曲线. 其参数值分别为

图 1.3.79（a） $m=1,n=1,p=1,q=1$；

图 1.3.79（b） $m=2,n=1,p=2,q=1$；

图 1.3.79（c） $m=3,n=2,p=3,q=2$；

图 1.3.79（d） $m=3,n=1,p=2,q=1$.

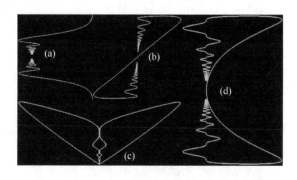

图 1.3.79 艰难的收敛之路四

6）方程五和图形

参数方程
$$\begin{cases} x = \dfrac{\sin t^m}{t^n} \\ y = \dfrac{1 - \cos t^p}{\arctan t^q} \end{cases}$$

4 个参数取不同的值时，可得到很多非常漂亮的图形. 图 1.3.80 给出了 3 条曲线.
其参数值分别为

图 1.3.80（a）$m = 2, n = 1, p = 1, q = 3$；

图 1.3.80（b）$m = 1, n = 1, p = 1, q = 1$；

图 1.3.80（c）$m = 3, n = 1, p = 2, q = 3$.

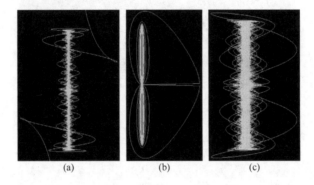

(a)　　　　　　　(b)　　　　　　　(c)

图 1.3.80　艰难的收敛之路五

7）方程六和图形

参数方程
$$\begin{cases} x = \dfrac{1 - \cos t^m}{t^n} \\ y = \dfrac{\arctan t^p}{t^q} \end{cases}$$

4 个参数取不同的值时，可得到很多非常漂亮的图形. 图 1.3.81 给出了 4 条曲线.
其参数值分别为

图 1.3.81（a）$m = 2, n = 3, p = 3, q = 1$；

图 1.3.81（b）$m = 2, n = 3, p = 1, q = 1$；

图 1.3.81（c）$m = 1, n = 1, p = 1, q = 1$；

图 1.3.81（d）$m = 3, n = 3, p = 5, q = 1$.

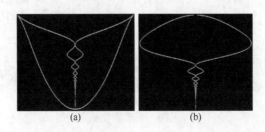

(a)　　　　　　　　　　(b)

(c)   (d)

图 1.3.81 艰难的收敛之路六

8）方程七和图形

$$参数方程 \quad \begin{cases} x = \dfrac{\sin(t^m)\arctan t^n}{t^h} \\[3mm] y = (\sqrt[3]{1+\sin t^p}-1)\sin\dfrac{1}{(\sqrt[3]{1+t^q}-1)} \end{cases}$$

5 个参数取不同的值时，可得到很多非常漂亮的图形. 图 1.3.82 给出了 3 条曲线.
其参数值分别为

图 1.3.82（a） $m=1, n=2, h=2, p=2, q=2$；

图 1.3.82（b） $m=2, n=2, h=3, p=2, q=2$；

图 1.3.82（c） $m=2, n=2, h=3, p=5, q=5$.

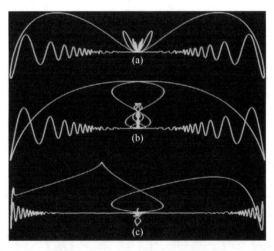

图 1.3.82 艰难的收敛之路七

2. 三维空间上的收敛之路

我们可以很方便地将平面上的收敛之路推广到空间上去. 图 1.3.83 给出了 4 条空间上的收敛之路.

其方程分别为

图 1.3.83（a） $\begin{cases} x = \dfrac{\sin 2t^2}{t} \\[2mm] y = t\sin\dfrac{2}{t^2} \\[2mm] z = \dfrac{t}{40} \end{cases}$ 图 1.3.83（b） $\begin{cases} x = \dfrac{3\sin 2t^2}{t} \\[2mm] y = 2.5t\sin\dfrac{2}{t^2} \\[2mm] z = \dfrac{1.3\sin t}{\sqrt[9]{t^4}} \end{cases}$

图 1.3.83（c） $\begin{cases} x = \dfrac{3\sin t^3}{t^2} \\[2mm] y = \dfrac{3(1-\cos t)}{t} \\[2mm] z = 4t^3\sin\left(\dfrac{1}{t^3}\sin\dfrac{1}{t}\right) \end{cases}$　　　图 1.3.83（d） $\begin{cases} x = 3\cos t \\[1mm] y = \sin t \\[2mm] z = \dfrac{2\sin t^4}{t^4} \end{cases}$

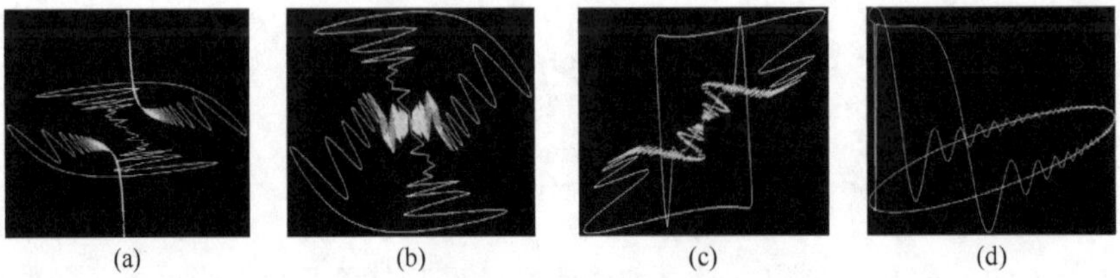

（a）　　　　　　（b）　　　　　　（c）　　　　　　（d）

图 1.3.83　空间上的收敛之路

1.3.11　几条精彩的隐式曲线

1. 超圆曲线

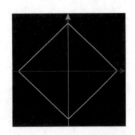

图 1.3.84　超圆曲线之正方形

　　首先，研究方程 $|x|+|y|=1$ 的几何性质，并在 MathGS 中绘制其图形这个方程非常简单，但极具对称性. 将方程中的 x 和 y 分别用 $-x$ 和 $-y$ 代替，或者同时用 $-x$ 和 $-y$ 代替，或者 x 和 y 的位置互换，方程不变. 当这些特性反应在图形上，就是其图形关于两条坐标轴、原点和直线 $y=x$ 对称. 显示的图形为正方形，如图 1.3.84 所示.

　　下面将方程一般化：$|x|^k+|y|^k=1$ $(k>0)$，然后讨论参数 k 的取值从 1 逐步减小并趋于零时，图形从正方形逐步演变的过程，在图 1.3.85 给出了演变过程中的 4 个图形.

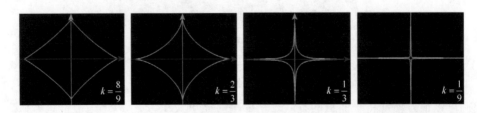

图 1.3.85　超圆曲线之"今世前生"（一）

　　从图 1.3.85 中可以看出，当 k 减小时，正方形的 4 条边向正方形的中心方向逐步弯曲，形成各种形状的 4 角星形线. 当 $k\to 0$ 时，正方形的 4 条边变成夹角为 90° 的折线，因而极限图形为十字形.

　　当 k 从 1 开始增大时，正方形逐步演变的过程分别如图 1.3.86 和图 1.3.87 所示.

　　图 1.3.86 说明，当 k 从 1 开始增大时，正方形的 4 条边从正方形的中心向外弯曲，并且随

k 的增大弯曲程度增大，直到 $k=2$ 时变成单位圆.

图 1.3.87 说明，当 k 从 2 开始增大时，单位圆演变成圆角正方形，称为超圆. 且 k 越大时，圆角正方形的 4 个圆角的范围越小，当 $k \to \infty$ 时，超圆的极限为正方形.

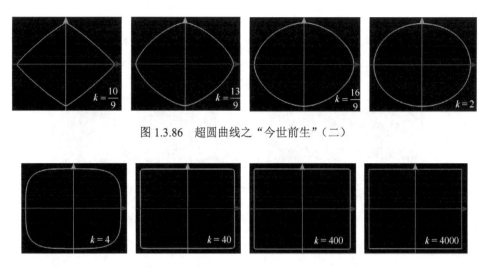

图 1.3.86 超圆曲线之"今世前生"（二）

图 1.3.87 超圆曲线之"今世前生"（三）

这里有一个非常有趣的现象，当 $k=1$ 方程的图形为正方形，当 k 从 1 开始增大时，正方形变成超圆，当 $k \to \infty$ 时，超圆的极限为正方形. 即从正方形出发，最后又回到正方形，但需注意开始的正方形和最后的正方形的边长不等，位置也不同.

2. 心形线簇

作者利用三角函数的周期性，将某一条心形线变成一簇心形线，这一簇心形线中心相同，依次嵌套，再配上颜色，便构成了一幅非常协调、漂亮的图形. 在此，图 1.3.88 和图 1.3.89 分别给出了两幅图形.

图 1.3.88 的方程为 $\sin(4\sin(5x^2 - 6|x|y + 5y^2 - 28) - 0.25) = 0$

图 1.3.89 的方程为 $\sin(\sqrt{x^2 + y^2}\tan(x^2 + (y - |\arctan x|)^2 - 2)) = 0$

图 1.3.88 精彩隐式曲线之心形线簇（一）

图 1.3.89 精彩隐式曲线之心形线簇（二）

3. 别样玫瑰线

利用三角函数的周期性，以三叶玫瑰线和四叶玫瑰线的直角坐标方程为基础，设计出两幅别致的玫瑰线，分别如图 1.3.90 和图 1.3.91 所示.

图 1.3.90 的方程为 $\sin\left(\sqrt{x^2+y^2}\left((x^2+y^2)^2-3x^2y+y^3\right)\right)=0$；

图 1.3.91 的方程为 $\sin((x^2+y^2)^3-(x^2-y^2)^2)=0$.

图 1.3.90　精彩隐式曲线之三叶玫瑰线　　图 1.3.91　精彩隐式曲线之四叶玫瑰线

4. 别样星形线

方程和图形分别如图 1.3.92 和图 1.3.93 所示.

图 1.3.92 的方程为 $\sin\left(\sqrt{x^2+y^2}\sin(x^{\frac{2}{3}}+y^{\frac{2}{3}}-2^{\frac{2}{3}})\right)=0$；

图 1.3.93 的方程为 $\sin\left(\sqrt{x^2+y^2}\sin\left(\sqrt[5]{\sin^4 x}+\sqrt[5]{\sin^4 y}-1\right)\right)=0$.

 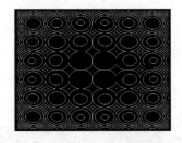

图 1.3.92　精彩隐式曲线之别样星形线（一）　　图 1.3.93　精彩隐式曲线之别样星形线（二）

5. 别样超圆

方程和图形分别如图 1.3.94 和图 1.3.95 所示.

图 1.3.94 的方程为 $\sin\left(\sqrt{x^2+y^2}\sin\left(\left(x^2\sin\frac{1}{x}\right)^2+\left(y^2\sin\frac{1}{y}\right)^2-1\right)\right)=0$；

图 1.3.95 的方程为 $\sin\left((x^8+y^8)\sqrt[4]{x^2+y^2}\right)=0$.

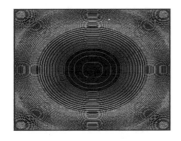 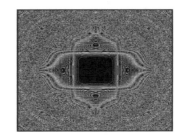

图 1.3.94 精彩隐式曲线之别样超圆（一）　图 1.3.95 精彩隐式曲线之别样超圆（二）

6. 四条精彩隐式曲线

方程和图形分别如图 1.3.96～图 1.3.99 所示.

图 1.3.96 的方程为 $\sin\left(4\sin\left(\left(\dfrac{\sin x^2}{x}\right)^2+\left(\dfrac{\sin y^2}{y}\right)^2-1\right)\right)=0$；

图 1.3.97 的方程为 $\sin\left(\sqrt[9]{x^2+y^2}\,\sin((x\sin x)^{25}+(y\sin y)^{25}-1)\right)=0$；

图 1.3.98 的方程为 $\sin\left(\sin^2(x^2+y^2-1)-\sin\left(\dfrac{2}{x^2y^2}\right)\right)=0$；

图 1.3.99 的方程为 $\sin(x^2+y^2+x^2y^2-1)=0$.

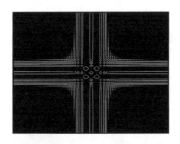 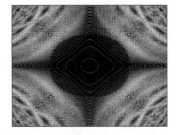

图 1.3.96 精彩隐式曲线之无名曲线（一）　图 1.3.97 精彩隐式曲线之无名曲线（二）

图 1.3.98 精彩隐式曲线之无名曲线（三）　图 1.3.99 精彩隐式曲线之无名曲线（四）

第 2 章

曲　面

2.1　曲面方程设计方法——以爱心曲面为例

在第 1 章设计心形线时，我们通过椭圆压缩变形和剪裁拼接的方法设计出两条心形线，现在本章将此方法推广到空间的情形，以爱心曲面的设计为例，总结出几种一般曲面的设计方法.

1. 压缩变形法

设图 2.1.1（a）中椭球面的方程为 $x^2 + 3y^2 + z^2 = 1$，下面对这个椭球面进行变换，在压缩变形后，使之成为爱心曲面图 2.1.1（b）、图 2.1.1（c）和图 2.1.1（d）.

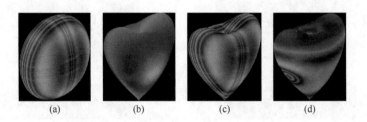

| (a) | (b) | (c) | (d) |

图 2.1.1　压缩变形而成的爱心曲面

压缩变形的具体方法：将椭球面方程中的 z 变换成 $z - f(x,y)$，其中 $f(x,y)$ 是以 z 轴为对称轴的圆锥面或椭圆锥面，或是具有类似性质的其他曲面. 图 2.1.1 中（b）～（d）的 3 个爱心曲面的方程都为 $x^2 + 3y^2 + (z - \sqrt[5]{x^4 + y^4})^2 = 1$，只是着色模式不相同.

2. 剪裁拼接法

剪裁拼接法具体方法：用 xOy 面将椭球面图 2.1.2（a）剪裁成上下两半，然后将 xOy 面下方的一半绕 z 轴旋转 $180°$ 即得到一个爱心曲面，如图 2.1.2（b）所示. 图 2.1.2 中的椭球面和爱心曲面的方程分别为

$$5x^2 + 4y^2 + 6z^2 + 2xy + 4xz - 4yz = 6$$

$$5x^2 + 4y^2 + 6z^2 + 2xy + 4x|z| - 4y|z| = 6$$

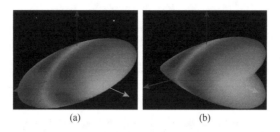

图 2.1.2　剪裁拼接而成的爱心曲面

3. 曲线变易法（一）

爱心曲面除压缩变形法和剪裁拼接法外，还能以具有直角坐标方程的心形线为原型进行设计. 如图 2.1.3（a）中心形线的方程为 $x^2+\left(y-\sqrt[9]{x^8}\right)^2=1$. 曲线变易法（一）是直接在二元方程的左边加上第 3 个坐标变量的平方，于是得到三元方程 $x^2+\left(y-\sqrt[9]{x^8}\right)^2+z^2=1$，即

$$x^2+(y-\sqrt[9]{x^8})^2=1 \quad\Longrightarrow\quad x^2+(y-\sqrt[9]{x^8})^2+z^2=1$$

其图形为空间曲面，这个空间曲面也是图 2.1.3 中的爱心曲面（b）. 这种变易法实质上是椭球面的压缩变形法.

4. 曲线变易法（二）

将心形线的方程 $x^2+\left(y-\sqrt[9]{x^8}\right)^2=1$ 变成

$$\left(x^2+\left(y-\sqrt[9]{x^8}\right)^2-1\right)^2+z^2=1$$

即

$$x^2+\left(y-\sqrt[9]{x^8}\right)^2=1 \quad\Longrightarrow\quad \left(x^2+\left(y-\sqrt[9]{x^8}\right)^2-1\right)^2+z^2=1$$

其图形为爱心曲面图 2.1.3（c）.

若将爱心曲面图 2.1.3（c）的方程改为 $\left(x^2+\left(y-\sqrt[9]{x^8}\right)^2-2\right)^2+z^2=1$，则得到图 2.1.4（a）.

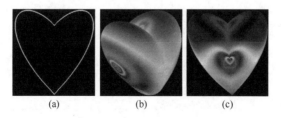

图 2.1.3　曲线变易法设计的爱心曲面

5. 曲线变易法（三）

将心形线方程 $x^2+\left(y-\sqrt[9]{x^8}\right)^2=1$ 变成

$$\left(x^2+\left(y-\sqrt[9]{x^8+z^8}\right)^2-1\right)^2+z^2=1$$

即

$$x^2 + \left(y - \sqrt[9]{x^8}\right)^2 = 1 \implies \left(x^2 + \left(y - \sqrt[9]{x^8 + z^8}\right)^2 - 1\right)^2 + z^2 = 1$$

得到爱心曲面图 2.1.4（b），进一步将方程变成 $\left(x^2 + \left(y - \sqrt[9]{x^8 + z^8}\right)^2 - 2\right)^2 + z^2 = 1$，则得到爱心曲面图 2.1.4（c）.

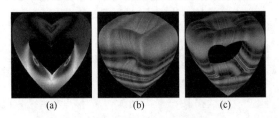

　　　　　　（a）　　　　　　　　　　（b）　　　　　　　　　　（c）

图 2.1.4　曲线变易法设计的另类爱心曲面

　　曲线变易法（三）可以施加在其他平面曲线上，得到的曲面也非常漂亮. 例如，施加在单位圆 $x^2 + y^2 = 1$ 上，得到方程 $(x^2 + y^2 - 1)^2 + z^2 = 1$，其图形如图 2.1.5（a）所示. 若进一步将方程变为 $(x^2 + y^2 - 2)^2 + z^2 = 1$，则得到如图 2.1.5（b）所示的指环曲面. 若施加在四叶玫瑰线的方程上得到的方程为 $((x^2 + y^2)^3 - (x^2 - y^2)^2 - 1)^2 + z^2 = 1$，其图形为图 2.1.5（c）所示的玫瑰曲面.

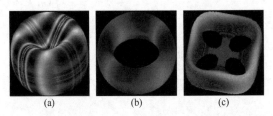

　　　　　　（a）　　　　　　　　　　（b）　　　　　　　　　　（c）

图 2.1.5　曲线变易法设计的指环曲面和玫瑰曲面

　　若心形线的方程为参数方程（极坐标方程很容易化为参数方程），则可用以下的曲线变易法（四）得到相应的爱心曲面方程.

6. 曲线变易法（四）

　　设心形线的参数方程为 $\begin{cases} x = \varphi(u) \\ y = \psi(u) \end{cases}$ $(\alpha \leqslant u \leqslant \beta)$，则由曲线变易法（四）得到的爱心曲面的参数方程为

$$\begin{cases} x = (\varphi(u) + a)\cos v \\ y = (\psi(u) + b)\cos v \\ z = h(v) \end{cases} \quad \left(\begin{array}{c} \alpha \leqslant u \leqslant \beta \\ -\dfrac{\pi}{2} \leqslant v \leqslant \dfrac{\pi}{2} \end{array} \right)$$

式中，$h(v)$ 为奇函数，a、b 用来使曲面的中心在坐标原点.

　　例如，由曲线变易法（四），可得爱心曲面，为

$$（a）\begin{cases} x = \cos u \\ y = \sin u + \sqrt[3]{\cos^2 u} \end{cases} \implies \begin{cases} x = \cos u \cos v \\ y = \left(\sin u + \sqrt[3]{\cos^2 u}\right)\cos v \\ z = \dfrac{1}{3}\sqrt[9]{v} \end{cases} \left(\begin{array}{c} 0 \leqslant u \leqslant 2\pi \\ -\dfrac{\pi}{2} \leqslant v \leqslant \dfrac{\pi}{2} \end{array} \right)$$

$$（b）\begin{cases} x=\left(\dfrac{\sin u\sqrt{|\cos u|}}{\sin u+1.4}-2\sin u+2\right)\cos u \\[4mm] y=\left(\dfrac{\sin u\sqrt{|\cos u|}}{\sin u+1.4}-2\sin u+2\right)\sin u \end{cases}$$

$$\begin{cases} x=\left(\dfrac{\sin u\sqrt{|\cos u|}}{\sin u+1.4}-2\sin u+2\right)\cos u\cos v \\[4mm] y=\left[\left(\dfrac{\sin u\sqrt{|\cos u|}}{\sin u+1.4}-2\sin u+2\right)\sin u+1.5\right]\cos v \\[4mm] z=0.8\sin v \end{cases} \qquad \left(\begin{array}{c} 0\le u\le 2\pi \\[2mm] -\dfrac{\pi}{2}\le v\le\dfrac{\pi}{2} \end{array}\right)$$

$$（c）\begin{cases} x=\sqrt[9]{u^8}\cos u \\[2mm] y=\sqrt[9]{u^8}\sin u \end{cases} \Longrightarrow \begin{cases} x=\left(\sqrt[9]{u^8}\cos u+1\right)\cos v \\[2mm] y=\sqrt[9]{u^8}\sin u\cos v \\[2mm] z=\dfrac{\arctan^2 v}{v} \end{cases} \qquad \left(\begin{array}{c} -\pi\le u\le\pi \\[2mm] -\dfrac{\pi}{2}\le v\le\dfrac{\pi}{2} \end{array}\right)$$

图形分别为图 2.1.6 中的图 2.1.6（a）、图 2.1.6（b）和图 2.1.6（c）.

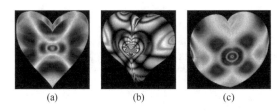

(a)　　　　　　(b)　　　　　　(c)

图 2.1.6　曲线变易法设计的三个爱心曲面

在曲线变易法（四）所设计的方程中，心形线可以推广到任意平面曲线；$\cos v$ 可以推广到函数 $\omega(v)$，只要 $\omega(v)$ 满足：当 $v<0$ 时，单调增，当 $v>0$ 时，单调减，且在区间 $-\dfrac{\pi}{2}\le v\le\dfrac{\pi}{2}$ 上非负；区间 $-\dfrac{\pi}{2}\le v\le\dfrac{\pi}{2}$ 可以推广到 $-\gamma\le v\le\gamma$. 即

$$\begin{cases} x=(\varphi(u)+a)\cos v \\ y=(\psi(u)+b)\cos v \\ z=h(v) \end{cases} \left(\begin{array}{c} \alpha\le u\le\beta \\[2mm] -\dfrac{\pi}{2}\le v\le\dfrac{\pi}{2} \end{array}\right) \Longrightarrow \begin{cases} x=(\varphi(u)+a)\omega(v) \\ y=(\psi(u)+b)\omega(v) \\ z=h(v) \end{cases} \left(\begin{array}{c} \alpha\le u\le\beta \\[2mm] -\gamma\le v\le\gamma \end{array}\right)$$

例如，图 2.1.7（a）～（c）中的 3 个曲面的方程均由曲线变易法（四）设计，其方程分别为

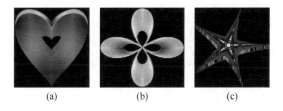

(a)　　　　　　(b)　　　　　　(c)

图 2.1.7　曲线变易法设计的三个曲面

$$（a）\begin{cases} x=\dfrac{\cos u}{1+v^2} \\[2mm] y=\dfrac{\sin u+\sqrt[3]{\cos^2 u}-0.5}{1+v^2} \\[2mm] z=\dfrac{1}{3}\sqrt[9]{v} \end{cases} \quad \begin{pmatrix} 0\leqslant u\leqslant 2\pi \\[2mm] -\dfrac{\pi}{2}\leqslant v\leqslant\dfrac{\pi}{2} \end{pmatrix}$$

$$（b）\begin{cases} x=\dfrac{\cos 2u\cos u}{1+v^4} \\[2mm] y=\dfrac{\cos 2u\sin u}{1+v^4} \\[2mm] z=\dfrac{v^3}{9} \end{cases} \quad \begin{pmatrix} 0\leqslant u\leqslant 2\pi \\[2mm] -\dfrac{\pi}{3}\leqslant v\leqslant\dfrac{\pi}{3} \end{pmatrix}$$

$$（c）\begin{cases} x=\dfrac{3}{2}\left(\dfrac{2}{3}\cos u+\cos\dfrac{2}{3}u\right)\cos v \\[2mm] y=\dfrac{3}{2}\left(\dfrac{2}{3}\sin u-\sin\dfrac{2}{3}u\right)\cos v \\[2mm] z=\dfrac{1}{3}\sqrt[9]{v} \end{cases} \quad \begin{pmatrix} 0\leqslant u\leqslant 6\pi \\[2mm] -\dfrac{\pi}{2}\leqslant v\leqslant\dfrac{\pi}{2} \end{pmatrix}$$

下面再给出 3 个由曲线变易法及推广的曲线变易法设计的五角星曲面，如图 2.18（a）～（c）其方程分别为

$$（a）\begin{cases} x=\left(\dfrac{2}{3}\cos u+\cos\dfrac{2}{3}u\right)\cdot\dfrac{1}{1+v^2} \\[2mm] y=\left(\dfrac{2}{3}\sin u-\sin\dfrac{2}{3}u\right)\cdot\dfrac{1}{1+v^2} \\[2mm] z=\dfrac{1}{5}\sqrt[5]{v^3} \end{cases} \quad \begin{pmatrix} 0\leqslant u\leqslant 6\pi \\[2mm] -2\leqslant v\leqslant 2 \end{pmatrix}$$

$$（b）\begin{cases} x=\left(\dfrac{2}{3}\cos u+\cos\dfrac{2}{3}u\right)\cos v \\[2mm] y=\left(\dfrac{2}{3}\sin u-\sin\dfrac{2}{3}u\right)\cos v \\[2mm] z=\sin v \end{cases} \quad \begin{pmatrix} 0\leqslant u\leqslant 6\pi \\[2mm] -\dfrac{\pi}{2}\leqslant v\leqslant\dfrac{\pi}{2} \end{pmatrix}$$

$$（c）\begin{cases} x=e^{-|\sin 2.5u|}\cos u\dfrac{\sin^3 v}{v} \\[2mm] y=e^{-|\sin 2.5u|}\sin u\dfrac{\sin^3 v}{v} \\[2mm] z=\sin 2v \end{cases} \quad \begin{pmatrix} 0\leqslant u\leqslant 2\pi \\[2mm] -\dfrac{\pi}{2}\leqslant v\leqslant\dfrac{\pi}{2} \end{pmatrix}$$

(a)　　　　　　(b)　　　　　　(c)

图 2.1.8　五角星曲面

7. 曲线变易法（五）

曲线绕轴旋转，则曲线的轨迹为曲面，称为旋转曲面，其方程的建立见旋转曲面. 曲线也可以按其他方式运动而得到曲面，比如直纹面就是由直线运动而形成.

8. 动点轨迹法

曲面可以看作动点的几何轨迹，下面给出 6 个由动点运动所形成的曲面.

动点 $P(x,y,z)$ 与定点 $P_0(x_0,y_0,z_0)$ 的距离等于常数 R，则动点的轨迹为球面，P_0 称为球心，R 称为半径，其方程为 $(x-x_0)^2+(y-y_0)^2+(z-z_0)^2=R^2$，图形如图 2.1.9（a）所示.

动点 $P(x,y,z)$ 与两定点 $M_1(1,2,1),M_2(-1,0,-1)$ 的距离相等，则动点的轨迹为平面，且为线段 M_1M_2 的中垂面，其方程为 $x+y+z-1=0$，图形如图 2.1.9（b）所示.

动点 $P(x,y,z)$ 与两定点 $M_1(1,0,0),M_2(-1,0,0)$ 的距离之和等于 4，则动点的轨迹为椭球面，其方程为 $3x^2+4y^2+4z^2=12$，图形如图 2.1.9（c）所示.

(a)　　　　　　(b)　　　　　　(c)

图 2.1.9　动点轨迹法设计的 3 个曲面

动点 $P(x,y,z)$ 与两定点 $M_1(1,0,0),M_2(-1,0,0)$ 的距离之积等于 1，则动点的方程为

$$((x-1)^2+y^2+z^2)((x+1)^2+y^2+z^2)=1$$

图形如图 2.1.10（a）所示.

动点 $P(x,y,z)$ 与三定点 $M_1(1,0,0),M_2\left(-\dfrac{1}{2},\dfrac{\sqrt{3}}{2},0\right)$，$M_3\left(-\dfrac{1}{2},-\dfrac{\sqrt{3}}{2},0\right)$ 的距离之积等于 1，则动点的方程为

$$((x-1)^2+y^2+z^2)\left(\left(x+\frac{1}{2}\right)^2+\left(y-\frac{\sqrt{3}}{2}\right)^2+z^2\right)\left(\left(x+\frac{1}{2}\right)^2+\left(y+\frac{\sqrt{3}}{2}\right)^2+z^2\right)=1$$

图形如图 2.1.10（b）所示.

动点 $P(x,y,z)$ 与四定点 $M_1(1,0,0),M_2(0,1,0),M_3(-1,0,0),M_4(0,-1,0)$ 的距离之积等于 1，则动点的方程为

$$((x-1)^2+y^2+z^2)((x+1)^2+y^2+z^2)(x^2+(y-1)^2+z^2)(x^2+(y+1)^2+z^2)=1$$

图形如图 2.1.10（c）所示.

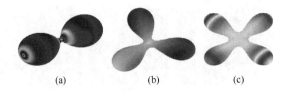

图 2.1.10　动点轨迹法设计的其他 3 个曲面

9. 隐式曲面变形法

该方法是由两个隐式曲面设计出一个新的隐式曲面. 设有两个隐式曲面 $F_1(x,y,z)=0$, $F_2(x,y,z)=0$，参数为 $\mu \in [0,1]$，令 $F(x,y,z)=\mu F_1(x,y,z)+(1-\mu)F_2(x,y,z)=0$，则该方程定义了一个新曲面.

例如，设

$$F_1(x,y,z)=((x-1)^2+y^2+z^2)((x+1)^2+y^2+z^2)(x^2+(y-1)^2+z^2)(x^2+(y+1)^2+z^2)-1$$

$$F_2(x,y,z)=(x^2+y^2+z^2+R^2-a^2)^2-4R^2(x^2+y^2) \text{（圆环面）}$$

则当参数 μ 依次取 0，0.33，0.67，1 时，得到的曲面依次分别为图 2.1.11（a）、图 2.1.11（b）、图 2.1.11（c）、图 2.1.11（d）.

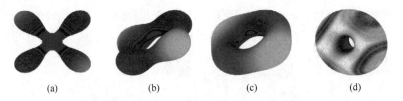

图 2.1.11　隐式曲面变形法设计的曲面

在图 2.1.11 中，圆环面中的参数为 $R=2, a=1.435$，绘图区域为 $[-2,2]\times[-2,2]\times[-2,2]$.

10. 多个隐式曲面平滑近似法

设有 n 个隐式曲面：$F_1(x,y,z)=0$, $F_2(x,y,z)=0,\cdots,F_n(x,y,z)=0$，令

$$F_1(x,y,z)F_2(x,y,z)\cdots F_n(x,y,z)=c$$

其中：$c\in[0,1]$ 为平滑系数. 上述三元方程定义了一个新曲面，该新曲面是上述 n 个隐式曲面构成的一个复合曲面. 下面给出几个作者自行设计的平滑近似曲面.

平滑近似曲面 1　爱心曲面和圆环面平滑近似而成的曲面，图形如图 2.1.12 所示，其方程为

$$(x^2+(y-\sqrt[3]{x^2}+0.35)^2+z^2-1)((x^2+y^2+z^2+2.9)^2-12(x^2+y^2))=0.01$$

其绘图区域为 $[-3,3]\times[-3,3]\times[-3,3]$.

图 2.1.12　爱心曲面和圆环面平滑近似而成的曲面

平滑近似曲面 2 爱心曲面和椭球面平滑近似而成的曲面，图形如图 2.1.13 所示，其方程为

$$(2x^2 - 3|x|y + 2y^2 + 1.5z^2 - 1)\left(\frac{x^2}{2} + \frac{(y-0.3)^2}{2} + \frac{(z+0.5)^2}{0.3} - 1\right) = 0.015$$

绘图区域为 $[-3,3] \times [-3,3] \times [-3,3]$.

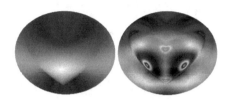

图 2.1.13 爱心曲面和椭球面平滑近似而成的曲面

平滑近似曲面 3 距离曲面和圆环面平滑近似而成的方向盘，图形如图 2.1.14 所示，其方程为

$$\left\{((x-1)^2 + y^2 + z^2)\left[\left(x+\frac{1}{2}\right)^2 + \left(y-\frac{\sqrt{3}}{2}\right)^2 + z^2\right]\left[\left(x+\frac{1}{2}\right)^2 + \left(y+\frac{\sqrt{3}}{2}\right)^2 + z^2\right] - 0.99\right\} \cdot$$

$$[(x^2 + y^2 + z^2 + 1.05)^2 - 4.4(x^2 + y^2)] = 0.01$$

绘图区域为 $[-3,3] \times [-3,3] \times [-3,3]$.

图 2.1.14 距离曲面和圆环面平滑近似而成的方向盘

平滑近似曲面 4 3 个圆环面平滑近似而成的灯笼，图形如图 2.1.15 所示，其方程为

$$((x^2 + y^2 + z^2 + 0.98)^2 - 4(x^2 + y^2)) \cdot ((x^2 + y^2 + z^2 + 0.98)^2 - 4(y^2 + z^2)) \cdot$$

$$((x^2 + y^2 + z^2 + 0.98)^2 - 4(z^2 + x^2)) = 0.01$$

绘图区域为 $[-2,2] \times [-2,2] \times [-2,2]$.

图 2.1.15 3 个圆环面平滑近似而成的灯笼

平滑近似曲面 5 2 个圆环面和 1 个球面平滑近似而成的灯笼，图形如图 2.1.16 所示，其方程为

$$((x^2 + y^2 + z^2 + 0.98)^2 - 4(x^2 + y^2)) \cdot ((x^2 + y^2 + z^2 + 0.98)^2 - 4(y^2 + z^2)) \cdot$$
$$(x^2 + y^2 + z^2 - 0.4) = 0.01$$

绘图区域为 $[-2,2] \times [-2,2] \times [-2,2]$.

图 2.1.16　圆环面和球面平滑近似而成的灯笼

平滑近似曲面 6　4 个圆柱面平滑近似而成的井字型曲面, 图形如图 2.1.17 所示, 其方程为

$$((x-1)^2 + z^2 - 0.25)((x+1)^2 + z^2 - 0.25)((y-1)^2 + z^2 - 0.25)((y+1)^2 + z^2 - 0.25) = 0.01$$

绘图区域为 $[-3,3] \times [-3,3] \times [-3,3]$.

图 2.1.17　4 个圆柱面平滑近似而成的井字型曲面

平滑近似曲面 7　3 个圆柱面平滑近似而成的 6 通管道, 图形如图 2.1.18 所示, 其方程为

$$(x^2 + y^2 - 1)(y^2 + z^2 - 1)(z^2 + x^2 - 1) = C$$

绘图区域为 $[-4,4] \times [-4,4] \times [-4,4]$.

$C = 0$　　　　　$C = 0.5$　　　　　$C = 1$

图 2.1.18　3 个圆柱面平滑近似而成的 6 通管道

将 6 通管道的方程中的幂次由 2 改为 8, 其方程为

$$(x^8 + y^8 - 1)(y^8 + z^8 - 1)(z^8 + x^8 - 1) = 0.01$$

所得曲面为如图 2.1.19 所示的方口 6 通管道. 绘图区域为 $[-4,4] \times [-4,4] \times [-4,4]$.

图 2.1.19　3 个方口柱面平滑近似而成的方口 6 通管道

平滑近似曲面 8　3 个圆锥面平滑近似而成的三通结构，图形如图 2.1.20 所示，其方程为
$$(x^2+y^2-z)(y^2+z^2-x)(z^2+x^2-y)=0.01$$
绘图区域为 $[-2,4]\times[-2,4]\times[-2,4]$.

图 2.1.20　3 个圆锥面平滑近似而成的三通结构

平滑近似曲面 9　球和圆柱面平滑近似而成的棒棒糖，图形如图 2.1.21 所示，其方程为
$$(x^2+y^2+z^2-1.2^2)(y^2+z^2-0.3^2)=0.01$$
绘图区域为 $[-1.2,5]\times[-2,2]\times[-2,2]$.

图 2.1.21　球和圆柱面平滑近似而成的棒棒糖

平滑近似曲面 10　哑铃曲面和圆柱面平滑近似而成的大铁锤，图形如图 2.1.22 所示，其方程为
$$\left(x^2+y^2+z^2-\sqrt[3]{x^2-y^2-z^2}-1\right)(x^2+y^2-0.07)=0$$
绘图区域为 $[-2,2]\times[-2.2,2.2]\times[-0.85,4.5]$.

图 2.1.22　哑铃曲面和圆柱面平滑近似而成的大铁锤

扫码见 2.1 节中部分彩图

2.2　曲面绘制算法

2.2.1　显式曲面绘制算法

显式曲面是指曲面的方程为显函数或参数方程的曲面. 例如, 二元函数 $z = x^2 + y^2$ 的图形为旋转抛物面, 这个旋转抛物面即为显式曲面. 又如, 参数方程 $\begin{cases} x = 2\sin\varphi\cos\theta \\ y = 2\sin\varphi\sin\theta \\ z = 2\cos\varphi \end{cases} \left(\begin{array}{c} 0 \leqslant \varphi \leqslant \pi \\ 0 \leqslant \theta \leqslant 2\pi \end{array}\right)$ 的图形半径为 2 的球面, 此时称球面为显式曲面或参数曲面.

下面讨论显式曲面的绘制算法. 显式曲面绘制算法是在曲面上求出足够多的点, 然后按照一定的规则, 每 4 个点构造一个四边形面片, 或每 3 个点构造一个三角形面片, 再用这些四边形面片（或三角形面片）近似表示曲面. 算法的关键是如何在曲面上求点, 对于显式曲面, 只需将参数区域网格化, 对于每个网格点, 由参数方程可得到曲面上的一个与之对应的点. 这样参数域网格与曲面网格形成一一对应的关系, 如图 2.2.1 所示. 在图 2.2.1 中, 坐标面上网格为参数域网格, 在这个网格中, 每个小矩形称为网格单元, 参数域网格中共有 196 个网格单元. 图 2.2.1 中, 曲面形网格为用四边形面片近似的曲面, 共有 196 个面片, 每个面片与一个网格单元对应, 图 2.2.1 中画出了一个对应的面片和网格单元.

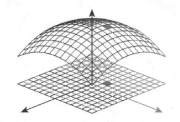

图 2.2.1　参数域网格化与曲面网格化

设曲面 Σ 的参数方程为 $\begin{cases} x = x(u,v) \\ y = y(u,v) \\ z = z(u,v) \end{cases} \left(\begin{array}{c} a \leqslant u \leqslant b \\ c \leqslant v \leqslant d \end{array}\right)$, 则绘制曲面 Σ 的算法分为下面几个步骤.

步骤 1　设置参数区间 $[a,b]$ 和 $[c,d]$ 的分割数, 即参数域网格化时的网格单元个数.

步骤 2　将参数域网格化.

步骤 3　逐个扫描所有网格单元, 对每个网格单元的 4 个顶点, 利用曲面的参数方程求出曲面上的 4 个对应点.

步骤 4　设置面片的着色模式, 即用面片顶点坐标计算出面片所着颜色的 RGB 分量值.

步骤 5　逐个绘制所有填充四边形面片.

步骤 6　结束.

在算法中, 着色模式也称着色算法, 每个着色算法由三个数学函数构成: $cr = \text{Red}(x,y,z)$, $cg = \text{Green}(x,y,z), cb = \text{Blue}(x,y,z)$, 它们的自变量 x, y, z 为要着色的四边形面片的 4 个顶点算出的面片中的一点的三个坐标（一般取面片的中心点）, 值域为 $[0,1]$, 意义为 RGB 颜色中的红、绿、蓝三个分量的值, 这三个分量所确定的 RGB 颜色即为面片要填充的颜色. 图.2.2.2 给出了 8 个填充正方形域以及对应的数学函数, 读者可从中体会到数学的美.

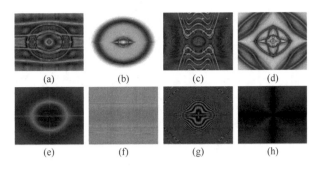

图 2.2.2　显式曲面着色算法示例

图 2.2.2 中的 8 幅图均为显式曲面，具体来说是平面，其显式方程为 $z = 0, -2 \leqslant x, y \leqslant 2$，

参数方程为 $\begin{cases} x = u \\ y = v \\ z = 0 \end{cases} \begin{pmatrix} -2 \leqslant u \leqslant 2 \\ -2 \leqslant v \leqslant 2 \end{pmatrix}$.

图 2.2.3 中的四边形为需着色的四边形面片，其顶点分别为 P_1、P_2、P_3、P_4. 为了给曲面着上丰富多彩的颜色，在给每个四边形面片着色时，需充分考虑这个四边形面片的位置、大小和形状. 为此，作者设计了以下参数，同时在图 2.2.2 中的 8 个着色算法也分别用到了其中部分参数为

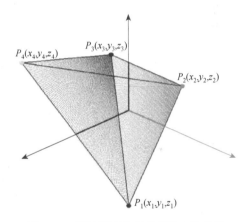

图 2.2.3　四边形面片着色算法中的参数

$$x_{13} = \frac{x_1 + x_3}{2}, \quad y_{13} = \frac{y_1 + y_3}{2}, \quad z_{13} = \frac{z_1 + z_3}{2}$$

$$x_{24} = \frac{x_2 + x_4}{2}, \quad y_{24} = \frac{y_2 + y_4}{2}, \quad z_{24} = \frac{z_2 + z_4}{2}$$

$$x = \frac{|x_{13} + x_{24}|}{2}, \quad y = \frac{|y_{13} + y_{24}|}{2}, \quad z = \frac{|z_{13} + z_{24}|}{2}$$

则 x、y、z 为着色算法中的三个函数

$$cr = \text{Red}(x, y, z), \quad cg = \text{Green}(x, y, z), \quad cb = \text{Blue}(x, y, z)$$

的自变量.

$d = \sqrt{x^2 + y^2 + z^2}$，点 (x, y, z) 与原点之间的距离；

$d_{12} = \sqrt{(x_2 - x_1)^2 + (y_2 - y_1)^2 + (z_2 - z_1)^2}$，顶点 P_1、P_2 之间的距离；

$d_{13} = \sqrt{(x_3 - x_1)^2 + (y_3 - y_1)^2 + (z_3 - z_1)^2}$，顶点 P_1、P_3 之间的距离；

$d_{14} = \sqrt{(x_4 - x_1)^2 + (y_4 - y_1)^2 + (z_4 - z_1)^2}$，顶点 P_1、P_4 之间的距离；

$d_{23} = \sqrt{(x_3 - x_2)^2 + (y_3 - y_2)^2 + (z_3 - z_2)^2}$，顶点 P_2、P_3 之间的距离；

$d_{24} = \sqrt{(x_4 - x_2)^2 + (y_4 - y_2)^2 + (z_4 - z_2)^2}$，顶点 P_2、P_4 之间的距离；

$d_{34} = \sqrt{(x_4 - x_3)^2 + (y_4 - y_3)^2 + (z_4 - z_3)^2}$，顶点 P_3、P_4 之间的距离；

$l_1 = \dfrac{d_{12} + d_{23} + d_{13}}{2}, \quad s_1 = \sqrt{l_1(l_1 - d_{12})(l_1 - d_{23})(l_1 - d_{13})}$，三角形 $P_1 P_2 P_3$ 的面积；

$l_2 = \dfrac{d_{13} + d_{34} + d_{14}}{2}$，$s_2 = \sqrt{l_2(l_2 - d_{13})(l_2 - d_{34})(l_2 - d_{14})}$，三角形 $P_1P_3P_4$ 的面积；

$s = s_1 + s_2$，四边形面片的面积；

k 渐变系数，取值范围 $-9 \leqslant k \leqslant 9$；

$ColorR$、$ColorG$、$ColorB$ 分别为基颜色的三个分量值.

于是图 2.2.2（a）～（h）中的 8 个着色算法分别为

$$(a)\begin{cases}
t = \ln(300(d_{13} + d_{24})d^{10(l_1 + l_2)}\sqrt[5]{s^3}) \\[2mm]
cx = 2^{|k|}\left|\sin\left(1.25^{-k}t\sin\left(1.151^k\ln\left(\left(\dfrac{x^2}{d^2} + tx\right)^2 + \dfrac{\pi|\ln d|}{8}\right) + \dfrac{\pi}{6}\right)\right)\right| \\[4mm]
cy = 2^{|k|}\left|\sin\left(1.25^{-k}t\sin\left(1.151^k\ln\left(\left(\dfrac{y^2}{d^2} + ty\right)^2 + \dfrac{\pi|\ln d|}{8}\right) + \dfrac{\pi}{6}\right)\right)\right| \\[4mm]
cz = 2^{|k|}\left|\sin\left(1.25^{-k}t\sin\left(1.151^k\ln\left(\left(\dfrac{z^2}{d^2} + tz\right)^2 + \dfrac{\pi|\ln d|}{8}\right) + \dfrac{\pi}{6}\right)\right)\right| \\[4mm]
cr = 1.85^{-|k|}\left|1.5^{|k|}(ColorR + ColorG) - 2^{-|k|}cx \cdot cy\right| \\[2mm]
cg = 1.85^{-|k|}\left|1.5^{|k|}(ColorG + ColorB) - 2^{-|k|}cy \cdot cz\right| \\[2mm]
cb = 1.85^{-|k|}\left|1.5^{|k|}(ColorB + ColorR) - 2^{-|k|}cz \cdot cx\right|
\end{cases}$$

$$(b)\begin{cases}
t = \ln(100\sqrt[4]{d_{12}^4 + d_{23}^4 + d_{34}^4 + d_{14}^4}\,d^{(s_1 l_1 + s_2 l_2)}) \\[2mm]
cx = 2^{|k|}\left|\sin(1.35^{-k}t\sin(1.251^k\ln((d^2 + tx^{0.3})^2)))\right| \\[2mm]
cy = 2^{|k|}\left|\sin(1.35^{-k}t\sin(1.251^k\ln((d^2 + ty^{0.3})^2)))\right| \\[2mm]
cz = 2^{|k|}\left|\sin(1.35^{-k}t\sin(1.251^k\ln((d^2 + tz^{0.3})^2)))\right| \\[2mm]
cr = 1.65^{|-k|}\left|1.5^{|k|}(ColorR + ColorG) - 2^{-|k|}cx \cdot cy\right| \\[2mm]
cg = 1.65^{|-k|}\left|1.5^{|k|}(ColorG + ColorB) - 2^{-|k|}cy \cdot cz\right| \\[2mm]
cb = 1.65^{|-k|}\left|1.5^{|k|}(ColorB + ColorR) - 2^{-|k|}cz \cdot cx\right|
\end{cases}$$

$$(c)\begin{cases}
t = \ln\left(1.01^{10(l_1 + l_2)}\sqrt[4]{d_{12}^2 + d_{23}^2 + d_{34}^2 + d_{14}^2}\right) \\[2mm]
cx = 2^{|k|}\left|\sin\left(1.25^{-k}t\sin\left(1.121^k\ln\left((y^2 - 0.25)^2 + (z^2 - 0.25)^2 + \dfrac{\pi}{60}\right)^2 + \dfrac{\pi}{4}\right)\right)\right| \\[4mm]
cy = 2^{|k|}\left|\sin\left(1.25^{-k}t\sin\left(1.121^k\ln\left((z^2 - 0.25)^2 + (x^2 - 0.25)^2 + \dfrac{\pi}{60}\right)^2 + \dfrac{\pi}{4}\right)\right)\right| \\[4mm]
cz = 2^{|k|}\left|\sin\left(1.25^{-k}t\sin\left(1.121^k\ln\left((x^2 - 0.25)^2 + (y^2 - 0.25)^2 + \dfrac{\pi}{60}\right)^2 + \dfrac{\pi}{4}\right)\right)\right| \\[4mm]
cr = 1.85^{-|k|}\left|1.5^{|k|}(ColorR + ColorG) - 2^{|-k|}cx \cdot cy\right| \\[2mm]
cg = 1.85^{-|k|}\left|1.5^{|k|}(ColorG + ColorB) - 2^{|-k|}cy \cdot cz\right| \\[2mm]
cb = 1.85^{-|k|}\left|1.5^{|k|}(ColorB + ColorR) - 2^{|-k|}cz \cdot cx\right|
\end{cases}$$

（d）
$$
\begin{cases}
t = \ln\left(220\ \sqrt[4]{d_{12}^2 + d_{23}^2 + d_{34}^2 + d_{14}^2}\ 1.01^{10(l_1 + l_2)}\right) \\[4pt]
cx = 2^{|k|}\left|\sin\left(1.35^{-k}\,t\arctan\left(1.251^k\sin\left(\dfrac{t\sqrt{x}(y+z)+yz}{d^2}+t\ln d\right)\right)\right)\right| \\[4pt]
cy = 2^{|k|}\left|\sin\left(1.35^{-k}\,t\arctan\left(1.251^k\sin\left(\dfrac{t\sqrt{y}(z+x)+zx}{d^2}+t\ln d\right)\right)\right)\right| \\[4pt]
cz = 2^{|k|}\left|\sin\left(1.35^{-k}\,t\arctan\left(1.251^k\sin\left(\dfrac{t\sqrt{z}(x+y)+xy}{d^2}+t\ln d\right)\right)\right)\right| \\[4pt]
cr = 1.85^{-|k|}\,|1.5^{|k|}(ColorR + ColorG) - 2^{|-k|}cx\cdot cy| \\[4pt]
cg = 1.85^{-|k|}\,|1.5^{|k|}(ColorG + ColorB) - 2^{|-k|}cy\cdot cz| \\[4pt]
cb = 1.85^{-|k|}\,|1.5^{|k|}(ColorB + ColorR) - 2^{|-k|}cz\cdot cx|
\end{cases}
$$

（e）
$$
\begin{cases}
t = \ln\left(200\ \sqrt[4]{d_{12}^2 + d_{23}^2 + d_{34}^2 + d_{14}^2}\ 1.01^{10(l_1 + l_2)}\right) \\[4pt]
cx = 2^{|k|}\left|\sin\left(1.43^{-k}\,t\arctan\left(1.131^k\sin\left(\ln d * \sin\left(\sqrt[4]{x}\right)+\sin\left(\sqrt[4]{y}\right)\right)\right)\right)\right| \\[4pt]
cy = 2^{|k|}\left|\sin\left(1.43^{-k}\,t\arctan\left(1.131^k\sin\left(\ln d * \sin\left(\sqrt[4]{y}\right)+\sin\left(\sqrt[4]{z}\right)\right)\right)\right)\right| \\[4pt]
cz = 2^{|k|}\left|\sin\left(1.43^{-k}\,t\arctan\left(1.131^k\sin\left(\ln d * \sin\left(\sqrt[4]{z}\right)+\sin\left(\sqrt[4]{x}\right)\right)\right)\right)\right| \\[4pt]
cr = 1.85^{-|k|}\,|1.5^{|k|}(ColorR + ColorG) - 2^{|-k|}cx\cdot cy| \\[4pt]
cg = 1.85^{-|k|}\,|1.5^{|k|}(ColorG + ColorB) - 2^{|-k|}cy\cdot cz| \\[4pt]
cb = 1.85^{-|k|}\,|1.5^{|k|}(ColorB + ColorR) - 2^{|-k|}cz\cdot cx|
\end{cases}
$$

（f）
$$
\begin{cases}
t = e^{\frac{d_{12}^2 + d_{23}^2 - d_{13}^2}{s_1} + \frac{d_{14}^2 + d_{34}^2 - d_{13}^2}{s_2}} \\[4pt]
cx = 2^{|k|}\,|\sin(1.43^{-k}\,t\sin(1.5^k\,x^4))| \\[4pt]
cy = 2^{|k|}\,|\sin(1.43^{-k}\,t\sin(1.5^k\,y^4))| \\[4pt]
cz = 2^{|k|}\,||\sin(1.43^{-k}\,t\sin(1.5^k\,z^4))| \\[4pt]
cr = 1.15^{|-k|}\,|ColorR + ColorG - cx| \\[4pt]
cg = 1.15^{|-k|}\,|ColorG + ColorB - cy| \\[4pt]
cb = 1.15^{|-k|}\,|ColorB + ColorR - cz|
\end{cases}
$$

（g）
$$
\begin{cases}
t = e^{d + \sqrt{s_1 l_1^2 + s_2 l_2^2}} \\[4pt]
cx = \left|\sin\left(1.25^{-k}\,t\sin\left(\dfrac{1.25^k\,x}{d}\right)\right)\right| \\[4pt]
cy = \left|\sin\left(1.25^{-k}\,t\sin\left(\dfrac{1.25^k\,y}{d}\right)\right)\right| \\[4pt]
cz = \left|\sin\left(1.25^{-k}\,t\sin\left(\dfrac{1.25^k\,z}{d}\right)\right)\right| \\[4pt]
cr = 1.175^{-|k|}\,|ColorR + ColorG - cx^2| \\[4pt]
cg = 1.175^{-|k|}\,|ColorG + ColorB - cy^2| \\[4pt]
cb = 1.175^{-|k|}\,|ColorB + ColorR - cz^2|
\end{cases}
$$

$$(h)\begin{cases} t = 1.2^k \mathrm{e}^{\frac{(s_1^2+s_2^2)\ln 2d}{s^2}} \\ cx = 1.15^{|k|}\left|\sin\left(\dfrac{t\sqrt{x}}{d} + ts^{0.85}\ln(10s)\right)\right| \\ cy = 1.15^{|k|}\left|\sin\left(\dfrac{t\sqrt{y}}{d} + ts^{0.85}\ln(10s)\right)\right| \\ cz = 1.15^{|k|}\left|\sin\left(\dfrac{t\sqrt{z}}{d} + ts^{0.85}\ln(10s)\right)\right| \\ cr = 1.15^{-|k|}|ColorR + ColorG - cx \cdot cy| \\ cg = 1.15^{-|k|}|ColorG + ColorB - cy \cdot cz| \\ cb = 1.15^{-|k|}|ColorB + ColorR - cz \cdot cx| \end{cases}$$

2.2.2 隐式曲面绘制算法

隐式曲面是指方程为 $F(x,y,z)=0$ 的空间曲面. 隐式曲面绘制算法的思想与显式曲面绘制算法的思想完全相同：在曲面上求出足够多的点，然后按一定的规则，每 4 个点构造一个四边形面片，或每 3 个点构造一个三角形面片，再用这些四边形面片（或三角形面片）近似表示曲面. 但隐式曲面的绘制比显式曲面的绘制要困难些，这是因为对 xoy 面上网格点 (x_i, y_j)，求隐式曲面上的对应点时需解关于 z 的一元方程 $F(x_i, y_j, z)=0$，而这个一元方程的解有无解、唯一解和多个解 3 种情形，这样曲面在网格化时就非常复杂. 另外在求解这个一元方程时有时需消耗大量的机时，因而算法的效率非常低. 隐式曲面的经典绘制算法有移动立方体（Marching Cubes，MC）算法和移动四面体（Marching Tetrahedron，MT）算法，这两个算法均不用求解一元方程.

1. 移动立方体算法

1）算法的基本思想

在 MC 算法中基本处理单元是立方体，该算法的基本思想是遍历网格中的所有体素，依次判断每个体素的 8 个顶点与曲面 Σ 的位置关系. 对于与曲面相交的体素，其交点可通过线性插值或者更高精度的数值求根算法得到. 根据顶点与曲面的位置关系，将所求交点按照事先给定的查找表中的连接方式连接成三角形面片，得到曲面在该体素中的逼近表示. 查找表共有 256（$=2^8$）个条目，分别对应 256 种情形，每个条目对应的三角形面片不超过 5 个.

2）算法描述

步骤 1　参数输入，输入三元函数 $F(x,y,z)$，绘图区域 $[x_{\min}, x_{\max}] \times [y_{\min}, y_{\max}] \times [z_{\min}, z_{\max}]$，以及各区间的分割数.

步骤 2　绘图区域网格化，用分别平行于 3 个坐标平面的 3 个平面束分割绘图区域，即将大长方体区域（绘图区域）分割成很多小的立方体，每个立方体称为体素或体元.

步骤 3　遍历所有体素，依次判断每个体素的 8 个顶点与曲面 Σ 的位置关系. 对于与曲面相交的体素, 求体素的棱边与曲面的交点. 根据顶点与曲面的位置关系, 将所求交点按照事先给定的查找表中的连接方式连接成三角形面片.

步骤 4 设计着色模式, 即设计三角形面片的着色模式, 用面片顶点坐标计算出面片所着颜色的 RGB 分量值.

步骤 5 绘图, 逐个绘制所有填充三角形面片.

步骤 6 结束, 曲面绘制完成, 算法结束.

3) 算法解释

(1) 隐式曲面的绘图区域为长方体域或正方体域, 如图 2.2.4 (a) 所示. 图 2.2.4 (b) 为绘图区域网格化后的图形, 只是绘图区域的六个边界平面没有全部画出, 否则里面的网格看不见. 图 2.2.4 (c) 为体素, 即体网格的网格单元, 也称体元.

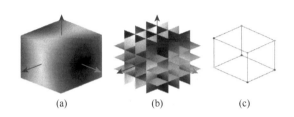

(a)　　　　　　　(b)　　　　　　　(c)

图 2.2.4　绘图区域、体网格和体素

(2) 点 $P(a,b,c)$ 与曲面 $\Sigma : F(x,y,z)=0$ 的位置关系有三种: 若 $F(a,b,c)=0$, 则点 P 在曲面 Σ 上; 若 $F(a,b,c)>0$, 则点 P 在曲面 Σ 的正侧; 若 $F(a,b,c)<0$, 则点 P 在曲面 Σ 的负侧. 为了简单, 将其简化成正侧和非正侧两种情形, 对于体素的 8 个顶点, 若某个顶点位于曲面的正侧, 则将该顶点填充为黑色, 否则不填充. 于是体素的 8 个顶点与曲面的位置关系共有 256 ($=2^8$) 种情形. 由对称性, 可简化成图 2.2.5 所示的 15 种模式.

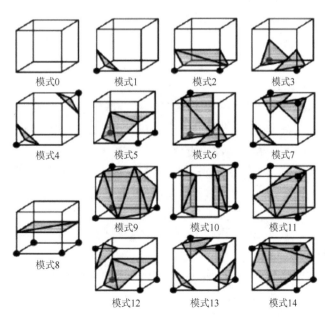

模式0　　　模式1　　　模式2　　　模式3

模式4　　　模式5　　　模式6　　　模式7

模式8　　　模式9　　　模式10　　　模式11

模式12　　　模式13　　　模式14

图 2.2.5　体素中的三角形面片的连接规则

　　在图 2.2.5 中，模式 0 表示，整个体素都在曲面的负侧. 模式 1 表示，体素有一个顶点在曲面的正侧，其他顶点都在负侧，曲面与体素的 3 条棱边相交，则用这 3 个交点构成的三角形面片来近似表示曲面在该体素中的部分. 在模式 1 中，位于曲面正侧的顶点可以是体素的 8 个顶点中的任意一个，故模式 1 可直接产生 256 种情形中的 8 种. 另外，模式 1 还有一种互补模式：7 个顶点在曲面的正侧，1 个顶点在负侧. 互补模式也可产生 256 种情形中的 8 种，因而模式 1 共可产生 256 种情形中的 16 种. 可类似讨论其他模式能产生 256 种情形中的几种，在此略.

　　下面讨论如何判别体素的棱边与曲面是否相交，在相交时如何求交点. 设 $P_1(x_1, y_1, z_1)$，$P_2(x_2, y_2, z_2)$ 是体素的一条棱边的两个顶点，令

$$V_1 = F(x_1, y_1, z_1), \qquad V_2 = F(x_2, y_2, z_2)$$

　　若 $V_1 V_2 > 0$，则顶点 P_1, P_2 位于曲面的同一侧，该棱边与曲面不相交.

　　若 $V_1 V_2 < 0$，则顶点 P_1, P_2 位于曲面的不同侧，该棱边与曲面相交. 设交点为 P，则交点坐标的计算公式为

$$P = P_1 - \frac{V_1}{V_2 - V_1}(P_2 - P_1)$$

　　在算法实现时，可以按照体素顶点状态构造等值面连接模式的查找表（表中共有 256 个条目），并可直接由立方体各顶点的状态检索出其中等值面的分布模式，确定该体素内的等值面三角片连接方式.

　　（3）着色模式也称着色算法，类似于显式曲面的着色模式，每个着色算法由三个数学函数构成：$cr = \text{Red}(x, y, z), cg = \text{Green}(x, y, z), cb = \text{Blue}(x, y, z)$，它们的自变量 x, y, z 为要着色的三角形面片的 3 个顶点算出的面片中的一点的三个坐标（一般取面片的中心点），值域为 $[0,1]$，意义为 RGB 颜色中的红、绿、蓝三个分量的值，这三个分量所确定的 RGB 颜色即为面片要填充的颜色.

　　MC 算法的优点是效率高，因不用解方程，且算法容易实现，其缺点是当曲面与体素棱边的交点较多时，这些交点连成三角形面片时会出现二义性，其结果是绘制出的曲面有"洞". 为此需要对 MC 算法进行改进，从而产生了移动四面体算法.

2. 移动四面体算法

1）算法的基本思想

　　MT 算法基本处理单元是四面体. 其基本思想与 MC 算法的基本思想类似：遍历网格中的所有体素（四面体），依次判断每个体素的 4 个顶点与曲面 Σ 的位置关系. 对于与曲面相交的体素，其交点可通过线性插值或者更高精度的数值求根算法得到. 根据顶点与曲面的位置关系，将所求交点按照事先给定的查找表中的连接方式连接成三角形面片，得到曲面在该体素中的逼近表示. 查找表共有 16（$= 2^4$）个条目，分别对应 16 种情形.

2）算法描述

　　步骤 1　参数输入，输入三元函数 $F(x, y, z)$，绘图区域 $[x_{\min}, x_{\max}] \times [y_{\min}, y_{\max}] \times [z_{\min}, z_{\max}]$，以及各区间的分割数.

　　步骤 2　绘图区域网格化，用分别平行于 3 个坐标平面的 3 个平面束分割绘图区域，即将大长方体区域（绘图区域）分割成很多小立方体，然后将每个立方体剖分成 6 个四面体，这些四面体称为 MT 算法的体素.

步骤 3 遍历所有体素，依次判断每个体素的 4 个顶点与曲面Σ的位置关系. 对于与曲面相交的体素，求体素的棱边与曲面的交点. 根据顶点与曲面的位置关系，将所求交点按照事先给定的查找表中的连接方式连接成三角形面片.

步骤 4 设计着色模式，即设计三角形面片的着色模式，用面片顶点坐标计算出面片所着颜色的 RGB 分量值.

步骤 5 绘图，逐个绘制所有填充三角形面片.

步骤 6 结束，曲面绘制完成，算法结束.

3）算法解释

（1）在算法描述步骤 2 中，将立方体剖分成 6 个四面体的方式有多种，图 2.2.7 给出了一种将图 2.2.6 中的立方体剖分成 6 个四面体的方法. 立方体还可以剖分成 5 个、24 个四面体. 图 2.2.7 中，1258 等数字表示四个顶点 1、2、5、8 确定的四面体.

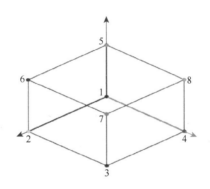

图 2.2.6 立方体及其顶点编号

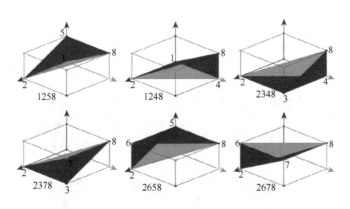

图 2.2.7 立方体剖分成 6 个四面体

（2）在 MT 算法中，体素的 4 个顶点与曲面的位置关系相比 MC 算法简单些，只有 $2^4 = 16$ 种情形，可分成 3 种模式，如图 2.2.8 所示.

模式 0 表示四面体位于曲面的负侧，它的互补模式为四面体位于曲面的正侧. 模式 1 表示四

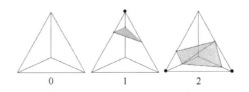

图 2.2.8 四面体体素中的三角形面片的连接规则

面体有一个顶点位于曲面的正侧，其他三个顶点位于曲面的负侧，而位于正侧的那个顶点可以是四个顶点中的任一个，故可产生 4 种情形. 它的互补模式为一个顶点位于曲面的负侧，而其他三个顶点位于曲面的正侧，也可产生 4 种情形. 模式 2 表示四面体有两个顶点（即一条边）位于曲面的正侧，其他顶点位于曲面的负侧，这时曲面与四面体的棱边有 4 个交点，此时，位于该体素的曲面可用两个三角形面片表示.

（3）MT 算法中的着色模式与 MC 算法中的着色模式完全相同，这里不再赘述. MC 算法和 MT 算法中的着色模式均需充分利用三角形面片的位置、大小和形状等信息为自变量计算面片所着颜色的 3 个分量值. 图 2.2.9 给出了 6 个填充正方形，由图可以使读者再次见证数学之美.

设 $P_1(x_1,y_1,z_1),P_2(x_2,y_2,z_2),P_3(x_3,y_3,z_3)$ 为三角形面片的 3 个顶点，即

$$x = \frac{|x_1+x_2+x_3|}{3},\ y = \frac{|y_1+y_2+y_3|}{3},\ z = \frac{|z_1+z_2+z_3|}{3}$$

则 x、y、z 为着色算法中的三个函数

$$cr = \text{Red}(x,y,z),\ cg = \text{Green}(x,y,z),\ cb = \text{Blue}(x,y,z)$$

的自变量.

$d = \sqrt{x^2+y^2+z^2}$ ，点 (x,y,z) 与原点之间的距离；

$d_{12} = \sqrt{(x_2-x_1)^2+(y_2-y_1)^2+(z_2-z_1)^2}$ ，顶点 P_1、P_2 之间的距离；

$d_{13} = \sqrt{(x_3-x_1)^2+(y_3-y_1)^2+(z_3-z_1)^2}$ ，顶点 P_1、P_3 之间的距离；

$d_{23} = \sqrt{(x_3-x_2)^2+(y_3-y_2)^2+(z_3-z_2)^2}$ ，顶点 P_2、P_3 之间的距离；

$l = \dfrac{d_{12}+d_{23}+d_{13}}{2},\ s = \sqrt{l(l-d_{12})(l-d_{23})(l-d_{13})}$ ，三角形 $P_1P_2P_3$ 的面积；

k 渐变系数，取值范围 $-9 \leqslant k \leqslant 9$；

ColorR、*ColorG*、*ColorB* 分别为基颜色的三个分量值.

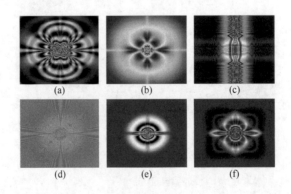

图 2.2.9　隐式曲面着色模式示例

于是图 2.2.9（a）～（f）中的 6 个着色算法分别为

（a）
$$\begin{cases} t = \dfrac{1}{2d}\ln\left(\sqrt{\left|d_{12}^2 + d_{23}^2 - d_{13}^2\right|}\,s\right) \\ cx = 1.5^{|k|}\,|\sin(1.25^{-k}\,t\arctan(1.15^k\sin(x^2+tx)))| \\ cy = 1.5^{|k|}\,|\sin(1.25^{-k}\,t\arctan(1.15^k\sin(y^2+ty)))| \\ cz = 1.5^{|k|}\,|\sin(1.25^{-k}\,t\arctan(1.15^k\sin(z^2+tz)))| \\ cr = 1.45^{-|k|}\,|ColorR + 1.5^{|k|}ColorG - cx^2| \\ cg = 1.45^{-|k|}\,|ColorG + 1.5^{|k|}ColorB - cy^2| \\ cb = 1.45^{-|k|}\,|ColorB + 1.5^{|k|}ColorR - cz^2| \end{cases}$$

（b）
$$\begin{cases} t = \dfrac{1}{2d}\ln\left(\sqrt{\left|d_{12}^2 + d_{23}^2 - d_{13}^2\right|}\,s\right) \\ cx = 2^{|k|}\left|\sin\left(1.25^{\ln d}\,t\arctan\left(1.25^k\sin(1.43^{-k}\sin\sqrt{x}+\sin\sqrt{y})\right)\right)\right| \\ cy = 2^{|k|}\left|\sin\left(1.25^{\ln d}\,t\arctan\left(1.25^k\sin(1.43^{-k}\sin\sqrt{y}+\sin\sqrt{z})\right)\right)\right| \\ cz = 2^{|k|}\left|\sin\left(1.25^{\ln d}\,t\arctan\left(1.25^k\sin(1.43^{-k}\sin\sqrt{z}+\sin\sqrt{x})\right)\right)\right| \\ cr = 1.85^{-|k|}\left|1.5^{|k|}(ColorR + ColorG) - 2^{-|k|}cx\cdot cy\right| \\ cg = 1.85^{-|k|}\left|1.5^{|k|}(ColorG + ColorB) - 2^{-|k|}cy\cdot cz\right| \\ cb = 1.85^{-|k|}\left|1.5^{|k|}(ColorB + ColorR) - 2^{-|k|}cz\cdot cx\right| \end{cases}$$

（c）
$$\begin{cases} t = \dfrac{1}{2d}\ln\left(s\sqrt{\left|(d_{12}-d_{23})(d_{23}-d_{13})(d_{12}-d_{13})\right|}\right) \\ cx = 2^{|k|}\left|\sin\left(t\arctan\left(1.15^k\sin(1.43^{-k}t\,x^4)+t\left(\sqrt{y^2+z^2}-s\,x^2\right)\right)\right)\right| \\ cy = 2^{|k|}\left|\sin\left(t\arctan\left(1.15^k\sin(1.43^{-k}t\,y^4)+t\left(\sqrt{z^2+x^2}-s\,y^2\right)\right)\right)\right| \\ cz = 2^{|k|}\left|\sin\left(t\arctan\left(1.15^k\sin(1.43^{-k}t\,z^4)+t\left(\sqrt{x^2+y^2}-s\,z^2\right)\right)\right)\right| \\ cr = 1.85^{-|k|}\left|1.5^{|k|}(ColorR + ColorG) - 2^{-|k|}cx\cdot cy\right| \\ cg = 1.85^{-|k|}\left|1.5^{|k|}(ColorG + ColorB) - 2^{-|k|}cy\cdot cz\right| \\ cb = 1.85^{-|k|}\left|1.5^{|k|}(ColorB + ColorR) - 2^{-|k|}cz\cdot cx\right| \end{cases}$$

（d）
$$\begin{cases} t = \dfrac{1}{2.5d}\ln\left(s\sqrt{d_{12}d_{23} + d_{23}d_{13} + d_{12}d_{13}}\right) \\ cx = 2^{|k|}\,|\sin(1.35^k t\sin(1.4^{-k}(tx)^2))| \\ cy = 2^{|k|}\,|\sin(1.35^k t\sin(1.4^{-k}(ty)^2))| \\ cz = 2^{|k|}\,|\sin(1.35^k t\sin(1.4^{-k}(tz)^2))| \\ cr = 1.65^{-|k|}\,|1.5^{|k|}(ColorR + ColorG) - 2^{-|k|}cx\cdot cy| \\ cg = 1.65^{-|k|}\,|1.5^{|k|}(ColorG + ColorB) - 2^{-|k|}cy\cdot cz| \\ cb = 1.65^{-|k|}\,|1.5^{|k|}(ColorB + ColorR) - 2^{-|k|}cz\cdot cx| \end{cases}$$

$$
(e)\begin{cases}
t=\dfrac{1}{2d}\ln\left(s\sqrt{d_{12}d_{23}+d_{23}d_{13}+d_{12}d_{13}}\right)\\
cx=2^{|k|}\,|\sin(1.25^{-k}t\sin(1.15^{k}\arctan(d+tx)^{4}))|\\
cy=2^{|k|}\,|\sin(1.25^{-k}t\sin(1.15^{k}\arctan(d+ty)^{4}))|\\
cz=2^{|k|}\,|\sin(1.25^{-k}t\sin(1.15^{k}\arctan(d+tz)^{4}))|\\
cr=1.55^{-|k|}\,|1.5^{|k|}(ColorR+ColorG)-cx^{2}|\\
cg=1.55^{-|k|}\,|1.5^{|k|}(ColorG+ColorB)-cy^{2}|\\
cb=1.55^{-|k|}\,|1.5^{|k|}(ColorB+ColorR)-cz^{2}|
\end{cases}
$$

$$
(f)\begin{cases}
t=\dfrac{1}{2.25d}\ln\left(s\sqrt{d_{12}d_{23}+d_{23}d_{13}+d_{12}d_{13}}\right)\\
cx=2^{|k|}\,|\sin(1.25^{k}t\sin(1.45^{-k}\ln|((y^{2}-0.5)^{2}+(z^{2}-0.5)^{2}-tx)^{0.4}|))|\\
cy=2^{|k|}\,|\sin(1.25^{k}t\sin(1.45^{-k}\ln|((z^{2}-0.5)^{2}+(x^{2}-0.5)^{2}-ty)^{0.4}|))|\\
cz=2^{|k|}\,|\sin(1.25^{k}t\sin(1.45^{-k}\ln|((x^{2}-0.5)^{2}+(y^{2}-0.5)^{2}-tz)^{0.4}|))|\\
cr=1.85^{-|k|}\,|1.5^{|k|}(ColorR+ColorG)-cx|\\
cg=1.85^{-|k|}\,|1.5^{|k|}(ColorG+ColorB)-cy|\\
cb=1.85^{-|k|}\,|1.5^{|k|}(ColorB+ColorR)-cz|
\end{cases}
$$

2.2.3　MathGS 软件绘制空间曲面

在 MathGS 软件中,"空间曲面"模块用来绘制由参数方程给定的空间曲面,"隐式曲面"模块用来绘制由三元方程确定的空间曲面. 下面通过两个例子来说明如何用 MathGS 绘制空间曲面.

例 1　在 MathGS 的"空间曲面"模块中分别绘制下面两个曲面

$$
(1)\begin{cases}
x=\cos u\cos v\\
y=\left(\sin u+\sqrt[3]{\cos^{2}u}\right)\cos v\\
z=\dfrac{1}{3}\sqrt[9]{v}
\end{cases}
\left(\begin{array}{c}0\leqslant u\leqslant 2\pi\\[4pt]-\dfrac{\pi}{4}\leqslant v\leqslant\dfrac{\pi}{4}\end{array}\right);
$$

$$
(2)\begin{cases}
x=0.7\cos u\cos v\\
y=0.7\left(\sin u+\sqrt[3]{\cos^{2}u}\right)\cos v\\
z=\dfrac{1}{3}\sqrt[9]{v}
\end{cases}
\left(\begin{array}{c}0\leqslant u\leqslant 2\pi\\[4pt]-\dfrac{\pi}{2}\leqslant v\leqslant\dfrac{\pi}{2}\end{array}\right).
$$

解　先绘制曲面(1),图形如图 2.2.10 所示.

图 2.2.10 是一个空心的爱心曲面. 若将方程中的参数 v 的范围改成 $-\dfrac{\pi}{2}\leqslant v\leqslant\dfrac{\pi}{2}$,则曲面将变成实心的爱心曲面.

方程(2)的图形和各种绘图参数如图 2.2.11 所示.

在图 2.2.11 中,中间实心的爱心曲面即为方程(2)的图形,图 2.2.11 是由两个爱心曲面叠加而成:一个大的空心爱心曲面和一个小的实心爱心曲面. 从方程上得知,方程(2)是将方程(1)中的 x, y, z 的表达式分别乘以 0.7, 0.7, 1 而得到,因而 0.7, 0.7, 1 就是伸缩系数. 这个结论可以一般化,设有两个曲面,其方程分别为

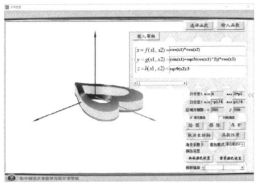

图 2.2.10 隐式曲面着色模式示例（1）

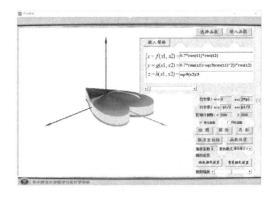

图 2.2.11 隐式曲面着色模型示例（2）

$$S_1:\begin{cases} x=\varphi(u,v) \\ y=\psi(u,v) \\ z=\omega(u,v) \end{cases}\begin{pmatrix} u_1\leqslant u\leqslant u_2 \\ v_1\leqslant v\leqslant v_2 \end{pmatrix}\qquad S_2:\begin{cases} x=a\varphi(u,v) \\ y=b\psi(u,v) \\ z=c\omega(u,v) \end{cases}\begin{pmatrix} u_1\leqslant u\leqslant u_2 \\ v_1\leqslant v\leqslant v_2 \end{pmatrix}$$

则曲面 S_2 是将曲面 S_1 进行伸缩变换；a,b,c 分别为 x 轴、y 轴和 z 轴方向的伸缩系数.

下面将图 2.2.11 中的坐标系旋转一下. 其方法是，单击软件中界面右方中间的"<<"，打开设置界面，如图 2.2.12 所示. 在图 2.2.12 的右方就是用来设置相关参数的. 与图 2.2.11 相比，图 2.2.12 只是修改"坐标系旋转"下方的向量，其效果是图 2.2.11 中是蓝轴（z 轴）指向正上方，而图 2.2.12 中是绿轴（y 轴）指向正上方.

最后再将图 2.2.12 的视角进行调整，选择一个适当的视点，使图形看得更清楚. 方法就是修改"视点坐标"下方的向量. 修改后的结果如图 2.2.13 所示.

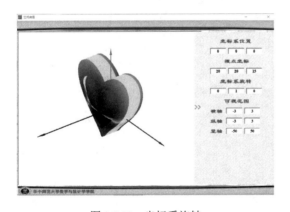

图 2.2.12 坐标系旋转

图 2.2.13 视角的调整

例 2 在 MathGS 的"隐式曲面"模块中分别绘制下列 3 个方程的图形，再将这 3 个图形绘制在一个坐标系中.

(1) $x^2+y^2=1$；

(2) $y^2+z^2=1$；

(3) $z^2+x^2=1$.

解 方程（1）、方程（2）和方程（3）的图形及绘图参数分别如图 2.2.14、图 2.2.15 和图 2.2.16 所示.

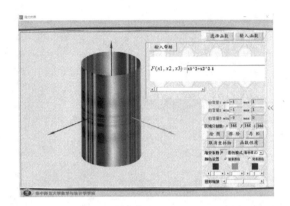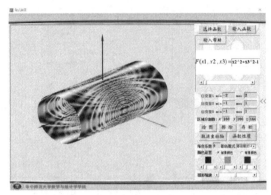

图 2.2.14　母线平行于 z 轴的圆柱面　　　　　图 2.2.15　母线平行于 x 轴的圆柱面

在"隐式曲面"模块中，一次只能绘制一个方程的图形，即在一个坐标系中只能绘制一个方程给定的曲面，故将上述 3 个圆柱面绘制在一个坐标系中，通过设计一个方程来实现. 这个方法称为组合曲面法，所得方程为

$$(x^2 + y^2 - 1)(y^2 + z^2 - 1)(z^2 + x^2 - 1) = 0$$

图形如图 2.2.17 所示.

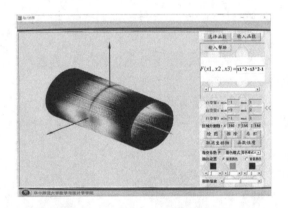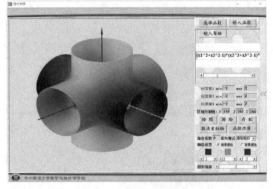

图 2.2.16　母线平行于 y 轴的圆柱面　　　　　图 2.2.17　三个圆柱面构成的六通管道

扫码见 2.2 节中部分彩图

2.3　精彩曲面赏析

2.3.1　单侧曲面

1. 莫比乌斯带

1）方程和图形

公元 1858 年，德国数学家莫比乌斯和李斯发现：把一根纸条扭转 $180°$ 后，两头再粘接起来做成的纸带圈，具有魔术般的性质. 这个纸带圈后来称为莫比乌斯带.[4] 莫比乌斯带的参数方程为

$$\begin{cases} x = \left(2.5 + u\cos\dfrac{v}{2}\right)\cos v \\[2mm] y = \left(2.5 + u\cos\dfrac{v}{2}\right)\sin v \qquad \left(\begin{array}{l} -1 \leqslant u \leqslant 1 \\ 0 \leqslant v \leqslant 2\pi \end{array}\right) \\[2mm] z = u\sin\dfrac{v}{2} \end{cases}$$

其图形如图 2.3.1 所示.

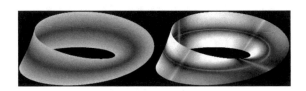

图 2.3.1　莫比乌斯带

2）性质

普通纸带具有两个面（即双侧曲面），一个正面，一个反面，两个面可以涂成不同的颜色；而单面纸带只有一个面（即单侧曲面），一只小虫可以爬遍整个曲面而不必跨过它的边缘. 我们把这种由莫比乌斯发现的神奇的单面纸带，称为莫比乌斯带.

例如，拿一张长纸条，把一面涂成黑色，然后把其中一端扭转 180°，粘成一个莫比乌斯带. 用剪刀沿纸带的中央把它剪开. 这时会惊奇地发现，纸带不仅没有一分为二，却剪出一个两倍长的纸圈. 新得到的这个较长的纸圈，本身是一个双侧曲面，它的两条边界自身虽不打结，但却相互套在一起. 为了让读者直观地看到，可以把上述纸圈，再一次沿中线剪开，便得到两条互相套着的纸圈，而原先的两条边界，则分别包含于两条纸圈之中，只是每条纸圈本身并不打结.

莫比乌斯带还有更为奇异的特性. 一些在平面上无法解决的问题，在莫比乌斯带上得到了解决. 比如，在普通空间无法实现的"手套易位"问题：人左右两手的手套虽然极为相像，但却有着本质的不同. 我们不可能把左手的手套完全贴合于右手；也不能把右手的手套完全贴合于左手. 无论你怎么扭来转去，左手套永远是左手套，右手套也永远是右手套. 不过，倘若把它搬到莫比乌斯带中，那么这个问题解决起来就易如反掌了.

在自然界有许多物体也类似于手套，它们本身具备完全相像的对称部分，但一个是左手系的，另一个是右手系的，它们之间有着极大的不同.

3）拓扑变换

什么是拓扑呢？拓扑所研究的是几何图形的一些性质，它们在图形被弯曲、拉大、缩小或任意的变形下保持不变，只要在变形过程中不使原来不同的点重合为同一个点，又不产生新点. 换句话说，这种变换的条件是：在原来图形的点与变换了图形的点之间存在着一一对应的关系，并且邻近的点还是邻近的点. 这样的变换叫作拓扑变换. 拓扑有一个形象说法——橡皮几何学. 因为若图形都是用橡皮做成的，就能把许多图形进行拓扑变换. 例如，一个橡皮圈能变形成一个圆圈或一个方圈. 但是一个橡皮圈不能由拓扑变换成为一个阿拉伯数字"8". 因为不把圈上的两个点重合在一起，圈就不会变成"8"，"莫比乌斯带"正好满足了上述要求，所以莫比乌斯带是一种拓扑图形.

4）应用

莫比乌斯带在生活和生产中已经有了一些用途. 例如, 用皮带传送的动力机械的皮带就可以做成"莫比乌斯带"状, 这样皮带就不会只磨损一面. 如果把录音机的磁带做成"莫比乌斯带"状, 就不存在正反两面的问题了, 磁带就只有一个面了. 生活中应用到的莫比乌斯带较多, 比如以下几点.

应用1　在莫比乌斯带上创作的音乐作品《螃蟹卡农》（图 2.3.2）, 其特点是正着听和倒着听都一样.

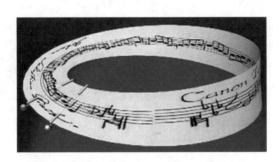

图 2.3.2　作在莫比乌斯带上的《螃蟹卡农》

应用2　基于莫比乌斯带的死循环电影:《环形使者》《前目的地》《恐怖游轮》.

应用3　基于莫比乌斯带的科幻推理小说:《再一次》.

应用4　荷兰画家埃舍尔的作品:《手画手》中的两只手构成一个莫比乌斯带（图 2.3.3）.

应用5　利用莫比乌斯带原理设计的过山车（游乐设施）（图 2.3.4）.

应用6　可回收垃圾标志（图 2.3.5）.

应用7　2007 年世界夏季特殊奥林匹克运动会主火炬, 形状是莫比乌斯带, 表达的是"转换一种生命方式, 您将获得无限发展"的理念（图 2.3.6）.

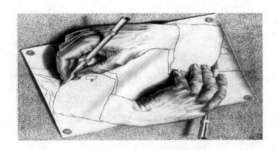

图 2.3.3　荷兰画家埃舍尔的作品《手画手》

图 2.3.4　利用莫比乌斯带原理设计的过山车

图 2.3.5　可回收垃圾标志

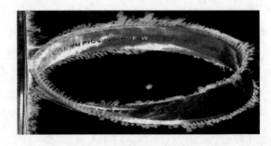

图 2.3.6　2007 年世界夏季特殊奥林匹克运动会主火炬

5）方程推广

在莫比乌斯带的方程中植入参数，得到更一般的参数方程

$$\begin{cases} x = (a + u\cos bv)\cos cv \\ y = (a + u\cos bv)\sin cv \\ z = u\sin bv \end{cases}$$

式中：参数 a 为内环的半径，控制莫比乌斯带的大小；参数 b 控制带上折的个数，具体个数为 $2b$ 个；参数 c 控制环的层数.

当参数 a、b、c 取定一组值时，可得到形态各异的美丽曲面. 图 2.3.7（a）（b）给出了 2 个这样的曲面，其参数值分别为

（a）$a = 5, b = 2, c = 1$；

（b）$a = 2, b = 1, c = 1$.

图 2.3.8（a）（b）中给出两个神奇的曲面，其参数值分别为

（a）$a = 2, b = 200, c = 200$；

（b）$a = 2, b = 200, c = 1$.

(a)　　　　　　　　　　　　　　(b)

图 2.3.7　别样的莫比乌斯带

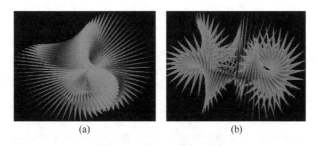

(a)　　　　　　　　　　　　　　(b)

图 2.3.8　神奇的莫比乌斯带

（1）克莱因瓶

①方程和图形

克莱因瓶，被称作拓扑学的"大怪物"，克莱因先生脑子里的"虚构物". 最初是由德国著名数学家克莱因提出，指一种没有"内部"和"外部"之分，只有一个面的封闭曲面. 一只苍蝇可以在不穿过瓶子表面的前提下，从克莱因瓶的内部直接飞到外部去.[5]

方程一:

$$\begin{cases} x = -\dfrac{2}{15}\cos u(3\cos v - 30\sin u + 90\cos^4 u\sin u - 60\cos^6 u\sin u + 5\cos u\cos v\sin u) \\[2mm] y = -\dfrac{1}{15}\sin u(3\cos v - 3\cos^2 u\cos v - 48\cos^4 u\cos v + 48\cos^6 u\cos v - 60\sin u \\[2mm] \qquad + 5\cos u\cos v\sin u - 5\cos^3 u\cos v\sin u - 80\cos^5 u\cos v\sin u + 80\cos^7 u\cos v\sin u) \\[2mm] z = \dfrac{2}{15}(3 + 5\cos u\sin u)\sin v \qquad (0 \leqslant u < \pi, 0 \leqslant v \leqslant 2\pi) \end{cases}$$

方程一的图形如图 2.3.9 所示.

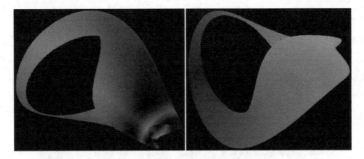

图 2.3.9　方程一画出的克莱因瓶

方程二:

$$\begin{cases} x = \left(\left(\sqrt{2} + \cos v\right)\cos\dfrac{u}{2} + \sin\dfrac{u}{2}\sin v\cos v\right)\cos u \\[2mm] y = \left(\left(\sqrt{2} + \cos v\right)\cos\dfrac{u}{2} + \sin\dfrac{u}{2}\sin v\cos v\right)\sin u \qquad \left(\begin{matrix}0 \leqslant u \leqslant 4\pi \\ 0 \leqslant v \leqslant 2\pi\end{matrix}\right) \\[2mm] z = -\left(\sqrt{2} + \cos v\right)\sin\dfrac{u}{2} + \cos\dfrac{u}{2}\sin v\cos v \end{cases}$$

方程二的图形如图 2.3.10 所示.

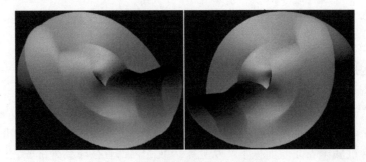

图 2.3.10　方程二画出的克莱因瓶

方程三：

$$
\begin{cases}
x = \left(4 + 2\cos u\cos\dfrac{v}{2} - \sin 2u\sin\dfrac{v}{2}\right)\sin v \\[2mm]
y = \left(4 + 2\cos u\cos\dfrac{v}{2} - \sin 2u\sin\dfrac{v}{2}\right)\cos v \\[2mm]
z = 2\cos u\sin\dfrac{v}{2} + \sin 2u\cos\dfrac{v}{2}
\end{cases}
\quad
\begin{pmatrix}
0 \leqslant u \leqslant 2\pi \\
0 \leqslant v \leqslant 2\pi
\end{pmatrix}
$$

方程三的图形如图 2.3.11 所示.

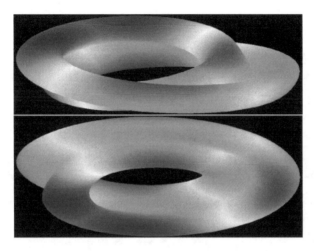

图 2.3.11　方程三画出的克莱因瓶

方程四：

当 $v < \pi$ 时
$$
\begin{cases}
x = (2.5 - 1.5\cos v)\cos u \\
y = (2.5 - 1.5\cos v)\sin u \\
z = -2.5\sin v
\end{cases}
$$

当 $\pi \leqslant v < 2\pi$ 时
$$
\begin{cases}
x = (2.5 - 1.5\cos v)\cos u \\
y = (2.5 - 1.5\cos v)\sin u \\
z = 3v - 3\pi
\end{cases}
$$

当 $2\pi \leqslant v < 3\pi$ 时
$$
\begin{cases}
x = -2 + (2 + \cos u)\cos v \\
y = \sin u \\
z = (2 + \cos u)\sin v + 3\pi
\end{cases}
$$

当 $v \geqslant 3\pi$ 时
$$
\begin{cases}
x = -2 + 2\cos v - \cos u \\
y = \sin u \\
z = -3v + 12\pi
\end{cases}
$$

方程四的图形如图 2.3.12 所示.

方程五：

$$(x^2 + y^2 + z^2 + 2y - 1)((x^2 + y^2 + z^2 - 2y - 1)^2 - 8z^2) + 16xz(x^2 + y^2 + z^2 - 2y - 1) = 0$$

方程五的图形如图 2.3.13 所示.

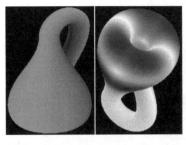

图 2.3.12　方程四画出的克莱因瓶

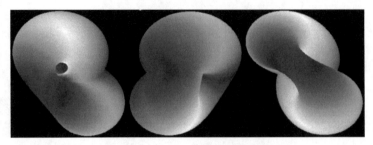

图 2.3.13　方程五画出的克莱因瓶

②克莱因瓶的结构

克莱因瓶的结构比较简单，瓶子的底部有一个洞，将瓶子的颈部延长，并将其扭曲进入瓶子的内部，然后将瓶子的颈部和底部的洞相连接，就形成了克莱因瓶．具体而言，克莱因瓶是一只没有瓶底，瓶颈被拉长，似乎穿过了瓶壁，最后与瓶底连在一起的瓶子，如图 2.3.14（a）所示．

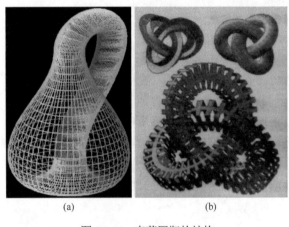

(a)　　　　　　　(b)

图 2.3.14　克莱因瓶的结构

克莱因瓶的实质是存在于四维空间中的曲面．在四维空间中，克莱因瓶的瓶颈与瓶壁是不相交的，但在三维空间中，克莱因瓶不可避免地存在扭结的地方，即瓶颈看似穿过了瓶壁．克莱因瓶无法被制造，现有制造出的"克莱因瓶"只是它在三维空间中的替代．

比如，以"梅花结"来进行阐述．"梅花结"曲线是一条三维的封闭曲线，如果把它放置在二维平面空间中，那么它不可避免地存在自相交，如图 2.3.14（b）所示．如果把它放在三维空间中，就可以不自相交，这与克莱因瓶在四维空间能够不自相交是相似的．

在四维空间中，如果沿着莫比乌斯带唯一的边，将两条莫比乌斯带粘结起来，将会得到一个克莱因瓶．因此，有研究者指出，克莱因瓶是一个三维的莫比乌斯带；而莫比乌斯带是二维的克莱因瓶．与此类似可以得知，克莱因瓶在三维空间中是破裂的，至少要有一条裂缝，但在四维空间中克莱因瓶是完整，没有裂缝的．

③克莱因瓶与太极图

研究表明，从上到下将克莱因瓶投射到一个平面上，所得到的投影就是太极图，图 2.3.15 所示为太极"阴阳鱼"．有不少哲学家指出，克莱因瓶和莫比乌斯带只有一个面，不分正反，没有里外，体现了阴阳的流变统一过程，这与中国太极阴中有阳，阳中有阴，阴阳调和的理念是一致的，但表达不了太极图中所潜在的"道""易"理念的结合．[6]

图 2.3.15　太极"阴阳鱼"

（2）克莱因杯

以前克莱因瓶只是拓扑学上的"宠物"，现在它走向了生活．克莱因杯（图 2.3.16）的内壁和外壁是一个连通的整体，它有两层，内层杯和外层杯．它的内胆是一个小杯，它的杯壁和手柄的内部构成另外一个外杯，它可以在两层杯子上都装上不同的液体．

（3）克莱因瓶别墅

克莱因瓶别墅，是一栋位于澳大利亚摩林顿半岛的别墅（图 2.3.17）. 这栋海滨别墅由澳大利亚 McBride Charles Ryan 建筑师事务所所设计，曾获 2009 年度世界建筑节"最佳住宅"提名奖. 这栋建筑物的设计灵感就来自克莱因瓶，它从外观看根本分不清楚哪里是内部，哪里是外部. 它是一种钢架结构建筑，由水泥和金属材料等建成. 设计师的设计方案是在房子中央建造一个小型院子，以保证整栋房屋的通风效果.

图 2.3.16　克莱因杯　　　　　　　　　图 2.3.17　克莱因瓶别墅

2.3.2　超球面

在上一章中，讨论过超圆曲线，其方程为 $|x|^k+|y|^k=1$，下面将超圆曲线的方程从二维升为三维，讨论方程 $|x|^k+|y|^k+|z|^k=1$，当 k 取不同的值时，其图形会发生什么样的变化.

首先看 $k=1$ 时的情形. 此时方程变为 $|x|+|y|+|z|=1$，其图形为图 2.3.18 所示的正八面体的 8 个表面.

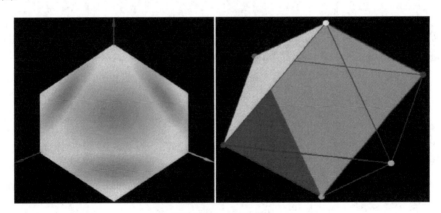

图 2.3.18　正八面体

当 k 从 1 开始减小，并趋于零时，这个正八面体会怎样变化呢？图 2.3.19 给出了 $k=\frac{8}{9}$，$k=\frac{6}{9}$，$k=\frac{4}{9}$，$k=\frac{1}{9}$ 时的 4 个图形. 从图 2.3.19 可以看出，当 k 从 1 开始减小时，正八面体的 8 个面均向内弯曲即向内凹陷，并且 k 越小弯曲程度越大，成为 6 角星球面. 当 $k\to0$ 时，其极限为与坐标轴重合的三条直线.

当 k 从 1 开始增大，正八面体的 8 个面均向外弯曲即向外隆起，隆起的程度随 k 的增大而增大，当 $k=2$ 时就变成了球面. 图 2.3.20 给出了这一过程中的 4 个曲面.

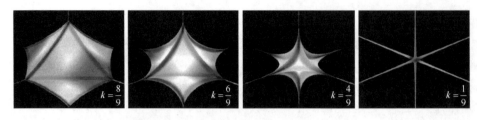

图 2.3.19　$k<1$ 时的星球面

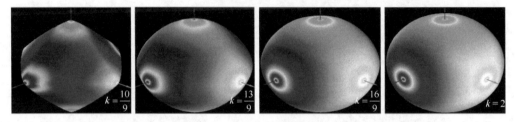

图 2.3.20　超球面的"前世今生"（一）

当 k 从 2 开始继续增大时，正八面体将继续进行它的神奇的禅变之旅，此时的图形称为超球面. 当 $k \to \infty$ 时，正八面体的神奇之旅将无限接近它的终点——正方体. 图 2.3.21 给出了这一变化过程中的 4 幅图.

图 2.3.21　超球面的"前世今生"（二）

2.3.3　旋转曲面

1）定义和方程

曲线绕过原点的直线旋转一周所得的曲面称为旋转曲面，曲线称为母线，直线称为旋转轴. 而旋转轴一般为坐标轴或过原点的直线.

下面不加证明地给出坐标面上的平面曲线绕坐标轴旋转时所得旋转曲面的方程.

xoy 面上的曲线 $f(x, y) = 0$，

绕 x 轴旋转所得旋转曲面的方程为 $f\left(x, \pm\sqrt{y^2 + z^2}\right) = 0$，

绕 y 轴旋转所得旋转曲面的方程为 $f\left(\pm\sqrt{y^2 + z^2}, y\right) = 0$.

yoz 面上的曲线 $g(y, z) = 0$，

绕 y 轴旋转所得旋转曲面的方程为 $g\left(y, \pm\sqrt{x^2 + z^2}\right) = 0$，

绕 z 轴旋转所得旋转曲面的方程为 $g\left(\pm\sqrt{x^2 + y^2}, z\right) = 0$.

xoz 面上的曲线 $h(x,z)=0$ ，

绕 x 轴旋转所得旋转曲面的方程为 $h\left(x,\pm\sqrt{y^2+z^2}\right)=0$ ，

绕 z 轴旋转所得旋转曲面的方程为 $h\left(\pm\sqrt{x^2+y^2},z\right)=0$.

空间曲线 $\begin{cases} x=\varphi(t) \\ y=\psi(t) \quad (\alpha\leqslant t\leqslant\beta)， \\ z=\omega(t) \end{cases}$

绕 x 轴旋转所得旋转曲面的方程为 $\begin{cases} x=\varphi(t) \\ y=\sqrt{\psi^2(t)+\omega^2(t)}\cos\theta \\ z=\sqrt{\psi^2(t)+\omega^2(t)}\sin\theta \end{cases} \begin{pmatrix} \alpha\leqslant t\leqslant\beta \\ 0\leqslant\theta\leqslant 2\pi \end{pmatrix}$ ，

绕 y 轴旋转所得旋转曲面的方程为 $\begin{cases} x=\sqrt{\varphi^2(t)+\omega^2(t)}\cos\theta \\ y=\psi(t) \\ z=\sqrt{\varphi^2(t)+\omega^2(t)}\sin\theta \end{cases} \begin{pmatrix} \alpha\leqslant t\leqslant\beta \\ 0\leqslant\theta\leqslant 2\pi \end{pmatrix}$ ，

绕 z 轴旋转所得旋转曲面的方程为 $\begin{cases} x=\sqrt{\varphi^2(t)+\psi^2(t)}\cos\theta \\ y=\sqrt{\varphi^2(t)+\psi^2(t)}\sin\theta \\ z=\omega(t) \end{cases} \begin{pmatrix} \alpha\leqslant t\leqslant\beta \\ 0\leqslant\theta\leqslant 2\pi \end{pmatrix}$.

2）举例

（1）球面

图 2.3.22（a）所示的上半圆周 $x^2+y^2=R^2$ 绕 x 轴旋转所得旋转曲面为球面，其方程为 $x^2+y^2+z^2=R^2$ ，绕 y 轴旋转所得旋转曲面还是这个球面. 若半圆的方程用参数方程

$$\begin{cases} x=R\cos t \\ y=R\sin t \quad (0\leqslant t\leqslant\pi) \\ z=0 \end{cases}$$

则绕 x 轴旋转所得球面的参数方程为

$$\begin{cases} x=R\cos t \\ y=R\sin t\cos\theta \\ z=R\sin t\sin\theta \end{cases} \begin{pmatrix} 0\leqslant t\leqslant\pi \\ 0\leqslant\theta\leqslant 2\pi \end{pmatrix}$$

如图 2.3.22（b）和图 2.3.22（c）所示.

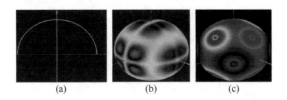

（a）　　　　（b）　　　　（c）

图 2.3.22　旋转曲面之球面

类似地可建立椭圆绕坐标轴旋转所得旋转椭球面的直角坐标方程和参数方程.

球面关于坐标轴、坐标面和原点对称，球面是所有空间曲面中对称性最强的曲面. 球面上

所有点具有完全相同的几何和物理性质，因此球面是最美丽的曲面，也是应用最广泛的曲面.
例如，足球、篮球、排球、乒乓球、高尔夫球等外形都为球面.

（2）圆环面

如图 2.3.23（a）所示的圆 $(x-a)^2+(y-b)^2=R^2 (a>R,b>R,R>0)$，绕 x 轴旋转所得旋
转曲面是圆环面，如图 2.3.23（b）（c）所示，其直角坐标方程为 $(x-a)^2+\left(\sqrt{y^2+z^2}-b\right)^2=R^2$，

参数方程为 $\begin{cases} x=a+R\cos t \\ y=(b+R\sin t)\cos\theta \\ z=(b+R\sin t)\sin\theta \end{cases}$.

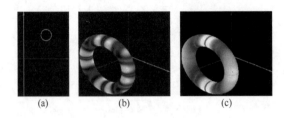

图 2.3.23　旋转曲面之圆环面

有兴趣的读者可以建立图 2.3.23（a）中的圆绕 y 轴旋转所得的旋转曲面的直角坐标方程和
参数方程. 圆环面在日常生活中也经常碰到，比如，游泳圈，自行车内胎等.

（3）旋转双曲面

设双曲线的方程为 $\dfrac{x^2}{a^2}-\dfrac{y^2}{b^2}=1$，则它绕 x 轴（实轴）旋转所得旋转曲面称为旋转双叶双曲

面，如图 2.3.24(a)所示. 其直角坐标方程为 $\dfrac{x^2}{a^2}-\dfrac{y^2+z^2}{b^2}=1$，直接由双曲线参数方程 $\begin{cases} x=a\sec t \\ y=b\tan t \end{cases}$

可求得旋转双叶双曲面的参数方程为 $\begin{cases} x=a\sec t \\ y=b\tan t\cos\theta \\ z=b\tan t\sin\theta \end{cases}$ $\begin{pmatrix} 0\leqslant t\leqslant 2\pi \\ 0\leqslant\theta\leqslant 2\pi \end{pmatrix}$，如图 2.3.24（b）所示. 需

注意此参数方程绘图时不好控制，因为有无穷间断点，为此，可以由旋转双叶双曲面的直角坐

标方程得到另一种形式的参数方程 $\begin{cases} x=a\operatorname{sgn}t\sqrt{1+t^2} \\ y=bt\cos\theta \\ z=bt\sin\theta \end{cases}$ $\begin{pmatrix} -\infty<t<+\infty \\ 0\leqslant\theta\leqslant 2\pi \end{pmatrix}$.

绕 y 轴旋转所得旋转曲面称为旋转单叶双曲面，如图 2.3.24（c）所示，其直角坐标方程为
$\dfrac{x^2+z^2}{a^2}-\dfrac{y^2}{b^2}=1$，参数方程有以下两种.

（1）$\begin{cases} x=a\sec t\cos\theta \\ y=b\tan t \\ z=a\sec t\sin\theta \end{cases}$ $\begin{pmatrix} 0\leqslant t\leqslant 2\pi \\ 0\leqslant\theta\leqslant 2\pi \end{pmatrix}$；

$$(2)\begin{cases} x = at\cos\theta \\ y = b\,\mathrm{sgn}\,t\sqrt{1+t^2} \\ z = at\sin\theta \end{cases} \left(\begin{array}{l} -\infty < t < +\infty \\ 0 \leqslant \theta \leqslant 2\pi \end{array}\right).$$

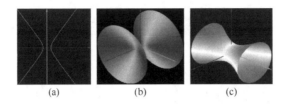

(a)　　　　　(b)　　　　　(c)

图 2.3.24　旋转曲面之旋转双曲面

下面讨论不在标准位置上的双曲线 $xy=1$，图形如图 2.3.25（a）所示，绕坐标轴旋转的情形．绕 x 轴旋转所得旋转曲面称为 Gabriel 喇叭，如图 2.3.25（b）所示．其方程为 $x\left(\pm\sqrt{y^2+z^2}\right)=1$，即 $x^2(y^2+z^2)=1$，由此可得参数方程

$$\begin{cases} x = \dfrac{1}{t} \\ y = t\cos\theta \\ z = t\sin\theta \end{cases} \left(\begin{array}{l} -\infty < t < +\infty \\ 0 \leqslant \theta \leqslant 2\pi \end{array}\right)$$

在此绕 y 轴旋转时所得旋转曲面的方程请读者自行求出．

现在讨论如图 2.3.26（a）所示的开口曲边三角形区域（填充部分）的面积，以及它绕 x 轴旋转一周所得 Gabriel 喇叭（图 2.3.26（b））的表面积和体积．曲边三角形的曲边方程为 $xy=1$，两条直线边分别为 $x=a>0, y=0$，渐近线为 x 轴．由定积分的几何意义，得

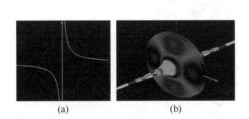

(a)　　　(b)

图 2.3.25　旋转曲面之 Gabriel 喇叭

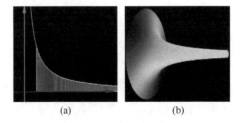

(a)　　　(b)

图 2.3.26　Gabriel 喇叭的表面积和体积

面积 $A = \lim\limits_{b\to\infty}\int_a^b \dfrac{1}{x}\,\mathrm{d}x = \lim\limits_{b\to\infty}\ln x\,\big|_a^b = \lim\limits_{b\to\infty}(\ln b - \ln a) = \infty$

体积 $V = \lim\limits_{b\to\infty}\pi\int_a^b \left(\dfrac{1}{x}\right)^2\mathrm{d}x = \lim\limits_{b\to\infty}\pi\left(\dfrac{1}{a}-\dfrac{1}{b}\right) = \dfrac{\pi}{a}$

表面积 $S = \iint\limits_{D_{t\theta}}\sqrt{t^2+\dfrac{1}{t^2}}\,\mathrm{d}t\mathrm{d}\theta = \int_{\frac{1}{a}}^{+\infty}\mathrm{d}t\int_0^{2\pi}\sqrt{t^2+\dfrac{1}{t^2}}\,\mathrm{d}\theta = 2\pi\int_{\frac{1}{a}}^{+\infty}\sqrt{t^2+\dfrac{1}{t^2}}\,\mathrm{d}t = \infty$

图 2.3.27　Gabriel 喇叭

　　上述三个计算过程可能难度较大，事实上，在这里写出具体的计算过程，并不是要所有读者去弄懂它们，而是为下面的叙述提供理论依据. 用文字将上述三个结果串联起来：面积为无穷大的平面区域，绕 x 轴旋转（x 轴为区域的一条边）得到的 Gabriel 喇叭的体积是有限的，而表面积却是无限的. 直观地说，如果想用涂料把 Gabriel 喇叭（图 2.3.27）表面填满，需要非常多的涂料，然而把涂料倒进 Gabriel 喇叭填满整个内部空间，所需要的涂料反而是有限的. 虽然结论完全违背直观，但却被证明. 这就是数学的奇异美.

　　（4）旋转抛物面

　　抛物线绕其对称轴旋转一周所得曲面称为旋转抛物面. 如图 2.3.28（a）所示的抛物线方程为 $y = x^2$，则图 2.3.28（b）所示的旋转抛物面的直角坐标方程为 $y = x^2 + z^2$，参数方程为

$$\begin{cases} x = u\cos v \\ y = u^2 \\ z = u\sin v \end{cases} \quad \begin{pmatrix} -\infty < u < +\infty \\ 0 \leqslant v \leqslant 2\pi \end{pmatrix}.$$ 该抛物线绕 x 轴旋转所得的旋转曲面如图 2.3.28（c）所示，其

方程为 $x^4 = y^2 + z^2$.

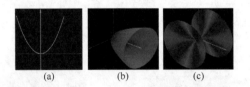

　　　　　　（a）　　　　　　　　（b）　　　　　　　　（c）

图 2.3.28　旋转抛物面

　　旋转抛物面的光学性质应用较为广泛. 例如，汽车的车灯、手电筒、探照灯等的反射面都是旋转抛物面的形状. 把光源放在焦点上，经镜面反射后，会形成一束平行的光线. 反过来也成立，一束平行的光线照向镜面后，会聚集在焦点上. 雷达的反射面也是旋转抛物面，多束较弱的信号经反射面后聚集到焦点上，从而得到较强的信号.

　　（5）其他旋转曲面

　　平面曲线（或空间曲线）绕过原点的轴（也可为坐标轴）旋转，可得到很多非常美观的旋转曲面，下面给出几个曲面图供读者欣赏.

　　图 2.3.29（a）～（c）中 3 个旋转曲面的各种参数值分别如下.

　　（a）母线方程 $\begin{cases} x = \cos\theta \\ y = \sin\theta \\ z = \theta \end{cases}$ $(-4 \leqslant \theta \leqslant 6)$　轴向量 $(0.407, 0.276, 0.872)^{\mathrm{T}}$；

（b）母线方程 $\begin{cases} x=t \\ y=e^{-t} \\ z=0 \end{cases}$ $(-1.5\leqslant t\leqslant 3)$ ；

（c）母线方程 $\begin{cases} x=t \\ y=\sin t \\ z=0 \end{cases}$ $(-4\leqslant t\leqslant 9)$ 轴向量 $(0.707,0.707,0)^{\mathrm{T}}$.

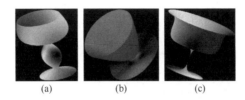

(a)　　　(b)　　　(c)

图 2.3.29　茶具

图 2.3.30（a）～（c）中 3 个旋转曲面的各种参数值分别如下.

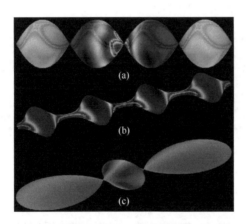

(a)

(b)

(c)

图 2.3.30　旋转曲面之灯笼

（a）母线方程 $\begin{cases} x=t \\ y=0 \\ z=\sin t \end{cases}$ $(-2\pi\leqslant t\leqslant 2\pi)$ 轴向量：$(1,0,0)^{\mathrm{T}}$ ；

（b）母线方程 $\begin{cases} x=t \\ y=e^{-\cos t} \\ z=0 \end{cases}$ $(-4\pi\leqslant t\leqslant 4\pi)$ 轴向量：$(1,0,0)^{\mathrm{T}}$ ；

（c）母线方程 $\begin{cases} x=(3+2\cos 2t)\cos t \\ y=(1+2\cos 2t)\sin t \\ z=0 \end{cases}$ $(0\leqslant t\leqslant 2\pi)$ 轴向量：$(1,0,0)^{\mathrm{T}}$.

2.3.4　直纹曲面

我们知道，曲面是弯曲的，而直线是直的，很多曲面不包含直线．例如，球面上不包含直线．那么是否存在包含直线的曲面呢？答案是肯定的，这就是直纹曲面．所谓直纹曲面就是直线按一定的规则运动时所生成的曲面．下面介绍几种常见的直纹曲面．

　　1．圆柱面

　　1）定义

动直线在圆周上平行移动时动直线的几何轨迹是一个曲面，这个曲面称为圆柱面．圆柱面还有另一种形成方式：动直线绕与之平行的定直线旋转一周．动直线在其他曲线上平行移动时也能得到一个曲面，这就是一般柱面，称为柱面．例如，椭圆柱面、抛物柱面等．在此，动直线称为母线，定曲线称为准线．

　　2）方程和图形

在空间坐标系中，二元方程 $x^2 + y^2 = R^2$ 的图形不是圆，而是直母线平行于 z 轴的圆柱面，如图 2.3.31 所示．

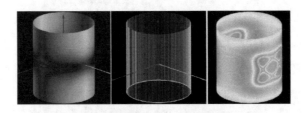

图 2.3.31　母线平行于 z 轴的圆柱面

二元方程 $y^2 + z^2 = R^2$ 的图形是直母线平行于 x 轴的圆柱面，如图 2.3.32 所示．

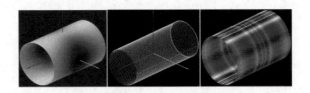

图 2.3.32　母线平行于 x 轴的圆柱面

二元方程 $x^2 + z^2 = R^2$ 的图形是直母线平行于 y 轴的圆柱面，如图 2.3.33 所示．

图 2.3.33　母线平行于 y 轴的圆柱面

　　图 2.3.34 给出 3 个其他柱面：抛物柱面、双曲柱面和爱心柱面．其准线分别为抛物线、双曲线和心形线的方程．

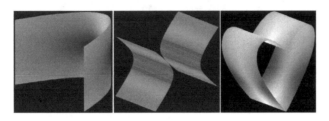

图 2.3.34　抛物柱面、双曲柱面和爱心柱面

2. 圆锥面

1）定义

　　动直线绕与之相交的定直线旋转一周所成的曲面称为圆锥面，动直线称为母线，定直线称为旋转轴，交点称为顶点．动直线在运动过程中始终过定点 M，并与定曲线 C（不过点 M）相交，则动直线的轨迹称为锥面，定点 M 称为顶点，曲线 C 称为准线．圆锥面是一种特殊的锥面．[7-8]

2）方程和图形

　　图 2.3.35 所示的圆锥面的直角坐标方程和参数方程分别为

直角坐标方程
$$x^2 + y^2 = z^2$$

参数方程
$$\begin{cases} x = u\cos v \\ y = u\sin v \\ z = u \end{cases} \begin{pmatrix} -\infty > u < +\infty \\ 0 \leqslant v \leqslant 2\pi \end{pmatrix}$$

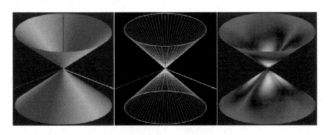

图 2.3.35　圆锥面

　　类似地可以得到以 x 轴或 y 轴为对称轴的圆锥面．

　　设 $z=1$ 平面上的平面曲线 C 的方程为 $f(x,y)=0$，将方程中的 x 和 y 分别用 $\dfrac{x}{z}$ 和 $\dfrac{y}{z}$ 代替，得三元方程 $f\left(\dfrac{x}{z}, \dfrac{y}{z}\right)=0$，则该方程的图形是以原点为顶点，以曲线 C 为准线的锥面．

　　图 2.3.36 中，（a）为椭圆锥面，其方程为 $x^2 + 2y^2 - z^2 = 0$，（b）为爱心锥面，其方程为 $5x^2 + 6|x|y + 6y^2 - 8z^2 = 0$，（c）为星形锥面，其方程为 $x^{\frac{2}{3}} + y^{\frac{2}{3}} - z^{\frac{2}{3}} = 0$．

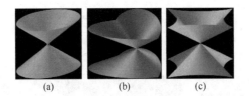

图 2.3.36　椭圆锥面、爱心锥面和星形锥面

3. 单叶双曲面

1）定义

单叶双曲面是动直线的运动轨迹，动直线的运动方式有：①动直线绕定直线（与动直线不共面）旋转，这时的单叶双曲面也称旋转单叶双曲面；②动直线两端分别在两个椭圆上运动. 单叶双曲面也可由双曲线绕其虚轴旋转而成. 动直线称为直母线. [7-8]

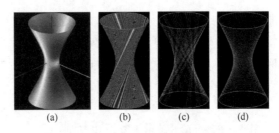

图 2.3.37　单叶双曲面

2）方程与图形

图 2.3.37 中（a）所示的单叶双曲面的方程是 $\dfrac{x^2}{2}+\dfrac{y^2}{2}-\dfrac{z^2}{4}=1$，（b）是直母线在上下两个圆周运动时所得到的单叶双曲面，（c）和（d）展示了单叶双曲面的两族直母线.

单叶双曲面的标准方程　　　　　　$\dfrac{x^2}{a^2}+\dfrac{y^2}{b^2}-\dfrac{z^2}{c^2}=1$

参数方程一
$$\begin{cases} x=a\sqrt{1+u^2}\cos v \\ y=b\sqrt{1+u^2}\sin v \\ z=cu \end{cases} \quad \begin{pmatrix} -\infty<u<+\infty \\ 0\leqslant v\leqslant 2\pi \end{pmatrix}$$

参数方程二
$$\begin{cases} x=a\sec u\cos v \\ y=b\sec u\sin v \\ z=c\tan u \end{cases} \quad \begin{pmatrix} 0<u<\pi \\ 0\leqslant v\leqslant 2\pi \end{pmatrix}$$

参数方程三
$$\begin{cases} x=a\operatorname{ch}u\cos v \\ y=b\operatorname{ch}u\sin v \\ z=c\operatorname{sh}u \end{cases} \quad \begin{pmatrix} -\infty<u<+\infty \\ 0\leqslant v\leqslant 2\pi \end{pmatrix}$$

参数方程四
$$\begin{cases} x=a(\cos\theta+t(\cos(\theta+\varphi_0)-\cos\theta)) \\ y=b(\sin\theta+t(\sin(\theta+\varphi_0)-\sin\theta)) \\ z=c(2t-1) \end{cases} \quad \begin{pmatrix} 0\leqslant\theta\leqslant 2\pi \\ -\infty<t<+\infty \end{pmatrix}$$

以上参数方程中，对参数方程四，可以将其改写为

$$\begin{pmatrix} x \\ y \\ z \end{pmatrix} = \begin{pmatrix} a\cos\theta \\ b\sin\theta \\ -c \end{pmatrix} + t\begin{pmatrix} a\cos(\theta+\varphi_0) - a\cos\theta \\ b\sin(\theta+\varphi_0) - b\sin\theta \\ c-(-c) \end{pmatrix}$$

由此可以得到 2 条曲线

$$\begin{cases} x = a\cos\theta \\ y = b\sin\theta \\ z = -c \end{cases} \quad 和 \quad \begin{cases} x = a\cos(\theta+\varphi_0) \\ y = b\sin(\theta+\varphi_0) \\ z = c \end{cases}$$

式中：这 2 条曲线分别是平面 $z=-c$ 和 $z=c$ 上的椭圆，这正是单叶双曲面形成方程 2 中的 2 个椭圆.

3）性质和应用

单叶双曲面是直纹曲面，有两族直母线，任意两条同族直母线异面，任意两条异族直母线相交，曲面任意一点在两族直母线中各有一条经过该点，因此单叶双曲面为双重直纹曲面.

发电厂或工厂的冷却塔常用的外形之一就是旋转单叶双曲面. 它的优点是对流快，散热效果好. 因为旋转单叶双曲面为直纹曲面，所以在设计、建造钢筋混凝土结构冷却塔时，根据单叶双曲面有且仅有两族直母线这一特性，可把编织钢筋网的钢筋取为直材，并配以围圆，两者的疏密程度均可根据强度要求而确定，如此施工得到的建筑物，外形准确，并且整个过程省时省力、操作简便.

4. 双曲抛物面

1）定义

一动直线在运动时始终与两条异面直线相交，且平行于一定平面，则动直线的几何轨迹为曲面抛物面，动直线称为直母线，两异面直线称为直导线，定平面称为导平面. 双曲抛物面也称马鞍面. [7-8]

2）方程和图形

直角坐标方程

$$z = \frac{x^2}{a^2} - \frac{y^2}{b^2}$$

参数方程

$$\begin{cases} x = a(u+v) \\ y = b(u-v) \\ z = 4uv \end{cases}$$

图形如图 2.3.38 所示.

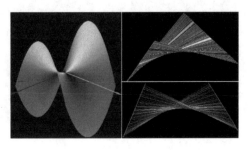

图 2.3.38 双曲抛物面（马鞍面）

3）性质与应用

（1）双曲抛物面的直母线有两族，是双重直纹面.

（2）对双曲抛物面上的任意一点，两族直母线中各有唯一一条直母线通过该点.

（3）异族的任意两条直母线必相交.

（4）同族的任意两条直母线是异面直线.

（5）两族直母线无公共直线.

（6）同族的所有直母线平行于同一平面（即导平面）.

由于其独特的力学结构特征与几何特征，双曲抛物面广泛地应用于建筑行业中，例如礼堂、火车站站台的屋顶设计都为双曲抛物面的形状. 另外它在水利工程中也有应用，如广州星海音乐厅的屋顶设计就采用了双曲抛物面的形式，浙江省体育馆则采用了马鞍面的屋顶.

5. 玫瑰线直纹面

1）定义

将 xoy 面上的玫瑰线 $\begin{cases} x = \cos n\theta \cos \theta \\ y = \cos n\theta \sin \theta \end{cases}$ 分别平移到平面 $z = -k$ 和 $z = k$ 上，得到曲线 C_1 和 C_2.

动直线在运动时始终与 C_1、C_2 相交，则动直线的轨迹称为玫瑰线直纹曲面.

2）方程和图形

参数方程为

$$\begin{cases} x = \cos n\theta \cos \theta + t(\cos n(\theta + \omega) - \cos n\theta)\cos \theta \\ y = \cos n\theta \sin \theta + t(\cos n(\theta + \omega) - \cos n\theta)\sin \theta \\ z = 2kt - k \end{cases} \left(\begin{array}{c} \text{当} n \text{为奇数时}, 0 \leqslant \theta \leqslant \pi \\ \text{当} n \text{为偶数时}, 0 \leqslant \theta \leqslant 2\pi \\ -\infty < t < +\infty \end{array} \right)$$

其中：ω 为当动直线交曲线 C_1 于 t 时，交曲线 C_2 于 $t + \omega$，且

（a）当 $\omega = 0$ 或 2π 时，直纹面为柱面；

（b）当 $\omega = \dfrac{\pi}{n}$ 时，直纹面为锥面；

（c）当 $0 < \omega < 2\pi$，且 $\omega \neq \dfrac{\pi}{n}$ 时，直纹面为单叶双曲面.

图 2.3.39 和图 2.3.40 分别给出 $n = 2$ 时的四叶玫瑰线直纹面.

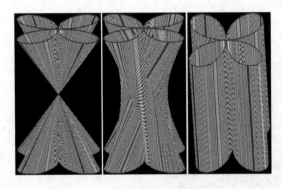

图 2.3.39　四叶玫瑰线直纹面（1）

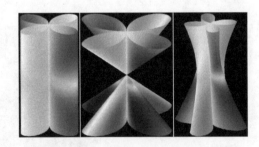

图 2.3.40　四叶玫瑰线直纹面（2）

图 2.3.39 中的曲面为直母线画出，图 2.3.40 中的曲面则是用参数方程画出，而图 2.3.41 中的直纹曲面分别为五叶、九叶和十六叶的玫瑰线直纹面.

图 2.3.41　五叶、九叶和十六叶的玫瑰线直纹面

2.3.5　螺旋面

一条母线（可以是直线，也可以是曲线）绕轴旋转的同时，又沿轴的方向作匀速运动，母线的轨迹称为螺旋面（helicoidal surface）. 常见的螺旋面有正螺旋面、阿基米德螺旋面（斜螺旋面）、Sincos 螺旋面、渐开螺旋面等. 与螺旋线一样，螺旋面也有右旋与左旋之分.

1. 正螺旋面

直线与轴线正交时所形成的螺旋面称为正螺旋面. 正螺旋面就是让一条直线 L 的初始位置与 x 轴重合，然后让直线 L 一边绕 z 轴作匀速转动，一边沿 z 轴方向作匀速运动，则直线在这两种运动的合成下扫出的曲面为正螺旋面. 显然正螺旋面可以看作由直线形成的，即它是一个直纹面. 正螺旋面的参数方程为

$$\begin{cases} x = u\cos v \\ y = u\sin v \\ z = cv \end{cases} \quad \begin{pmatrix} 0 \leqslant u < +\infty \\ 0 \leqslant v < +\infty \end{pmatrix}$$

图形如图 2.3.42 所示.

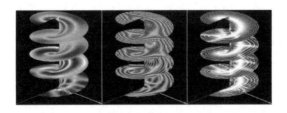

图 2.3.42　正螺旋面

正螺旋面在建筑上广泛用于旋转楼梯；在工业上也有应用，比如，螺旋叶片、螺旋输送机等.

2. 阿基米德螺旋面

以一条与轴线成定角相交的直线为母线，绕轴线作螺旋运动所形成的曲面，称为阿基米德

螺旋面，也称为斜螺旋面. 当交角为直交时，即为正螺旋面. 阿基米德螺旋面的参数方程为

$$\begin{cases} x = u\cos v \\ y = u\sin v \\ z = ku + cv \end{cases} \quad \begin{pmatrix} 0 \leqslant u < +\infty \\ 0 \leqslant v < +\infty \end{pmatrix}$$

图形如图 2.3.43 所示.

图 2.3.43　阿基米德螺旋面（斜螺旋面）

3. Sincos 螺旋面

Sincos 螺旋面的参数方程为

$$\begin{cases} x = a(\cos u + \cos v) \\ y = a(\sin u + \sin v) \\ z = b(u + v) \end{cases} \quad \begin{pmatrix} 0 \leqslant u \leqslant 2\pi \\ -\infty < v < +\infty \end{pmatrix}$$

图形如图 2.3.44 所示.

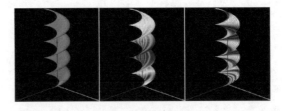

图 2.3.44　Sincos 螺旋面

4. 渐开线螺旋面

渐开线螺旋面的参数方程为

$$\begin{cases} x = a(\cos(u+v) + u\sin(u+v)) \\ y = a(\sin(u+v) - u\cos(u+v)) \\ z = bv \end{cases} \quad \begin{pmatrix} 0 \leqslant u \leqslant 2\pi \\ -\infty < v < +\infty \end{pmatrix}$$

图形如图 2.3.45 所示.

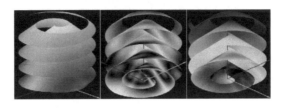

图 2.3.45　渐开线螺旋面

5. 三个其他螺旋面

如图 2.3.46 所示的 3 个螺旋面是幂函数、指数函数和正弦函数绕 z 轴匀速旋转，同时以匀速上升所形成的. 事实上，任何平面曲线都可以按这种方式运动形成螺旋面. 图 2.3.46（a）～（c）中的 3 个螺旋面的参数方程分别为

图 2.3.46（a）$\begin{cases} x = u\cos v \\ y = u\sin v \\ z = au^2 + bv \end{cases}$ $\begin{pmatrix} -\infty < u < +\infty \\ -\infty < v < +\infty \end{pmatrix}$;

图 2.3.46（b）$\begin{cases} x = u\cos v \\ y = u\sin v \\ z = a2^u + bv \end{cases}$ $\begin{pmatrix} -\infty < u < +\infty \\ -\infty < v < +\infty \end{pmatrix}$;

图 2.3.46（c）$\begin{cases} x = u\cos v \\ y = u\sin v \\ z = a\sin u + bv \end{cases}$ $\begin{pmatrix} -\infty < u < +\infty \\ -\infty < v < +\infty \end{pmatrix}$.

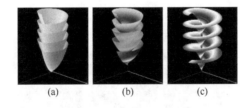

(a)　　　　　(b)　　　　　(c)

图 2.3.46　3 个其他螺旋面

2.3.6　管状曲面

1. 圆柱螺旋管

圆柱螺旋管的参数方程为 $\begin{cases} x = (R + r\cos mv)\cos nu \\ y = (R + r\cos mv)\sin nu \\ z = au + b\sin kv \end{cases}$ $\begin{pmatrix} -\infty < u < +\infty \\ -\infty < v < +\infty \end{pmatrix}$

式中：R 用来控制螺旋管这个曲面的大小，口径为 $2R$；r 为管的半径；m, k 为用来控制管子的形状，当它们相等时，圆柱管的截面为圆，当它们不等且有一个的较大值时，图中圆柱管的截面为方形；n 为控制螺距，n 越大螺距越小；a 为控制螺距，a 越大螺距越大；b 为控制螺距以及圆柱管的形状，当 $r = b$，且 $m = k$ 时圆柱管的截面为圆，当 $r \neq b$，且 $m = k$ 时圆柱管的截面为椭圆.

图形如图 2.3.47 所示.

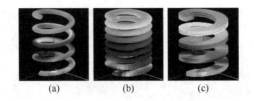

图 2.3.47　圆柱螺旋管

图 2.3.47 中的三个圆柱螺旋管的绘图区间均为 $0 \leqslant u \leqslant 8\pi, 0 \leqslant v \leqslant 2\pi$，方程中的参数 [图 2.3.47（a）～（c）] 分别为

（a）$R = 6, r = 1, m = n = k = a = b = 1$，为圆口管；

（b）$R = 6, r = 2, m = n = 2, k = a = b = 1$，为椭圆管；

（c）$R = 6, r = 2, m = 500$，$n = k = a = b = 1$，为实心矩形管.

2. 圆锥螺旋管

参数方程为 $\begin{cases} x = (1-u)(R + r\cos mv)\cos nu \\ y = (1-u)(R + r\cos mv)\sin nu \\ z = au + b(1-u)\sin kv + c \end{cases}$ $\begin{pmatrix} -\infty < u < +\infty \\ -\infty < v < +\infty \end{pmatrix}$

式中：R 为控制螺旋管曲面的大小，口径为 $2R$；r 为管的半径；m, k 为用来控制螺旋管的形状，当它们相等时，螺旋管的截面为圆，当它们不等且有一个的较大值时图中螺旋管的截面为方形；n 为控制螺距，n 越大螺距越小；a 为控制螺距，a 越大螺距越大；b 为控制螺距以及螺旋管的形状，当 $r = b$，且 $m = k$ 时螺旋管的截面为圆，当 $r \neq b$，且 $m = k$ 时螺旋管的截面为椭圆；c 为控制螺旋管在 z 轴上的位置.

图形如图 2.3.48 所示.

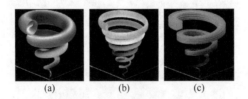

图 2.3.48　圆锥螺旋管

图 2.3.48 中的三个圆锥螺旋管的绘图区间均为 $0 \leqslant u \leqslant 8\pi, 0 \leqslant v \leqslant 2\pi$，方程中的参数 [图 2.3.48（a）～（c）] 分别为

（a）$R = 6, r = 2, m = n = k = 1, a = 16, b = 2, c = -2\pi$，为圆口管；

（b）$R = 6, r = 0.5, m = k = 1, n = 2, a = 16, b = 1, c = -2\pi$，为椭圆管；

（c）$R = 6, r = 1, m = 500, n = k = 1, a = 16, b = 1, c = -2\pi$，为实心矩形管.

3. 抛物螺旋管

参数方程为 $\begin{cases} x = (1-u)(R + r\cos mv)\cos nu \\ y = (1-u)(R + r\cos mv)\sin nu \\ z = au^2 + b(1-u)\sin kv + c \end{cases}$ $\begin{pmatrix} -\infty < u < +\infty \\ -\infty < v < +\infty \end{pmatrix}$

式中：R 为控制螺旋管曲面的大小，口径为 $2R$；r 为螺旋管的半径；m,k 为用来控制螺旋管的形状，当它们相等时，螺旋管的截面为圆，不等且有一个的较大值时图中螺旋管的截面为方形；n 为控制螺距，n 越大螺距越小；a 为控制螺距，a 越大螺距越大；b 为控制螺距以及螺旋管的形状，当 $r=b$，且 $m=k$ 时管子的截面为圆，当 $r \neq b$，且 $m=k$ 时螺旋管的截面为椭圆；c 为控制螺旋管在 z 轴上的位置.

图形如图 2.3.49 所示.

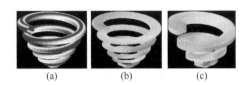

图 2.3.49　抛物螺旋管

图 2.3.49 中的三个抛物螺旋管的绘图区间均为 $0 \leqslant u \leqslant 8\pi, 0 \leqslant v \leqslant 2\pi$，方程中的参数 [图 2.3.49（a）～（c）] 分别为

（a）$R=6, r=1, m=k=1, n=2.5, a=0.6, b=1, c=0$，为圆口管；

（b）$R=6, r=1.2, m=k=1, n=2.5, a=0.6, b=0.7, c=0$，为椭圆管；

（c）$R=6, r=1.2, m=1, n=1.5, k=500, a=0.6, b=1.2, c=0$，为实心矩形管.

4. 玫瑰管

参数方程为 $\begin{cases} x = (R + a\cos mu)\cos nv\cos pv \\ y = (R + b\cos mu)\sin nv\cos pv \\ z = c\sin ku\cos pv \end{cases} \left(\begin{array}{c} -\infty < u < +\infty \\ -\infty < v < +\infty \end{array} \right)$

式中：R 用来控制玫瑰管面的大小；a,b 用来控制玫瑰管的形状，当 $a=b$ 时为圆形，反之为椭圆形；c 用来用来控制玫瑰管的厚度；m,k 用来控制玫瑰管的形状，当 $m=k$ 时截面为圆或椭圆，反之截面为矩形；n 用来控制玫瑰管面的圈数；p 用来控制玫瑰管面的形状，当 $p=0$ 时为圆环面，当 p 为奇数时为 p 叶玫瑰管面，当 p 为偶数时为 $2p$ 叶玫瑰面.

图形如图 2.3.50 所示.

图 2.3.50　玫瑰管

图 2.3.50 中的四个玫瑰管的绘图区间均为 $0 \leqslant u \leqslant 2\pi, 0 \leqslant v \leqslant 2\pi$，方程中的参数 [图 2.3.50（a）～（d）] 分别为

（a）$R=6,a=b=c=1,m=n=k=p=1$，为单叶玫瑰管；

（b）$R=6,a=b=c=1,m=n=k=1,\ p=2$，为 4 叶玫瑰管；

（c）$R=6,a=b=c=1,m=n=k=1,\ p=3$，为 3 叶玫瑰管；

（d）$R=6,a=b=1,c=2,m=1,n=3,k=500,\ p=2$，为方形、3 圈、4 叶玫瑰管.

若将方程中的 $z=c\sin ku\cos pv$ 改成 $z=c\sin ku\sin pv$，则变成另一种玫瑰管的方程，有兴趣的读者可自行在 MathGS 中进行试验.

5. 五角星管

参数方程为 $\begin{cases} x=(R+a\cos u+\sin mv)\cos nv \\ y=(R+a\cos u+\sin mv)\sin nv \\ z=a\sin u+b\cos kv \end{cases}$ $\begin{pmatrix} -\infty<u<+\infty \\ -\infty<v<+\infty \end{pmatrix}$

式中：R 用来控制五角星管的大小；a 用来控制管子的大小；b 用来五角星管在 z 轴方向弯曲的最大幅度；m 用来控制星的角数，$m=5$ 时为五角星；n 用来控制玫瑰管面的圈数；k 用来控制五角星面向 z 轴方向弯曲的次数.

图形如图 2.3.51 所示.

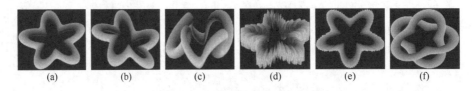

(a)　　　(b)　　　(c)　　　(d)　　　(e)　　　(f)

图 2.3.51　五角星管

图 2.3.51 中的六个五角星管的绘图区间均为 $0\le u\le 2\pi,0\le v\le 2\pi$，方程中的参数分别为：

（a）$R=3,a=0.7,b=2,m=5,n=1,k=0$，没有变形的五角星；

（b）$R=3,a=0.7,b=2,m=5,n=1,k=1$，向 z 轴方向轻微变形的五角星；

（c）$R=3,a=0.7,b=2,m=5,n=1,k=4$，向 z 轴方向做了变形，z 轴正负方向各有 4 个最高点（最低点）；

（d）$R=3,a=0.7,b=2,m=5,n=1,k=117$，$z$ 轴正负方向各有 117 个最高点（最低点）；

（e）$R=3,a=0.7,b=2,m=5,n=1,k=117$，为图 2.3.51（d）中的五角星从 z 轴正向看时的形状；

（f）$R=3,a=0.7,b=2,m=5,n=2,k=1$，可看成由 2 根管线重叠，从 z 轴正向观看为两层管线围成的一个五角星.

事实上，当 m、n 取不同值，由本方程可变化出各种不同曲线.

6. "麻花"形曲面

参数方程为 $\begin{cases} x=R\cos mu\cos nv \\ y=R\sin mu\cos nv \\ z=R\sin nv+ku \end{cases}$ $\begin{pmatrix} -\infty<u<+\infty \\ -\infty<v<+\infty \end{pmatrix}$

式中：R 为控制"麻花"的粗细；m 为控制"麻花"的扭曲程度；n 为用来控制生成"麻花"的带子的宽度；k 为"麻花"长度的伸缩系数.

图形如图 2.3.52 所示.

图 2.3.52 中的绘图区间均为 $0 \leqslant u \leqslant 2\pi, 0 \leqslant v \leqslant 2\pi$，方程中的参数为

（a）$R = 2, m = n = 1, k = 2$；

（b）$R = 1, m = 3, n = 1, k = 2$；

（c）$R = 2, m = 3, n = 0.02, k = 2$；

（d）$R = 2, m = 3, n = 0.1, k = 2$；

（e）$R = 2, m = 3, n = 0.15, k = 2$；

（f）$R = 2, m = 3, n = 0.25, k = 2$；

（g）$R = 2, m = 3, n = 1, k = 2$.

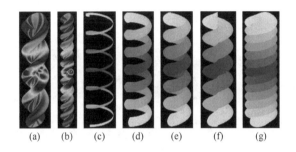

图 2.3.52　"麻花"形曲面

2.3.7　动物曲面

1. 小兔子曲面

小兔子的直角坐标方程为

$$((x^2 - y^2 + a)^2 + 2xy + b)^2 + z^8 + c\sin k(x^2 + y^2 + z^2) = 2.5$$

图形如图 2.3.53 所示.

图 2.3.53 中的绘图区间均为 $-2 \leqslant x \leqslant 2, -2 \leqslant y \leqslant 2$，方程中的参数为

（a）$a = 1, b = -2, c = 0, k = 0$，为刚出生的"小兔子"形状；

（b）$a = 1, b = -2, c = 4, k = 300$，为已长毛发的"山兔子"形状；

（c）$a = 1, b = -2.5, c = 4, k = 300$，为已长毛发的雪地"白兔子"形状；

（d）$a = 0, b = -2.5, c = 0, k = 0$，由"小白兔"曲面演变的一对双飞的"大雁".

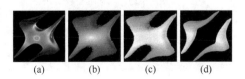

图 2.3.53　"小兔子"和"大雁"曲面

2. "刺猬" 及其相关的曲面

"刺猬" 的参数方程为

$$\begin{cases} x = a\sin mu\cos nv\cos(pu+qv) \\ y = b\sin mu\sin nv\cos(pu+qv) \\ z = c\cos ku \end{cases} \quad \begin{pmatrix} -\infty < u < +\infty \\ -\infty < v < +\infty \end{pmatrix}$$

式中：a,b,c 为一个椭球体，用来控制这个椭球体的大小；m 为当 $m \neq k$ 时给曲面加 m 重重影；k 为当 $m \neq k$ 时在曲面表面绘制一个缩小的曲面；n 为加倍，图 2.3.54 中的（d）是三叶玫瑰线加倍数后的效果图；p 为当 $q=0$，$m=n=k=1$ 时，曲面为旋转体，且有 $p+1$ 个部分；q 为当 $p=0$，$m=n=k=1$ 时，曲面为玫瑰面.

图形如图 2.3.54 所示.

图 2.3.54 中的绘图区间均为 $0 \leqslant u \leqslant \pi, 0 \leqslant v \leqslant 2\pi$，方程中的参数为

（a）$a=2, b=2.5, c=2, m=k=n=1, p=q=200$，为刺猬的形状；

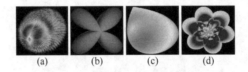

(a)　　(b)　　(c)　　(d)

图 2.3.54　刺猬及其相关曲面

（b）　$a=2, b=2, c=0.2, m=k=n=1, p=0, q=2$，$q=2$ 时的四叶玫瑰面形状；

（c）　$a=2, b=1.5, c=2, m=k=2, n=1, p=1, q=0$，为寿桃的形状；

（d）　$a=2, b=2, c=0.2, m=k=3, n=2, p=0, q=3$，由三叶玫瑰面加倍而成的六叶玫瑰面形状.

3. 海螺曲面

海螺曲面实质上是一种螺旋面，是圆或椭圆或其他的闭曲线，在绕 z 轴螺旋上升的时候，闭曲线在放大或缩小. 以下给出 3 种海螺曲面.

海螺曲面（一）的参数方程为

$$\begin{cases} x = 1.2^u(1+\cos v)\cos u \\ y = 1.2^u(1+\cos v)\sin u \\ z = 1.2^u\sin v - 1.5(1.2^u) \end{cases} \quad \begin{pmatrix} 0 \leqslant u < 6\pi \\ 0 \leqslant v \leqslant 2\pi \end{pmatrix}$$

图形如图 2.3.55 所示.

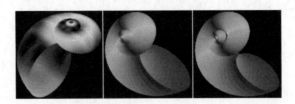

图 2.3.55　海螺曲面（一）

海螺曲面（二）的参数方程为

$$\begin{cases} x = e^{-\frac{u}{10}}(1+\cos v)\cos u \\ y = e^{-\frac{u}{10}}(1+\cos v)\sin u \\ z = e^{-\frac{u}{10}}(3+\sin v) \end{cases} \quad \begin{pmatrix} 0 \leqslant u < 20\pi \\ 0 \leqslant v \leqslant 2\pi \end{pmatrix}$$

图形如图 2.3.56 所示.

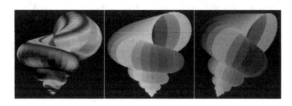

图 2.3.56　海螺曲面（二）

海螺曲面（三）的参数方程为

$$\begin{cases} x = 5(1.2^u)\sin v \sin v \sin u \\ y = 5(1.2^u)\sin v \sin v \cos u \\ z = 5(1.2^u)\sin v \cos v \end{cases} \quad \begin{pmatrix} 0 \leqslant u < 3\pi \\ 0 \leqslant v \leqslant \pi \end{pmatrix}$$

图形如图 2.3.57 所示.

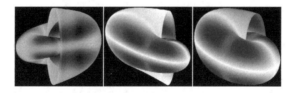

图 2.3.57　海螺曲面（三）

4. 贝壳曲面

贝壳曲面（一）的参数方程为

$$\begin{cases} x = e^{-u}\sin^2 v \sin u \\ y = e^{-u}\sin^2 v \cos u \\ z = e^{-u}\sin v \cos v \end{cases} \quad \begin{pmatrix} 0 \leqslant u < 2\pi \\ 0 \leqslant v \leqslant \pi \end{pmatrix}$$

图形如图 2.3.58 所示.

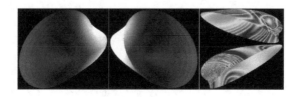

图 2.3.58　贝壳曲面（一）

贝壳曲面（二）的参数方程为

$$\begin{cases} x = e^{-u} \sin^3 v \sin u \\ y = e^{-u} \sin^3 v \cos u \\ z = e^{-u} \sin^2 v \cos v \end{cases} \left(\begin{matrix} 0 \leqslant u < 2\pi \\ 0 \leqslant v \leqslant \pi \end{matrix} \right)$$

图形如图 2.3.59 所示.

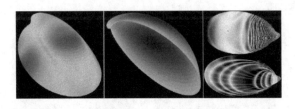

图 2.3.59　贝壳曲面（二）

2.3.8　世界著名的曲面

1. 罗马曲面和 Steiner 曲面

罗马曲面和 Steiner 曲面均是施泰纳发现. 他是一位瑞士数学家，主要从事几何学. 施泰纳于 1844 年在意大利的罗马时发现了该曲面，故命名为罗马曲面.

（1）罗马曲面的方程与图形

罗马曲面参数方程　　$$\begin{cases} x = a^2 \cos u \sin 2v \\ y = a^2 \sin u \sin 2v \\ z = a^2 \sin 2u \cos^2 v \end{cases} \left(\begin{matrix} 0 \leqslant u \leqslant \pi \\ 0 \leqslant v \leqslant \pi \end{matrix} \right)$$

它的直角坐标方程为 $x^2 y^2 + y^2 z^2 + z^2 x^2 + 4xyz = 0$. 图形如图 2.3.60（a）（b）所示.

（2）Steiner 曲面的方程与图形

Steiner 曲面参数方程　$$\begin{cases} x = \dfrac{\sqrt{2} \cos 2u \cos^2 v + \cos u \sin 2v}{2 - \sqrt{2} \sin 3u \cos v \sin v} \\ y = \dfrac{\sqrt{2} \sin 2u \cos^2 v - \sin u \sin 2v}{2 - \sqrt{2} \sin 3u \cos v \sin v} \\ z = \dfrac{3 \cos^2 v}{2 - \sqrt{2} \sin 3u \cos v \sin v} - 1 \end{cases} \left(\begin{matrix} -1.6 \leqslant u \leqslant 1.6 \\ -1.6 \leqslant v \leqslant 1.6 \end{matrix} \right)$$

图形如图 2.3.60（c）（d）所示.

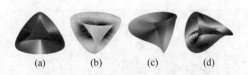

(a)　　　　(b)　　　　(c)　　　　(d)

图 2.3.60　罗马曲面和 Steiner 曲面

2. 伪球面

1）方程与图形

伪球面的参数方程 $\begin{cases} x = R\cos u \sin v \\ y = R\sin u \sin v \\ z = R\left(\cos v + \ln\tan\dfrac{v}{2}\right) \end{cases}$ $\begin{pmatrix} 0 \leqslant u \leqslant 2\pi \\ 0 < v < \pi \end{pmatrix}$. 图形如图 2.3.61 所示.

2）性质

（1）伪球面是罗氏几何（俄国数学家罗巴切夫斯基创立的非欧几何）中的典型曲面，如同平面是欧氏几何、球面是黎曼几何中的典型曲面一样.

（2）伪球面是如图 2.3.62 所示的曳物线绕其渐近线 z 轴旋转而成的曲面. 若曲线在动点 P 处的切线与 z 轴的交点 Q 之间的距离为定值 R，此时动点 P 的轨迹称为曳物线. 曳物线的参数方程为

$$\begin{cases} x = R\sin\theta \\ z = R\left(\cos\theta + \ln\tan\dfrac{\theta}{2}\right) \end{cases} \quad (0 < \theta < \pi)$$

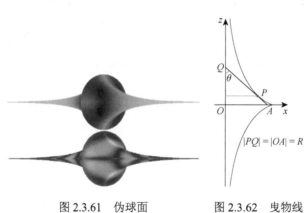

图 2.3.61　伪球面　　　　　图 2.3.62　曳物线

（3）伪球面的球心为渐近线 z 轴，半径为 R，表面积为 $4\pi R^2$，体积为 $\dfrac{1}{3}\pi R^3$，高斯曲率为

$K = -\dfrac{1}{R^2}$.

3. "8" 字形球面

1）方程与图形

"8" 字形球面的参数方程 $\begin{cases} x = a\cos u \sin 2v \\ y = b\sin u \sin 2v \\ z = c\cos v \end{cases}$ $\begin{pmatrix} 0 \leqslant u \leqslant 2\pi \\ 0 \leqslant v \leqslant \pi \end{pmatrix}$

它的直角坐标方程为 $\dfrac{x^2}{a^2} + \dfrac{y^2}{b^2} - \dfrac{4z^2}{c^2}\left(1 - \dfrac{z^2}{c^2}\right) = 0$

图形如图 2.3.63（a）（b）所示，其中参数值为 $a=b=1,c=2$.

2）性质

当 $a=b$ 时，"8" 字形球面是由如图 2.3.63（c）所示的 "8" 字形曲线绕对称轴旋转而成的旋转曲面，"8" 字形曲线的方程为 $\begin{cases} x=a\sin 2\theta \\ y=c\cos\theta \end{cases}$.

4. Dini 曲面

Dini 曲面的参数方程为 $\begin{cases} x=a\cos u\sin v \\ y=a\sin u\sin v \\ z=a\left(\cos v+\ln\tan\dfrac{v}{2}\right)+bu \end{cases}$ $\begin{pmatrix} -\infty<u<+\infty \\ 0<v<\pi \end{pmatrix}$，图形如图 2.3.64 所示，Dini 曲面上每点的曲率均为负.

在图 2.3.64 中，参数值为 $a=1.5,b=0.2$，图 2.3.64（a）（b）的绘图区域为 $0\leqslant u\leqslant 6\pi,0.01\leqslant v\leqslant 2$，图 2.3.64（c）的绘图区域为 $0\leqslant u\leqslant 6\pi,0.01\leqslant v\leqslant\pi-0.001$.

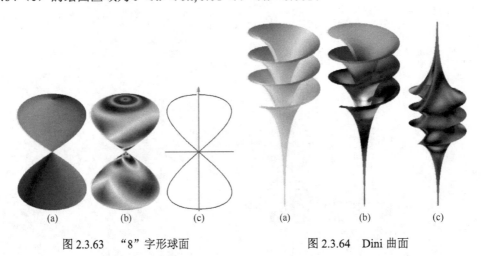

（a）　　　　　（b）　　　　（c）	（a）　　　　　（b）　　　　（c）
图 2.3.63　"8" 字形球面	图 2.3.64　Dini 曲面

5. 正弦曲面

正弦曲面的参数方程为 $\begin{cases} x=\sin u \\ y=\sin v \\ z=\sin(u+v) \end{cases}$ $\begin{pmatrix} 0\leqslant u\leqslant 2\pi \\ 0\leqslant v\leqslant 2\pi \end{pmatrix}$

它的直角坐标方程为　$4x^2y^2z^2+a^2(x-y-z)(x+y-z)(x-y+z)(x+y+z)=0$

图形如图 2.3.65 所示.

6. 余弦曲面

余弦曲面的参数方程为 $\begin{cases} x=\cos u \\ y=\cos v \\ z=\cos(u+v) \end{cases}$ $\begin{pmatrix} 0\leqslant u\leqslant 2\pi \\ 0\leqslant v\leqslant 2\pi \end{pmatrix}$，图形如图 2.3.66 所示. 因其形状像 "粽子"，故也称为 "粽子" 曲面.

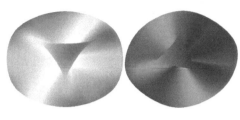

图 2.3.65 正弦曲面

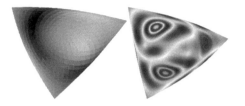

图 2.3.66 余弦曲面

7. 伯伊曲面

由 Werner Boy 发现的伯伊曲面是没有奇点的投影平面模型，其参数方程为

$$
\begin{cases}
x = \dfrac{2\left(\cos u \cos 2v + \sqrt{2}\sin u \cos v\right)\cos u}{3\left(\sqrt{2} - \sin 2u \sin 3v\right)} \\[3mm]
y = \dfrac{2\left(\cos u \sin 2v - \sqrt{2}\sin u \sin v\right)\cos u}{3\left(\sqrt{2} - \sin 2u \sin 3v\right)} & \begin{pmatrix} 0 \leqslant u \leqslant \pi \\ 0 \leqslant v \leqslant \pi \end{pmatrix} \\[3mm]
z = \dfrac{\sqrt{2}\cos^2 u}{\sqrt{2} - \sin 2u \sin 3v}
\end{cases}
$$

它的直角坐标方程为

$$64(z-z^2)^3 - 48(z-z^2)^2(3x^2+3y^2+2z^2) + 12(z-z^2)(27(x^2+y^2)^2 - 24z^2(x^2+y^2) +$$
$$36\sqrt{2}yz(y^2-3x^2) + 4z^4) + (9x^2+9y^2-2z^2)(-81(x^2+y^2)^2 - 72z^2(x^2+y^2) +$$
$$108\sqrt{2}xz(x^2-3y^2) + 4z^4) = 0$$

图形如图 2.3.67 所示.

8. Breather 曲面

Breather 曲面的参数方程为

$$
\begin{cases}
x = -u + \dfrac{2(1-a^2)\cosh(au)\sinh(au)}{a\left((1-a^2)\cosh^2(au) + a^2\sin^2\left(\sqrt{1-a^2}\,v\right)\right)} \\[4mm]
y = \dfrac{2\sqrt{1-a^2}\cosh(au)\left(-\sqrt{1-a^2}\cos(v)\cos\left(\sqrt{1-a^2}\,v\right) - \sin(v)\sin\left(\sqrt{1-a^2}\,v\right)\right)}{a\left((1-a^2)\cosh^2(au) + a^2\sin^2\left(\sqrt{1-a^2}\,v\right)\right)} & \begin{pmatrix} -14 \leqslant u < 14 \\ -37.4 \leqslant v < 37.4 \\ 0 < a < 1 \end{pmatrix} \\[4mm]
z = \dfrac{2\sqrt{1-a^2}\cosh(au)\left(-\sqrt{1-a^2}\sin(v)\cos\left(\sqrt{1-a^2}\,v\right) + \cos(v)\sin\left(\sqrt{1-a^2}\,v\right)\right)}{a\left((1-a^2)\cosh^2(au) + a^2\sin^2\left(\sqrt{1-a^2}\,v\right)\right)}
\end{cases}
$$

图形如图 2.3.68 所示，其中参数值为 $a = 0.4$.

图 2.3.67 伯伊曲面

图 2.3.68 Breather 曲面

9. Kuen 曲面

由 Kuen 发现的 Kuen 曲面有两种参数方程. 参数方程一为

$$\begin{cases} x = \dfrac{2\,\mathrm{ch}(v)(\cos u + u\sin u)}{u^2 + \mathrm{ch}^2(v)} \\[3mm] y = \dfrac{2\,\mathrm{ch}(v)(-u\cos u + \sin u)}{u^2 + \mathrm{ch}^2(v)} \quad \left(\begin{array}{l} -4.5 \leqslant u \leqslant 4.5 \\ -\infty < v < +\infty \end{array}\right) \\[3mm] z = v - \dfrac{\mathrm{sh}(2v)}{u^2 + \mathrm{ch}^2(v)} \end{cases}$$

图形如图 2.3.69 所示.

由参数方程二给出的 Kuen 曲面的高斯曲率 $K = -1$，即 Kuen 曲面和伪球面一样，每点的高斯曲率恒为负. 参数方程二为

$$\begin{cases} x = \dfrac{2(\cos u + u\sin u)\sin v}{1 + u^2\sin^2 v} \\[3mm] y = \dfrac{2(\sin u - u\cos u)\sin v}{1 + u^2\sin^2 v} \quad \left(\begin{array}{l} -4.5 \leqslant u \leqslant 4.5 \\ 0 < v < \pi \end{array}\right) \\[3mm] z = \ln\tan\dfrac{v}{2} + \dfrac{2\cos v}{1 + u^2\sin^2 v} \end{cases}$$

图形如图 2.3.70 所示.

图 2.3.69　参数方程一绘制的 Kuen 曲面　　　　图 2.3.70　参数方程二绘制的 Kuen 曲面

10. 惠特尼伞形面

Hassler Whitney 为美国数学家. 他是奇点理论的创始人之一，并在流变学和几何积分理论等方面做过基础研究工作. 由他发现的惠特尼伞形面（Whitney Umbrella）的参数方程为

$$\begin{cases} x = uv \\ y = u \\ z = v^2 \end{cases}$$，直角坐标方程为 $x^2 - y^2 z = 0$，图形如图 2.3.71 所示.

11. Clebsch Cublic 曲面

德国数学家 Alfred Clebsch 发现的 Clebsch Cublic 曲面的直角坐标方程为

$$81(x^3+y^3+z^3)-189(x^2y+x^2z+y^2x+y^2z+z^2x+z^2y)$$
$$+54xyz+126(xy+yz+zx)-9(x^2+y^2+z^2)-9(x+y+z)+1=0$$

图形如图 2.3.72 所示.

图 2.3.71　惠特尼伞形面　　　　　　图 2.3.72　Clebsch Cublic 曲面图形

12. Cayley Cublic 曲面

Cayley Cublic 的直角坐标方程为

$$-5(x^2(y+z)+y^2(z+x)+z^2(x+y))+2(xy+yz+zx)=0$$

图形如图 2.3.73 所示，图形的绘图区域为 $[-1,1]\times[-1,1]\times[-1,1]$.

13. Ortho-circles 曲面

Orthocircles 的直角坐标方程为

$$((x^2+y^2-1)^2+z^2)((y^2+z^2-1)^2+x^2)((z^2+x^2-1)^2+y^2)$$
$$-c_1^2(1+c_2(x^2+y^2+z^2))=0$$

图形如图 2.3.74 所示.

图 2.3.73　Cayley Cublic 曲面　　　　　图 2.3.74　Ortho-circles 曲面图形

它的绘图参数为 $c_1=0.05, c_2=4$；绘图区域为 $[-1.2,1.2]\times[-1.2,1.2]\times[-1.2,1.2]$.

14. Deco-Cube Implicit

Deco-Cube Implicit 的直角坐标方程为

$$((x^2+y^2-4)^2+(z^2-1)^2)\cdot((y^2+z^2-4)^2+(x^2-1)^2)\cdot((z^2+x^2-4)^2+(y^2-1)^2)-19=0$$

图形如图 2.3.75 所示. 绘图区域为 $[-2.5,2.5]\times[-2.5,2.5]\times[-2.5,2.5]$.

图 2.3.75　Deco-Cube Implicit

2.3.9　极限曲面

极限曲面由本书编者自行设计，其方程均为参数方程. 在参数方程的每个表达式中均含有以原点和无穷大为奇点的函数，故称为极限曲面.

1. 极限曲面（一）

极限曲面（一）的参数方程为

$$
\begin{cases}
x = \cos u \left| \dfrac{\sin v^{m}}{v^{n}} \right| \\[2mm]
y = \sin u \left| \dfrac{\sin v^{m}}{v^{n}} \right| \\[2mm]
z = \dfrac{a \sin k v^{p}}{v^{q}}
\end{cases}
\quad
\begin{pmatrix} -\pi \leqslant u \leqslant \pi \\ -\pi \leqslant v \leqslant \pi \end{pmatrix}
$$

当方程中的 6 个参数取不同的值时，可得到各种漂亮的曲面，如图 2.3.76 所示.

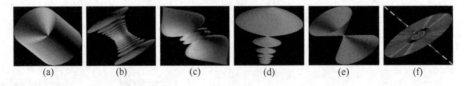

(a)　　　(b)　　　(c)　　　(d)　　　(e)　　　(f)

图 2.3.76　极限曲面（一）

图 2.3.77 中的 6 个曲面的参数值为
（a）$a = m = n = p = q = k = 1$；
（b）$m = n = 3, a = p = q = k = 1$；
（c）$m = n = 3, a = p = q = 1, k = 2$；
（d）$m = 3, n = 2, a = p = q = 1, k = 1.5$；
（e）$m = p = 3, n = q = 2, a = k = 1$；
（f）$m = 3, n = 4, p = 5, q = 2, k = 4, a = 80$.

2. 极限曲面（二）

极限曲面二的参数方程为

$$
\begin{cases}
x = \dfrac{\sin 2u \sin v^3}{uv^2} \\[3mm]
y = \dfrac{(1 - \cos 2u)\sin v^3}{uv^3} \qquad \begin{pmatrix} -\pi \leqslant u \leqslant \pi \\ -\pi \leqslant v \leqslant \pi \end{pmatrix} \\[3mm]
z = \dfrac{\sin 2\sqrt[4]{(0.2u^2 + v^2)}}{\sqrt[4]{(0.2u^2 + v^2)}}
\end{cases}
$$

图形如图 2.3.77 所示.

3. 极限曲面（三）

极限曲面（三）的参数方程为

$$
\begin{cases}
x = \dfrac{\sin u^3}{u^2} \cdot \dfrac{\sin v^3}{v^2} \\[3mm]
y = \dfrac{\sin u}{u} \cdot \dfrac{\sin v}{v} \qquad \begin{pmatrix} -\pi \leqslant u \leqslant \pi \\ -\pi \leqslant v \leqslant \pi \end{pmatrix} \\[3mm]
z = \dfrac{\sqrt[9]{v}}{3}
\end{cases}
$$

图形如图 2.3.78 所示.

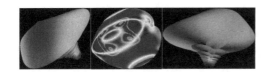

图 2.3.77　极限曲面（二）

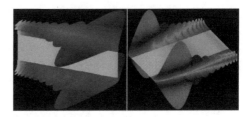

图 2.3.78　极限曲面（三）

4. 极限曲面（四）

极限曲面（四）的参数方程为

$$
\begin{cases}
x = \dfrac{\sin u}{u} \cdot \dfrac{\sin v^3}{v^3} \\[3mm]
y = \dfrac{(1 - \cos u)}{u} \cdot \dfrac{\sin v^3}{v^3} \qquad \begin{pmatrix} -\pi \leqslant u \leqslant \pi \\ -\pi \leqslant v \leqslant \pi \end{pmatrix} \\[3mm]
z = \dfrac{\sin v}{\sqrt[3]{v^2}}
\end{cases}
$$

图形如图 2.3.79 所示.

5. 极限曲面（五）

极限曲面（五）的参数方程为

$$\begin{cases} x = \dfrac{\sqrt{1+\sin^2 u} - 1}{u} \cdot \dfrac{\sin v^2}{v^2} \\[3mm] y = \dfrac{e^{\sin^3 u} - 1}{u^3} \cdot \dfrac{\sin v^2}{v^2} \qquad \begin{pmatrix} -\pi \leqslant u \leqslant \pi \\ -\pi \leqslant v \leqslant \pi \end{pmatrix} \\[3mm] z = \dfrac{\sin v}{\sqrt[3]{v^2}} \end{cases}$$

图形如图 2.3.80 所示.

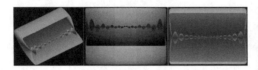 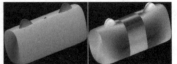

　　图 2.3.79　极限曲面（四）　　　　　　图 2.3.80　极限曲面（五）

2.3.10　其他精彩曲面

在本节的最后，为读者介绍由本书编者设计的 11 种类型的精彩曲面，进一步向大家展示数学的无穷魅力.

1. 方口抛物面

方口抛物面的直角坐标方程为

$$z = \left(\frac{x}{a}\right)^{2n} + \left(\frac{y}{b}\right)^{2n}$$

图形如图 2.3.81 所示，绘图区域为 $[-4,4] \times [-4,4] \times [0,4]$.

图 2.3.81 中的参数值分别为

（a）$n = 2, a = b = 2$；

（b）$n = 4, a = b = 2$；

（c）$n = 20, a = b = 2$.

2. 方形马鞍面

方形马鞍面的直角坐标方程为

$$z = \left(\frac{x}{a}\right)^{2n} - \left(\frac{y}{b}\right)^{2n}$$

图形如图 2.3.82 所示，绘图区域为 $[-2,2] \times [-2,2]$.

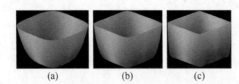 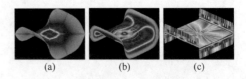

　　（a）　　　（b）　　　（c）　　　　　　（a）　　　（b）　　　（c）

　　　图 2.3.81　方口抛物面　　　　　　　　　图 2.3.82　方形马鞍面

图 2.3.82 中，参数值分别为

（a）$n = 2, a = b = 2$；

（b）$n = 4, a = b = 2$；

（c）$n = 40, a = b = 2$.

3. 另类单叶双曲面

在图 2.3.83 中的 6 个图形中，除图 2.3.83（a）为标准的单叶双曲面外，另外 5 个均与标准单叶双曲面相似，故称为另类单叶双曲面，其方程和绘图区域分别如下.

（a）$x^2 + y^2 - z^2 = 1, [-2.5, 2.5] \times [-2.5, 2.5] \times [-2, 2]$；

（b）$x^{100} + y^{100} - z^{100} = 2, [-2, 2] \times [-2, 2] \times [-2, 2]$；

（c）$(x^2 + y^2 - 2)^4 - z^4 = 1, [-2.5, 2.5] \times [-2.5, 2.5] \times [-2.5, 2.5]$；

（d）$((x^2 + y^2 - 1)^2 - 2)^4 - z^8 = 4, [-2.5, 2.5] \times [-2.5, 2.5] \times [-2.5, 2.5]$；

（e）$(x^2 + y^2 - x)^3 - 27(x^2 + y^2)^2 + z^6 = -1, [-2, 2] \times [-2, 2] \times [-2, 2]$；

（f）$(x^2 + y^2)\cos\dfrac{z}{2} = 1, [-4, 4] \times [-4, 4] \times [-3, 3]$.

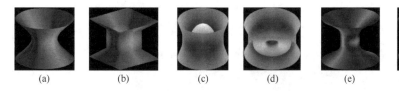

(a)　　　　(b)　　　　(c)　　　　(d)　　　　(e)　　　　(f)

图 2.3.83　另类单叶双曲面

4. 另类双叶双曲面

在图 2.3.84 中的 6 个图形中，除图 2.3.84（a）为标准的双叶双曲面外，另外 5 个均与标准双叶双曲面相似，故称为另类双叶双曲面，其方程和绘图区域分别如下.

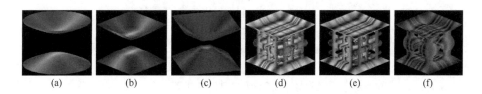

(a)　　　　(b)　　　　(c)　　　　(d)　　　　(e)　　　　(f)

图 2.3.84　另类双叶双曲面

（a）$x^2 + y^2 - z^2 = -1, [-2, 2] \times [-2, 2] \times [-2, 2]$；

（b）$x^{100} + y^{100} - z^{100} = -1, [-2, 2] \times [-2, 2] \times [-2, 2]$；

（c）$(|xy| + z^2)^8 + (|yz| + x^2)^8 - (|zx| + y^2)^8 = -1, [-4, 4] \times [-4, 4] \times [-4, 4]$；

（d）$(x\sin x - 1)^{69} + (y\sin y - 1)^{69} - (z\sin z - 1)^{69} = 0.01, [-4, 4] \times [-4, 4] \times [-5, 5]$；

（e）$(x\sin x - 1)^{79} + (y\sin y - 1)^{79} + (z\sin z - 1)^{88} = 0.01, [-4, 4] \times [-4, 4] \times [-5, 5]$；

（f）$(x^2 - 1.2)^8 + (y^2 - 1.2)^8 - (z^2 - 1.2)^8 = 0, [-2, 2] \times [-2, 2] \times [-3, 3]$.

5．"帽子"曲面

图 2.3.85 给出了 3 种不同形状的"帽子"，其方程和绘图区域为．

图 2.3.85（a）显式直角坐标方程为　$z = \dfrac{\sin 10\sqrt{x^2 + y^2}}{10\sqrt{x^2 + y^2}}$

参数方程为 $\begin{cases} x = u\cos v \\ y = u\sin v \\ z = \dfrac{\sin(10u)}{10u} \end{cases}$ $\begin{pmatrix} 0 \leqslant u \leqslant 1 \\ -\pi \leqslant v \leqslant \pi \end{pmatrix}$

图 2.3.85（b）显式直角坐标方程为　$z = 2\sin\sqrt{x^2 + y^2} + 2\cos\sqrt{x^2 + y^2}$

参数方程为 $\begin{cases} x = u\cos v \\ y = u\sin v \\ z = 2\sin u + 2\cos u \end{cases}$ $\begin{pmatrix} 0 \leqslant u \leqslant 5 \\ -\pi \leqslant v \leqslant \pi \end{pmatrix}$

图 2.3.85（c）隐式直角坐标方程为　$(x^2 + y^2 - z^3)^2 + z^2 = 3$
绘图区域为 $[-6,6] \times [-6,6] \times [-2,5]$．

　　注意（a）是用参数方程绘制，而用直角坐标方程绘制的帽子的帽檐不是圆形；（b）是用参数方程绘制，而用直角坐标方程绘制的帽子的帽檐是圆形．

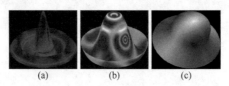

(a)　　　　　(b)　　　　　(c)

图 2.3.85　3 种不同形状的"帽子"

6．星球面

　　在超球面的赏析中，当 $0 < k < 1$ 时，隐式方程 $|x|^k + |y|^k + |z|^k = 1$ 表示的曲面称为星球面．事实上，星球面还有很多其他形式的方程，下面先来讨论隐式方程

$$\sin(\cos^k x) + \sin(\cos^k y) + \sin(\cos^k z) = a \quad (k \in N^+)$$

当参数 k、a 取不同值时的图形．限于篇幅，这里不做详细讨论，只给出如图 2.3.86 所示的 8 组值的图形，其参数值分别为

　　（a）$k = 40, a = 1.75$，绘图区域为 $[-2,2] \times [-2,2] \times [-2,2]$；

　　（b）$k = 9, a = 1.75$，绘图区域为 $[-2,2] \times [-2,2] \times [-2,2]$；

　　（c）$k = 9, a = 1.65$，绘图区域为 $[-3.5,3.5] \times [-3.5,3.5] \times [-3.5,3.5]$；

　　（d）$k = 9, a = 1.25$，绘图区域为 $[-3.5,3.5] \times [-3.5,3.5] \times [-3.5,3.5]$；

　　（e）$k = 9, a = 0.5$，绘图区域为 $[-3.5,3.5] \times [-3.5,3.5] \times [-3.5,3.5]$；

　　（f）$k = 3, a = 1$，绘图区域为 $[-3.5,3.5] \times [-3.5,3.5] \times [-3.5,3.5]$；

　　（g）$k = 2, a = 1$，绘图区域为 $[-3.5,3.5] \times [-3.5,3.5] \times [-3.5,3.5]$；

　　（h）$k = 2, a = 1.5$，绘图区域为 $[-3.5,3.5] \times [-3.5,3.5] \times [-3.5,3.5]$．

　　这个方程虽然没有超球面的方程简单，但也还有一定难度，因为它是由两个三角函数 $\sin x$、$\cos x$ 构成，所以其图形更赋予变化，也更为漂亮．因为方程关于坐标变量 x、y、z 具有轮

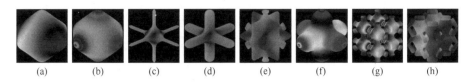

图 2.3.86　星球面（一）

换对称性，所以其图形关于 3 个坐标轴和 3 个坐标面都是对称的. 因三角函数 $\sin x$、$\cos x$ 是周期函数，所以方程的图形也具有周期性. 图 2.3.86 中的（a）～（f）只画了一个周期的图形，而（g）（h）各画了 8 个周期的图形.

下面再给出几个星球面的方程和图形. 图 2.3.87（a）～（f）分别给出 6 种不同形状的星球面，其方程和绘图区域为

（a）隐式直角坐标方程

$$(x^2 + 2x + 2)(y^2 + 2y + 2)(z^2 + 2z + 2) = 20$$

绘图区域为 $[-5.5,5] \times [-5.5,5] \times [-5.5,5]$.

（b）隐式直角坐标方程

$$\arctan^2 x + \arctan^2 y + \arctan^2 z + 20 \arctan^2 x \arctan^2 y \arctan^2 z = 1$$

绘图区域为 $[-2,2] \times [-2,2] \times [-2,2]$.

（c）隐式直角坐标方程

$$\arctan^2 x^2 + \arctan^2 y^2 + \arctan^2 z^2 + 120 \arctan^2 x^2 \arctan^2 y^2 \arctan^2 z^2 = 1$$

绘图区域为 $[-2,2] \times [-2,2] \times [-2,2]$.

（d）隐式直角坐标方程

$$x^2 e^{\cos 2x} + y^2 e^{\cos 2y} + z^2 e^{\cos 2z} = 1$$

绘图区域为 $[-2,2] \times [-2,2] \times [-2,2]$.

（e）隐式直角坐标方程

$$\ln(x^4 + y^4) + \ln(y^4 + z^4) + \ln(z^4 + x^4) = 2$$

绘图区域为 $[-4,4] \times [-4,4] \times [-4,4]$.

（f）隐式直角坐标方程

$$\frac{x^2}{\alpha^2} + \frac{y^2}{\beta^2} + \frac{z^2}{\gamma^2} + 6\cos(\alpha + \beta + \gamma) = 12, \alpha = \cos y \cos z, \beta = \cos z \cos x, \gamma = \cos x \cos y$$

绘图区域为 $[-3,3] \times [-3,3] \times [-3,3]$.

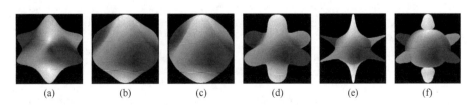

图 2.3.87　星球面（二）

7. 管道结构

在上节曲面设计方法中，我们用多个圆柱面平滑近似设计出 6 通管道和"井"字形管道，

在本节的管状曲面赏析中，也欣赏了几个方程为参数方程的管状曲面，在此将设计 6 个由隐式方程表示的管道结构，如图 2.3.88 所示，其方程和绘图区域为

（a）方程

$$\sin^2(\sin x - \sin y) + \sin^2(\sin y - \sin z) + \sin^2(\sin z - \sin x) = 2$$

绘图区域为 $[-2\pi, 2\pi] \times [-2\pi, 2\pi] \times [-2\pi, 2\pi]$

（b）方程

$$\sin^2(\cos x - \cos y) + \sin^2(\cos y - \cos z) + \sin^2(\cos z - \cos x) = 2$$

绘图区域为 $[-5,5] \times [-5,5] \times [-5,5]$

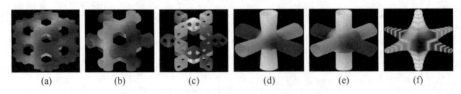

图 2.3.88　6 个由隐式方程表示的管道结构

（c）方程

$$\sin^6(\cos x - \cos y) + \sin^6(\cos y - \cos z) + \sin^6(\cos z - \cos x) = 1.85$$

绘图区域为 $[-4.5, 4.5] \times [-4.5, 4.5] \times [-4.5, 4.5]$.

（d）方程

$$\frac{x^{\frac{8}{3}}}{\sqrt{1+x^6}} + \frac{y^{\frac{8}{3}}}{\sqrt{1+y^6}} + \frac{z^{\frac{8}{3}}}{\sqrt{1+z^6}} = 1.2$$

绘图区域为 $[-3,3] \times [-3,3] \times [-3,3]$.

（e）方程

$$\alpha^2 + \beta^2 + \gamma^2 + \alpha^2\beta^2\gamma^2 = 1, \text{其中} \alpha = \arcsin t_x, \beta = \arcsin t_y, \gamma = \arcsin t_z,$$

$$t_x = \begin{cases} x, |x| \leqslant 1 \\ 1, |x| > 1 \end{cases}, \quad t_y = \begin{cases} y, |y| \leqslant 1 \\ 1, |y| > 1 \end{cases}, \quad t_z = \begin{cases} z, |z| \leqslant 1 \\ 1, |z| > 1 \end{cases}$$

绘图区域为 $[-3,3] \times [-3,3] \times [-3,3]$.

（f）方程

$$(xy)^{80} + (yz)^{80} + (zx)^{80} = 1,$$

绘图区域为 $[-4,4] \times [-4,4] \times [-4,4]$.

可见，图 2.3.88（a）（b）图形像用钢管搭建的脚手架，而（c）更像是将（b）中的钢管抽掉后，剩下的固定钢管的扣子.

8. 指数曲面

在本书中，指数曲面是指曲面方程主要由指数函数构成. 指数函数不像角函数那样具有周期性，因此，指数曲面没有周期性，其变化也不是很丰富，但利用指数函数还是能设计出非常漂亮的曲面. 图 2.3.89 给出了 A、B、C 三类 6 个指数曲面，其方程分别如下.

A 类方程为

$$x^2 e^{\cos(y^2+z^2)} + y^2 e^{\cos(z^2+x^2)} + z^2 e^{\cos(x^2+y^2)} = d$$

绘图区域为 $[-3,3]\times[-3,3]\times[-3,3]$.

当参数 $d=3$ 时，其图形为图 2.3.89（A1），当参数 $d=4$ 时，其图形为图 2.3.89（A2）.

借助三角函数的周期性，在 A 类方程中，当参数 d 变化时，其图形呈现出从原点向外的层次性变化，图 2.3.89（A1）和图 2.3.89（A2）是这个变化过程中的两种状态.

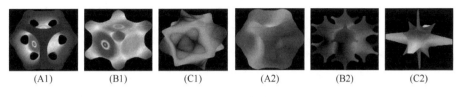

(A1)　　　　(B1)　　　　(C1)　　　　(A2)　　　　(B2)　　　　(C2)

图 2.3.89　指数曲面

B 类的方程为

$$\mathrm{e}^{x^2+y^2}\cos^2(2z^n)+\mathrm{e}^{y^2+z^2}\cos^2(2x^n)+\mathrm{e}^{z^2+x^2}\cos^2(2y^n)=4$$

绘图区域为 $[-3,3]\times[-3,3]\times[-3,3]$.

当参数 $n=2$ 时，其图形为图 2.3.89（B1），当参数 $n=1$ 时，其图形为图 2.3.89（B2）.

B 类指数曲面同样借助三角函数的周期性丰富了曲面的可变性. 以 B 类指数曲面的方程为原型可以设计出很多同类型的指数曲面.

C 类的方程为

$$|x|^n\mathrm{e}^{y^2-z^2}+|y|^n\mathrm{e}^{z^2-x^2}+|z|^n\mathrm{e}^{x^2-y^2}=6$$

绘图区域为 $[-5,5]\times[-5,5]\times[-5,5]$.

当参数 $n=2$ 时，其图形为图 2.3.89（C1），当参数 $n=1$ 时，其图形为图 2.3.89（C2）. 图 2.3.89（C1）为正双曲二十四面体，其每个曲面均为三角形双曲面. 其静态图形看得不是很楚清，其结构是：在一个正方体的 6 个面的正上方各取一个点，该点与对应的正方形的每条边的两个端点，得到 4 个均有 3 个点的点集，总共可得 24 个点集. 每个点集中的三个点张成一个完全相同的双曲面，这 24 个双曲面便构成了图 2.3.89（C1）中的正双曲二十四面体.

9. 对数曲面

在本书中，对数曲面是指曲面方程主要由对数函数构成. 对数函数不像角函数那样具有周期性，因此，对数曲面没有周期性，其变化也不是很丰富，但利用对数函数还是能设计出非常漂亮的曲面. 图 2.3.90 给出了 A、B、C、D 四类 6 个对数曲面，其方程分别如下.

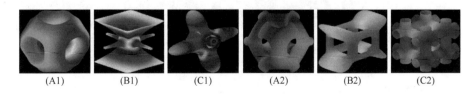

(A1)　　　　(B1)　　　　(C1)　　　　(A2)　　　　(B2)　　　　(C2)

图 2.3.90　对数曲面

A 类方程为

$$|x|^n\log^2(y^2+z^2)+|y|^n\log^2(z^2+x^2)+|z|^n\log^2(x^2+y^2)=1$$

绘图区域为$[-3,3]\times[-3,3]\times[-3,3]$.

当参数$n=2$时，其图形为图2.3.90（A1），当参数$n=\dfrac{1}{2}$时，其图形为图2.3.90（A2）.

B类中的图2.3.90（B1）的方程为
$$\log^{16}(x^4+y^4)+\log^{16}(y^4+z^4)-\log^{11}(z^{12}+x^{12})=4$$

图2.3.90（B2）的方程为
$$\log^8(x^4+y^4)+\log^8(y^4+z^4)-\log^7(z^4+x^4)=2$$

绘图区域均为$[-4,4]\times[-4,4]\times[-4,4]$.

C类方程为
$$\log^8|x^2+y^2-1|+\log^8|y^2+z^2-1|-\log^7|z^2+x^2-1|=4$$

绘图区域为$[-4.5,4.5]\times[-4.5,4.5]\times[-4.5,4.5]$.

D类方程为
$$\log^2(\cos^2 x+\cos^2 y)+\log^2(\cos^2 y+\cos^2 z)+\log^2(\cos^2 z+\cos^2 x)=1$$

绘图区域为$[-\pi,\pi]\times[-\pi,\pi]\times[-\pi,\pi]$.

10."扳指"曲面

"扳指"是戴在拇指上的一种首饰，类似于戒指，它是一种古代戒指也称为指环. 扳指是一种射箭工具，戴于拇指，用来扣住弓弦以便拉箭. 同时，在放箭时，也可以防止急速回抽的弓弦擦伤手指. 因功能类似扳机，故称为"机". 在春秋、战国（公元前8世纪至公元前3世纪）的时候就十分流行使用扳指. 几千年来，出现过多种样式的扳指，最为主要的是坡形扳指和桶形扳指. 在我国，坡形扳指一直使用到明代. 在国外，土耳其、韩国等国至今仍喜欢使用. 传统的汉族扳指与蒙古族的扳指略有区别：汉族扳指从侧面观是梯形，即一边高一边低，而蒙古族、满族的扳指一般为圆柱体. 据考证，桶形扳指主要出现于14世纪以后. 17世纪以后，汉族将扳指发展为深受王宫贵族喜欢的象征权力和地位的首饰. 常见的扳指有玉扳指、象牙扳指、翡翠扳指、虎骨扳指等.

图2.3.91给出了1个扳指出面和2个类似于扳指的曲面，其方程和绘图区域分别如下.

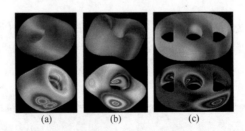

（a）　　　　　（b）　　　　　（c）

图2.3.91　扳指曲面

（a）的方程参数为
$$(x^2+y^2-2)^4+z^8=4,$$

绘图区域为$[-3,3]\times[-3,3]\times[-3,3]$.

（b）的方程参数为
$$(x^2+y^2-2)^2+2xy+z^4=2.4$$

绘图区域为 $[-2,2]\times[-2,2]\times[-2,2]$.

（c）的方程参数为

$$((x^2+y^2-2)^2+2xy-1)^2+z^8=3$$

绘图区域为 $[-3.5,3.5]\times[-3.5,3.5]\times[-3.5,3.5]$.

11. 水果曲面

图 2.3.92 给出了 6 种水果的图形，其方程和绘图区域分别如下.

（a）为苹果的图形，参数方程为

$$x^2+y^2+z^2-3\sqrt{x^2+y^2+z^2}-x-y-z=-1$$

绘图区域为 $[-2.5,4]\times[-2.5,4]\times[-2.5,4]$.

（b）为梨子的图形，参数方程为

$$x^4-x^3+y^2+z^2=0$$

绘图区域为 $[-1,4]\times[-2,2]\times[-2,2]$.

（c）为杨桃的图形，参数方程为

$$\begin{cases} x=2\sin u\cos v\cos 5v \\ y=2\sin u\sin v\cos 5v \\ z=2\cos u \end{cases} \quad \begin{pmatrix} 0\leqslant u\leqslant \pi \\ 0\leqslant v\leqslant \pi \end{pmatrix}$$

绘图区域为

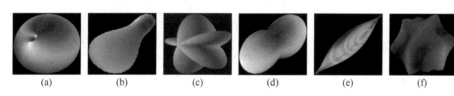

(a)   (b)   (c)   (d)   (e)   (f)

图 2.3.92 水果曲面

（d）为花生的图形，参数方程为

$$2x^2+2y^2+z^2-3\sqrt{x^2+y^2+z^2}=-1.1$$

绘图区域为 $[-2,2]\times[-2,2]\times[-3,3]$.

（e）为柠檬的图形，参数方程为

$$a^4(x^2+z^2)+(y-a)^3y^3=0 \quad (a=2)$$

绘图区域为 $[-1,1]\times[0,2]\times[-1,1]$.

（f）为某种坚果，参数方程为

$$\frac{x^2}{\sin^2 x}+\frac{y^2}{\sin^2 y}+\frac{z^2}{\sin^2 z}+20\sin^2 x\sin^2 y\sin^2 z=10$$

绘图区域为 $[-\pi,\pi]\times[-\pi,\pi]\times[-\pi,\pi]$.

第 3 章

平面区域与空间立体

3.1 平面区域绘制算法

平面区域是由一条或几条平面曲线所围成的部分，这些曲线称为平面区域的边界曲线. 由此可知，要绘制平面区域，只需将其边界曲线画出即可. 但在应用上，对平面区域还有两点要求：一是需要对平面区域进行填充；二是消掉边界曲线上的非边界点.

(a)　　　(b)

图 3.1.1　平行四边形域

例如，在图 3.1.1（a）中，平行四边形域的边界曲线为 4 条直线，每条边界曲线上只有蓝色部分上的点才是边界点，红色部分上的点为非边界点. 该平行四边形域没有填充，也没有消掉边界曲线上的非边界点. 图 3.1.1（b）则消除掉了边界曲线上的非边界点且进行了填充.

因此，如何对平面区域进行填充，如何消除掉边界曲线上的非边界点，这两个问题正是平面区域绘制算法需解决的问题. 下面根据平面区域边界曲线的特点，介绍相关的 3 种算法.

3.1.1　多边形区域绘制算法

多边形区域是指由多条直线所围成的区域，它是平面区域中最简单的一种区域. n 边形由 n 条线段围成，若求出了 n 边形的 n 个顶点，则只需将相邻的两个顶点用直线相连即画出这个 n 边形，也就画出了这个多边形区域. 此处的难点主要是多边形区域如何填充？下面介绍多边形区域的填充算法常用的逐点扫描算法和扫描线算法.

1. 逐点扫描算法

先确定完全包围多边形的最小矩形域为 $[x_{\min}, x_{\max}] \times [y_{\min}, y_{\max}]$，其中，$x_{\min}$ 为多边形所有顶点横坐标的最小值，$x_{\max}$ 为多边形所有顶点横坐标的最大值，$y_{\min}$ 为多边形所有顶点纵坐标的最小值，$y_{\max}$ 为多边形所有顶点纵坐标的最大值. 如图 3.1.2 中虚线表示的矩形域为包围"W"型多边形的最小矩形域. 然后将该矩形域网格化，每个网格点即为一个像素点. 最后逐点扫描所有像素点，若该像素点在区域内，则给它着色，若该像素点不在区域内，则不用着色.

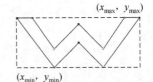

图 3.1.2　包围多边形的最小矩形域

如何判别像素点是否在区域内. 解决这个难点的常用办法是面积法和射线法. 面积法的主要原理是以待判别的像素点为一个顶点，以多边形的边为一条边，构造一个三角形，则可构造 n 个三角形，根据这 n 个三角形的面积之和的大小，可判断该像素点是否在区域内. 射线法的主要原理是以待判别的像素点为起点作射线（一般做水平或垂直射线），根据射线与多边形的交点情况，确定像素点是否在多边形区域内.

当然，不管是面积法还是射线法都需要考虑很多特殊情形，因为在开放式图形库（Open graphics library，OpenGL）中提供了绘制三角形、四边形和多边形的函数，所以在这里就不做过多的讨论.

2. 扫描线算法

相比扫描线算法逐点扫描算法的效率很低，它没有利用区域的连通性. 因为逐点扫描算法在扫描像素点时，是从下到上，从左到右实现扫描完所有像素点. 若扫描到一个像素点在区域内，且它不是顶点，则它右侧的若干个像素点也一定在区域内，而不用进行判别. 但逐点扫描算法没有利用这一性质. 为了充分利用这一性质，便产生了扫描线算法.

包围多边形的矩形域网格化后，所有像素点分别位于若干行上，每一行用一条水平线表示，这就是扫描线. 扫描线算法的主要原理是从下到上扫描所有的扫描线，确定每条扫描线上哪些像素点在多边形区域内. 为此先求扫描线与多边形的交点，这些交点将扫描线分成若干段，其中有些在多边形区域内，其他的则不在.

如图 3.1.3 所示，扫描线 2 与多边形有 4 个交点：A、B、C、D，且它们均不是顶点，这 4 个点将扫描线 2 分成 5 段，点 A 左侧的一段不在区域内，AB 段在区域内，BC 段不在区域内，CD 段在区域内，点 D 右侧的一段不在区域内.

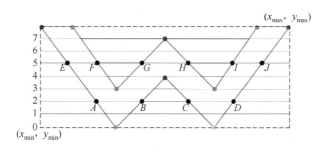

图 3.1.3　扫描线算法示意图

扫描线 5 与多边形有 6 个交点，且它们均不是顶点，它们将扫描线 5 分成 7 段，其中 EF、GH、IJ 三段在区域内，其他四段不在区域内. 这些线段按原来的位置呈现出不在，在，不在，在，…的规律.

若扫描线与多边形的交点中包含顶点，也即扫描线经过顶点. 如扫描线 3 与多边形有 6 个交点，其中有 2 个是顶点；扫描线 4 与多边形有 7 个顶点，其中有 1 个是顶点；扫描线 7 与多边形有 5 个顶点，其中有 1 个是顶点. 此时，先将交点中的那些顶点去掉，然后再用剩下来的交点将扫描线分成若干段，这些线段在或不在区域内的规律不变.

确定了在区域内的线段后，将这些线段填充颜色. 当所有扫描线都经过这样处理后，填充工作就完成.

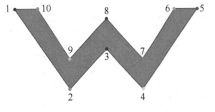

图 3.1.4　"W"型多边形域

不管是逐点扫描算法还是扫描线算法,对于如图 3.1.3 中的这种较复杂的多边形区域,算法的效率和效果都不太理想,只有一种有效的解决方法是对复杂区域进行分解. 本书编者在 MathTools 中的"平面多边形"工具中,对这个"W"型多边形区域就是使用分解的方法进行了填充,填充图如图 3.1.4 所示. 图中的"W"型多边形区域的 10 顶点坐标在表 3.1.1 中.

表 3.1.1　"W"型多边形区域的 10 顶点坐标

坐标	顶点序号									
	1	2	3	4	5	6	7	8	9	10
横坐标	−10	−4	0	4	10	7.5	4	0	−4	−7.5
纵坐标	6	−2	2	−2	6	6	1	5	1	6

在填充这个"W"型多边形区域时,主要分成 8 个三角形进行填充,它们分别为 1 2 10、2 9 10、2 3 9、3 8 9、3 4 8、4 7 8、4 5 7、5 6 7.

3.1.2　参数曲线边界区域绘制算法

正弦函数 $y = \sin kx$ 是周期为 $T = \dfrac{2\pi}{k}$ 的周期函数,当 k 越大时,周期越小. 周期越小时,曲线越密集. 图 3.1.5 中给出 3 个不同周期的正弦曲线. 图 3.1.5(a)～(c)中的 3 条曲线的参数值和周期分别为(a) $k = 10, T = 0.2\pi$;(b) $k = 20, T = 0.1\pi$;(c) $k = 100, T = 0.02\pi$. 从图中可以观察到,当周期足够小时,该正弦函数的图形可填满一个矩形域,这就是算法的原理. 算法的原理也可以理解为用铅笔在白纸上画一个填充的矩形,通常是先画一个没填充的矩形,然后用铅笔在矩形中画线,所有线条不能越过矩形边界,直到矩形中看不到白纸,填充工作才算完成.

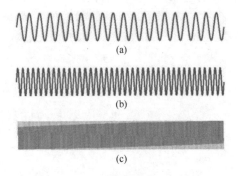

图 3.1.5　不同周期的正弦曲线

用本算法来绘制填充区域的实质,其实就是用正弦曲线来填充. 而正弦曲线的振动方向有 3 种:极径方向、上下方向和左右方向,故本算法也有 3 种形式,分别用于绘制不同特点的区域.

1. 极径方向的正弦曲线填充算法

设平面区域的边界曲线为一条闭曲线,坐标原点在边界上或在区域内,边界曲线的方程为

参数方程 $\begin{cases} x = \varphi(t) \\ y = \psi(t) \end{cases}$ $(\alpha \leqslant t \leqslant \beta)$,则该平面区域可用下面参数方程来绘制.

$$\begin{cases} x = \varphi(t) \,|\sin kt| \\ y = \psi(t) \,|\sin kt| \end{cases} \quad (\alpha \leqslant t \leqslant \beta, 100 \leqslant k \leqslant 1000)$$

图 3.1.6 中给出 5 个用极径方向填充算法绘制的区域，其参数方程为

（a）为椭圆域，参数方程为

$$\begin{cases} x = \cos t\,|\sin 600t| \\ y = 2\sin t\,|\sin 600t| \end{cases} \quad (0 \leqslant t \leqslant 2\pi)$$

（b）为抛物线与横轴所围的区域，参数方程为

$$\begin{cases} x = t\,|\sin 323t| \\ y = (4 - t^2)\,|\sin 323t| \end{cases} \quad (-2 \leqslant t \leqslant 2)$$

（c）为扇形域，参数方程为

$$\begin{cases} x = 1.5\cos t\,|\sin 1000t| \\ y = 1.5\sin t\,|\sin 1000t| \end{cases} \quad (0.1\pi \leqslant t \leqslant 0.4\pi)$$

（d）为正弦曲线与横轴所围的区域，参数方程为

$$\begin{cases} x = t\,|\sin 500t| \\ y = 1.5\sin t\,|\sin 500t| \end{cases} \quad (-\pi \leqslant t \leqslant \pi)$$

（e）为阿基米德螺线与极轴所围的区域，参数方程为

$$\begin{cases} x = t\cos t\,|\sin 1000t| \\ y = t\sin t\,|\sin 1000t| \end{cases} \quad (0 \leqslant t \leqslant 2\pi)$$

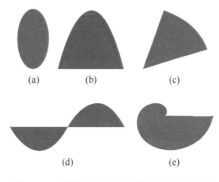

图 3.1.6　极径方向填充算法绘制的区域

注意，图 3.16（a）～（c）（e）在 MathTools 中的"空间曲线动画"工具中绘制，（d）在 MathGS 中的"平面曲线"模块中绘制.

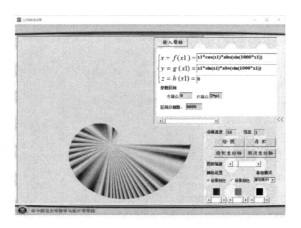

图 3.1.7　阿基米德螺线域的绘图参数

图 3.1.7 为在 MathTools 中的"空间曲线动画"工具绘制阿基米德螺线与极轴所围的区域时的各种参数的输入. 界面上的各种参数的意义和作用请读者参阅本书 MathTools 使用指南中的"空间曲线动画"部分内容.

2. 上下方向的正弦曲线填充算法

设平面区域的边界曲线为一条闭曲线，或由非闭曲线和 x 轴围成，边界曲线的方程为参数方程为 $\begin{cases} x = \varphi(t) \\ y = \psi(t) \end{cases}$ $(\alpha \leqslant t \leqslant \beta)$，则该平面区域可用下面参数方程来绘制.

$$\begin{cases} x = \varphi(t) \\ y = \psi(t)\,|\sin kt| \end{cases} \quad (\alpha \leqslant t \leqslant \beta, 100 \leqslant k \leqslant 1000)$$

图 3.1.8 给出了 5 个由上下方向填充算法绘制的区域，其参数方程为

（a）为摆线的两拱与横轴所围的区域，参数方程为

$$\begin{cases} x = t - \sin t \\ y = (1 - \cos t)\,|\sin 600t| \end{cases} \quad (-2\pi \leqslant t \leqslant 2\pi),$$

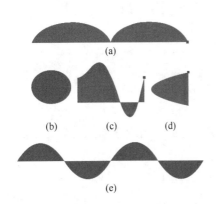

（b）为圆域，参数方程为

$$\begin{cases} x = 1.5 + \cos(t) \\ y = \sin t \sin 300t \end{cases} \quad (0 \leqslant t \leqslant \pi)$$

（c）为曲边梯形区域，曲边方程为

$$\begin{cases} x = t \\ y = (3 + t \sin t)\,|\sin 500t| \end{cases} \quad (0 \leqslant t \leqslant 2\pi)$$

（d）为抛物线与垂直于 x 轴的直线所围区域，参数方程为

$$\begin{cases} x = t^2 \\ y = t \sin 1000t \end{cases} \quad (0 \leqslant t \leqslant 2)$$

图 3.1.8　上下方向填充算法绘制的区域

（e）为正弦曲线与 x 轴所围区域，参数方程为

$$\begin{cases} x = t \\ y = \sin t\,|\sin 1000t| \end{cases} \quad (-2\pi \leqslant t \leqslant 2\pi)$$

注意：图 3.18（a）（c）（d）均在 MathTools 中的"空间曲线动画"工具中绘制；（b）在 MathGS 中的"平面曲线"模块中绘制. 这个圆域的圆心在 x 轴上，区域关于 x 轴对称. 这时，算法方程中的 $|\sin kt|$ 可换成 $\sin kt$；（e）在 MathGS 中的"平面曲线"模块中绘制. 本算法可以绘制任意区间上正弦曲线与 x 轴所围区域，而极径方向填充算法只能绘制 $[-\pi, \pi]$ 上的区域.

3. **左右方向的正弦曲线填充算法**

设平面区域的边界曲线为一条闭曲线，或由非闭曲线和 y 轴围成，边界曲线的方程为参数方程为 $\begin{cases} x = \varphi(t) \\ y = \psi(t) \end{cases}$ $(\alpha \leqslant t \leqslant \beta)$，则该平面区域可用下面参数方程来绘制.

$$\begin{cases} x = \varphi(t)\,|\sin kt| \\ y = \psi(t) \end{cases} \quad (\alpha \leqslant t \leqslant \beta, 100 \leqslant k \leqslant 1000)$$

图 3.1.9 给出 4 个由左右方向填充算法绘制的区域.

（a）为 4 次抛物线与平行于 x 轴的直线所围区域，参数方程为

$$\begin{cases} x = t \sin(900t) \\ y = 0.25t^4 \end{cases} \quad (0 \leqslant t \leqslant 2)$$

（b）为曲顶为半圆的曲边梯形区域，曲边方程为

$$\begin{cases} x = (4 + 2\cos t)\,|\sin 500t| \\ y = 2\sin t \end{cases} \quad (0.5\pi \leqslant t \leqslant 1.5\pi)$$

（c）为 M 型区域，参数方程为

$$\begin{cases} x = \dfrac{|4\sin t|}{1+t^4} \cdot |\sin 500t| \\ y = t \end{cases} \quad (-\pi \leqslant t \leqslant \pi)$$

（d）为余弦区域，参数方程为

$$\begin{cases} x = 2\cos t \cos 500t \\ y = t \end{cases} \quad (-1.5\pi \leqslant t \leqslant 1.5\pi)$$

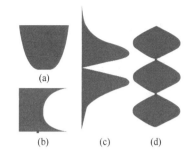

图 3.1.9　左右方向填充算法绘制的区域

注意：图 3.19 中（a）（c）（d）均在 MathGS 中的"平面曲线"模块中绘制；（b）在 MathTools 中的"空间曲线动画"工具中绘制.

3.1.3　隐式曲线边界区域绘制算法

区域的边界曲线的方程都是隐式方程，这种区域是最常见的区域，区域的绘制也比前面讨论的两类区域更难. 在介绍具体算法之前，先介绍曲线的侧概念.

1. 曲线的侧

设曲线 C 的方程为 $F(x,y)=0$，$P_0(x_0,y_0)$ 为平面上的一点，若 $F(x_0,y_0)=0$，则点 P_0 在曲线 C 上；若 $F(x_0,y_0)<0$，则点 P_0 在曲线 C 的负侧；若 $F(x_0,y_0)>0$，则点 P_0 在曲线 C 的正侧.

图 3.1.10 给出 4 条曲线及其正负侧，图中黑色填充部分为负侧.

图 3.1.10（a），曲线为单位圆，隐式方程为 $F(x,y)=x^2+y^2-1=0$，单位圆周将整个平面分成圆内部分和圆外部分两个部分. 可以验证，在圆内部分有 $F(x,y)<0$，即为负侧，在圆外部分有 $F(x,y)>0$，即为正侧. 若将单位圆的隐式方程改为 $F(x,y)=1-x^2-y^2=0$，则圆内部分为正侧，圆外部分为负侧. 因此，曲线的正负侧与曲线隐式方程的形式有关.

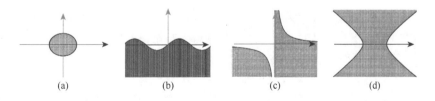

图 3.1.10　曲线的正负侧

图 3.1.10（b），曲线为正弦曲线，隐式方程为 $F(x,y)=y-\sin x=0$，正弦曲线将整个平面分成曲线上方部分和曲线下方部分两个部分. 可以验证，下方部分为负侧，上方部分为正侧.

图 3.1.10（c），曲线为双曲线，隐式方程为 $F(x,y)=y-\dfrac{1}{x}=0$，从图中可以看出，正侧和负侧各有两块，两块正侧不连通，两块负侧也不连通.

图 3.1.10（d），曲线为双曲线，隐式方程为 $F(x,y)=x^2-y^2-1=0$，从图可以看出，正侧有两块，负侧只有一块，两块正侧不连通.

由此可知，曲线有正负侧，一个区域只能位于每条边界曲线的一侧，因而在绘制平面区域时，要指出区域位于曲线的哪一侧.

2. 算法描述

算法的具体步骤分为以下几步.
步骤 1　输入边界曲线的隐式方程，边界曲线的绘图区域，边界曲线的侧.
步骤 2　输入填充区域，以及填充区域的横纵方向的分割数（即分辨率）.
步骤 3　调用隐式曲线的绘制算法绘制边界曲线.
步骤 4　消除边界曲线上的非边界点.
步骤 5　对填充区域进行分割，求填充区域中属于平面区域的点集 G.
步骤 6　确定着色模式，对点集 G 中的每个点进行着色，平面区域绘制结束.

3. 算法解释

下面以图 3.1.11 中的平行四边形区域在 MathGS 中的绘制来解释算法.

图 3.1.11　平行四边形域

（1）图 3.1.11 中的平行四边形的边界由 4 条直线构成，则步骤 1 中输入的相关信息为

$C_1: F(x,y) = y+1$，取正侧，绘图区域：$[-3,3]\times[-2,2]$，
$C_2: F(x,y) = y-1$，取负侧，绘图区域：$[-3,3]\times[-2,2]$，
$C_3: F(x,y) = y-x-1$，取正侧，绘图区域：$[-3,3]\times[-2,2]$，
$C_4: F(x,y) = y-x+1$，取负侧，绘图区域：$[-3,3]\times[-2,2]$。

在这里，曲线的隐式方程是指直角坐标方程先变形成 $F(x,y) = 0$ 后，方程中的二元函数 $F(x,y)$. 例如，曲线 C_3 的直角坐标方程为 $y = x+1$，这是显式方程，需变形成隐式方程 $y-x-1 = 0$，在输入时只需输入这个方程左边的二元函数 $y-x-1$ 即可. C_3 的显式方程 $y = x+1$ 也可变形成 $x-y+1 = 0$，这时输入的二元函数为 $x-y+1$. 这两个二元函数的图形相同，不同之处是平行四边形域所在的侧不同.

（2）填充区域是包围待绘制平面区域的矩形域，当然这个区域最好是包围平面区域的最小矩形域. 图 3.1.11 中的平行四边形域的最小填充区域是 $[-2,2]\times[-1,1]$. 为了对平面区域进行填充，先对填充区域网格化，每个格点就是一个像素点，填充区域中像素点的总数称为分辨率. 在绘制一个平面区域时，建议最开始不要把分辨率设得太高，因为分辨率越高，算法的效率越低，只有等区域的各种参数设置满意了，再设置高分辨率，得到一个满意的填充区域.

（3）在算法的步骤 3 中其实并没有画出边界曲线，只是在每条边界曲线上求出了足够多的点，这些点中，有些在平面区域的边界上，有些不在边界上（称为非边界点）. 消除边界曲线上的非边界点也是一件很复杂的事，下面利用图 3.1.11 来介绍一个简单的方法.

例如，要消掉图 3.1.11 中曲线 C_1 上的非边界点（即曲线 C_1 两端的红色部分），其方法是依次删除 C_1 上的（步骤 3 中已求出）不在其他边界曲线指定侧的那些点. 图 3.1.12 中给出了消掉曲线 C_1 上的非边界点的过程. 图 3.1.12（a）是消除前的原图，图 3.1.12（b）是消掉了不在曲线 C_3 指定侧的像素点（即左侧红色部分），图 3.1.12（c）是消掉了不在曲线 C_2 指定侧的像素点，事实上这一步一个点也没删除，因为整条曲线 C_1 都在曲线 C_2 指定的那一侧.

图 3.1.12（d）是消掉了不在曲线 C_4 指定侧的像素点（即右侧红色部分）. 至此，曲线 C_1 上的所有非边界点消除完成.

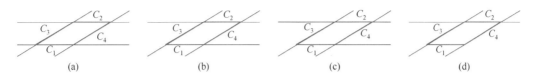

图 3.1.12　消除非边界点示意图

再依次消除其他边界曲线上的非边界点即完成了非边界点的消除.

（4）求点集 G 时，只需遍历填充区域中的所有像素点，若像素点同时在所有边界曲线指定的侧，则将该像素点加入点集 G，遍历结束，就求出点集 G.

（5）关于着色. 区域填充就是将区域中的每个像素点着色，在求出点集 G 以后，给每个像素点着上相同的颜色，这个工作就非常容易，只需使用一个命令. 但要想得到填充颜色丰富并有漂亮图案的填充区域，需要设计像素点的着色算法，每个着色算法则由三个数学函数构成：$cr = Red(x,y), cg = Green(x,y), cb = Blue(x,y)$，它们的自变量 x, y 为要着色的像素点的坐标，值域为[0,1]，意义为 RGB 颜色中的红、绿、蓝三个分量的值，这三个分量所确定的 RGB 颜色即为像素点 (x,y) 的颜色. 图 3.1.13 给出了 6 个填充正方形域以及对应的数学函数，读者从中可再次体会到数学的美.

图 3.1.13（a）中的三个颜色分量函数为

$$cr = \left| \sin\left(\frac{2|x|}{\sqrt{x^2+y^2}} + \alpha \right) \right|, cg = \left| \cos\left(\frac{|xy|}{x^2+y^2} + \beta \right) \right|, cb = \left| \sin\left(\frac{2|y|}{\sqrt{x^2+y^2}} + \gamma \right) \right|$$

其中，$0 \leqslant \alpha, \beta, \gamma \leqslant 1$，用来对颜色进行微调.

图 3.1.13（b）中的三个颜色分量函数为

$$cr = |\sin(x^6 + \alpha)|, cg = \left| \sin\left(\sqrt[4]{x^4+y^4} \sin\left(\sqrt[4]{x^4+y^4} \right) + \beta \right) \right|, cb = |\sin(y^6 + \gamma)|$$

图 3.1.13（c）中的三个颜色分量函数为

$$cr = \left| \sin\left(e^{-\left| 1.25\sin\left(\sqrt{x^2+y^2} \right) \right|} \cos\left(\sqrt{x^2+y^2} \right) + \alpha \right) \right|, \quad cg = 1 - \left| \cos\left(\frac{e^{-\left| 1.25\sin\left(\sqrt{x^2+y^2} \right) \right|}}{\sqrt{x^2+y^2}} + \beta \right) \right|$$

$$cb = \left| \sin\left(e^{-\left| 1.25\sin\left(\sqrt{x^2+y^2} \right) \right|} \sin\left(\sqrt{x^2+y^2} \right) + \alpha \right) \right|$$

　(a)　　　　　　(b)　　　　　　(c)　　　　　　(d)　　　　　　(e)　　　　　　(f)

图 3.1.13　平面区域着色算法效果示例

图 3.1.13（d）中的三个颜色分量函数为

$$cr = |\sin(2r + \alpha)|, cg = |\sin(r + \beta)|, cb = |\cos(2r + \gamma)|, r = x^2 + \left(y + 0.4 - \sqrt[3]{x^2}\right)^2$$

图 3.1.13（e）中的三个颜色分量函数为

$$cr = |\sin(2r + \alpha)|, cg = \left|\sin\left(\frac{r}{x^2 + y^2} + \beta\right)\right|, cb = |\cos(2r + \gamma)|$$

$$r = \sqrt[3]{\left|(x^2 + y^2)^3 - (x^2 - y^2)^2 - \sqrt{x^2 + y^2}\right|}$$

图 3.1.13（f）中的三个颜色分量函数为

$$cr = |\sin(2r + \alpha)|, cg = |\sin(r + \beta)|, cb = |\cos(2r + \gamma)|, r = x^{\frac{2}{3}} + y^{\frac{2}{3}}$$

为了得到更丰富更漂亮的填充图，可以在填充算法中加入特效. 所谓特效是指在利用三个颜色分量函数计算像素点 (x, y) 的颜色时，先对点 (x, y) 作一个变换，得到新点 (x', y')，然后用新点 (x', y') 的坐标代入三个颜色分量函数计算像素点 (x, y) 的颜色. 也就是说像素点 (x, y) 的颜色不用 x, y 计算，而是用 x', y' 计算.

图 3.1.14 中的 6 个填充区域分别是图 3.1.13 中的对应区域加入特效后得到的，其特效变换分别为

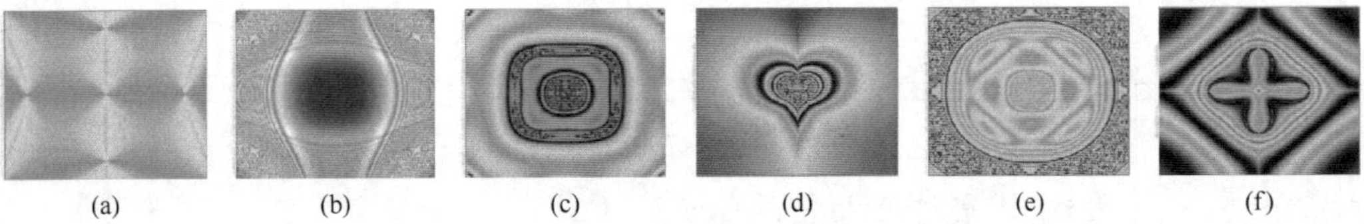

(a)　　　　　(b)　　　　　(c)　　　　　(d)　　　　　(e)　　　　　(f)

图 3.1.14　平面区域着色算法中的特效示例

（a）中的特效变换为
$$\begin{cases} x' = x\cos\left(\dfrac{x^2}{\sqrt{x^2 + y^2}}\right) \\ y' = y\cos\left(\dfrac{y^2}{\sqrt{x^2 + y^2}}\right) \end{cases}$$

（b）中的特效变换为
$$\begin{cases} x' = \sqrt{x^2 + y^2}\,\sin(x) \\ y' = \sqrt{x^2 + y^2}\,\sin(y) \end{cases}$$

（c）中的特效变换为
$$\begin{cases} x' = \sqrt{x^4 + y^4}\,\sin\left(x\ln\sqrt{x^4 + y^4}\right) \\ y' = \sqrt{x^4 + y^4}\,\sin\left(y\ln\sqrt{x^4 + y^4}\right) \end{cases}$$

（d）中的特效变换为
$$\begin{cases} x' = \dfrac{x}{x^2 + y^2} \\ y' = -\dfrac{y}{x^2 + y^2} \end{cases}$$

（e）中的特效变换为
$$\begin{cases} x' = \dfrac{e^{r\sin r^2}\sin x}{r^2} \\ y' = \dfrac{e^{r\sin r^2}\sin y}{r^2} \end{cases} \left(r = \sqrt{x^2+y^2} \right)$$

（f）中的特效变换为
$$\begin{cases} x' = \sin x \ln((x^2+y^2)^3 - (x^2-y^2)^2) \\ y' = \sin y \ln((x^2+y^2)^3 - (x^2-y^2)^2) \end{cases}$$

扫码见 3.1 节中部分彩图

3.2　平面区域赏析

3.2.1　常见简单平面区域

1. 四边形域

图 3.2.1 中给出了正方形域、长方形域、菱形域、平行四边形域和梯形域 5 个特殊四边形域，其绘制算法分别为

图 3.2.1（a），正方形域，用一个隐式方程绘制，参数方程为 $(x^2-1)(y^2-1)=0$ ，取正侧，绘图区域为 $[-1,1]\times[-1,1]$ ，填充区域为 $[-1,1]\times[-1,1]$ ，填充模式为 4，特效：8.

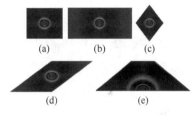

图 3.2.1　四边形域

方程 $(x^2-1)(y^2-1)=0$ 等价于 $x=\pm1$ 或 $y=\pm1$ ，而 $x=\pm1$ 的图形是两条平行于横轴的平行线， $y=\pm1$ 的图形是两条平行于纵轴的平行线，这 4 条线围成一个正方形.

图 3.2.1（b），长方形域，用隐式方程绘制，参数方程为 $(x^2-4)(y^2-1)=0$ ，取正侧，绘图区域为 $[-2,2]\times[-1,1]$ ，填充区域为 $[-2,2]\times[-1,1]$ ，填充模式为 4，特效为 8.

方程 $(x^2-4)(y^2-1)=0$ 等价于 $x=\pm2$ 或 $y=\pm1$ ，而 $x=\pm2$ 的图形是两条平行于横轴的平行线， $y=\pm1$ 的图形是两条平行于纵轴的平行线，这 4 条线围成一个长方形.

图 3.2.1（c），菱形域，用隐式方程绘制，参数方程为 $|x|+\dfrac{|y|}{1.5}-1=0$ ，取负侧，绘图区域为 $[-1,1]\times[-1.5,1.5]$ ，填充区域为 $[-1,1]\times[-1.5,1.5]$ ，填充模式为 4，特效为 8.

图 3.2.1（d），平行四边形，用 4 个隐式方程绘制，其方程分别为
曲线 1（直线）： $y-1=0$ ，取负侧，绘图区域为 $[-2,2]\times[-1,1]$ ；
曲线 2（直线）： $y+1=0$ ，取正侧，绘图区域为 $[-2,2]\times[-1,1]$ ；
曲线 3（直线）： $y-x+1=0$ ，取正侧，绘图区域为 $[-2,2]\times[-1,1]$ ；
曲线 4（直线）： $y-x-1=0$ ，取负侧，绘图区域为 $[-2,2]\times[-1,1]$ ；
填充区域为 $[-2,2]\times[-1,1]$ ，填充模式为 4，特效为 8.

若用一个隐式方程 $(y^2-1)((y-x)^2-1)=0$ 来绘制，虽然能画出完整的平行四边形域，但在直线 $y=-1$ 和 $y=1$ 上各多出一小段直线，影响美观.

图 3.2.1（e），梯形域，用 4 个隐式方程绘制，其方程分别为
曲线 1（直线）： $y-0.75=0$ ，取负侧，绘图区域为 $[-1,1]\times[0,1]$ ，

曲线 2（直线）：$y = 0$，取正侧，绘图区域为$[-1,1] \times [0,1]$；

曲线 3（直线）：$y + x - 1 = 0$，取负侧，绘图区域为$[-1,1] \times [0,1]$；

曲线 4（直线）：$y - x - 1 = 0$，取负侧，绘图区域为$[-1,1] \times [0,1]$；

填充区域为$[-1,1] \times [0,1]$，填充模式为 4，特效为 8.

梯形域不能用一个组合的隐式方程 $y(y - 0.75)((y-1)^2 - x^2) = 0$ 来绘制.

图 3.2.1（e）在"空间曲线动画"工具中绘制时，边界曲线的输入如图 3.2.2 所示，其他参数的输入如图 3.2.3 所示.

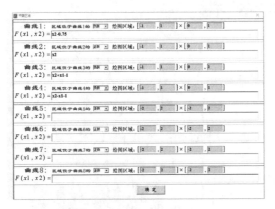

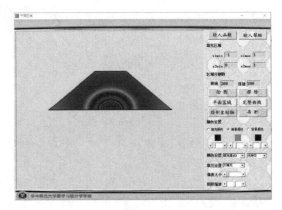

图 3.2.2　梯形域绘制时边界曲线的输入　　　　图 3.2.3　梯形域绘制时其他参数的输入

2. 正多边形域

如图 3.2.4 中给出了 6 个正多边形域，从上到下从左到右依次为：正三角形（等边三角形）、正四边形（正方形）、正五边形、正六边形、正七边形、正八边形. 正多边形域是由正多边形围成的区域. 在这里，正多边形域的绘制主要是用线框模型绘制算法，它的步骤如下。

步骤 1　计算正多边形的顶点坐标.

步骤 2　利用顶点绘制多边形，并进行单色填充. 由于在利用顶点绘制多边形时，不需要对区域进行网格化，所以对区域只能进行单色填充.

线框模型绘制区域的关键是多边形顶点的计算，解决这一难点的有效方法是将需要绘制的多边形当成单位圆的内接正多边形，于是只需将单位圆周 n 等分，其 n 个分点即为正 n 边形的 n 个顶点为 $P_i\left(\cos\left((i-1)\cdot\dfrac{2\pi}{n}\right), \sin\left((i-1)\cdot\dfrac{2\pi}{n}\right)\right)$ $(i = 1, 2, \cdots, n)$.

图 3.2.4 中的 6 个正多边形域都是在 MathTools 的"平面多边形"工具中绘制.

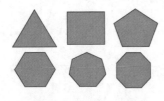

图 3.2.4　正多边形域

3. 圆及相关区域

如图 3.2.5 中给出了 6 个圆域或与圆有关的区域，从左到右依次为圆域、椭圆域、圆环域、另类圆环域、$\dfrac{1}{4}$ 圆域、扇形域.

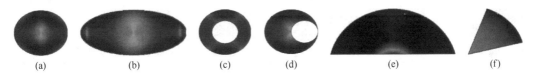

$$\text{图 3.2.5 圆及相关区域}$$

图 3.2.5（a），圆域，用一个隐式方程绘制，方程为 $x^2+y^2-1=0$，取负侧，绘图区域为 $[-1,1]\times[-1,1]$，填充区域为 $[-1,1]\times[-1,1]$，填充模式为 2，特效为 2.

图 3.2.5（b），椭圆域，用一个隐式方程绘制，方程为 $\dfrac{x^2}{4}+y^2-1=0$，取负侧，绘图区域为 $[-2,2]\times[-1,1]$，填充区域为 $[-2,2]\times[-1,1]$，填充模式为 2，特效为 2.

图 3.2.5（c），圆环域，用 2 个隐式方程绘制，其方程分别为
曲线 1（内圆）：$x^2+y^2-1=0$，取正侧，绘图区域为 $[-1,1]\times[-1,1]$；
曲线 2（外圆）：$x^2+y^2-4=0$，取负侧，绘图区域为 $[-2,2]\times[-2,2]$.
填充区域为 $[-2,2]\times[-2,2]$，填充模式为 2，特效为 2.

图 3.2.5（d），另类圆环域，用 2 个隐式方程绘制，其方程分别为
曲线 1（内圆）：$x^2+y^2-2x=0$，取正侧，绘图区域为 $[0,1]\times[-1,1]$；
曲线 2（外圆）：$x^2+y^2-4=0$，取负侧，绘图区域为 $[-2,2]\times[-2,2]$.
填充区域为 $[-2,2]\times[-2,2]$，填充模式为 2，特效为 2.

图 3.2.5（e），1/4 圆域，用 2 个隐式方程绘制，其方程分别为
曲线 1（直线）：$y-\dfrac{1}{4}=0$，取正侧，绘图区域为 $[-1,1]\times\left[\dfrac{1}{4},1\right]$；

曲线 2（圆）：$x^2+y^2-1=0$，取负侧，绘图区域为 $[-1,1]\times\left[\dfrac{1}{4},1\right]$.

填充区域为 $[-1,1]\times\left[\dfrac{1}{4},1\right]$，填充模式为 2，特效为 2.

图 3.2.5（f），扇形域，用 3 个隐式方程绘制，其方程分别为
曲线 1（直线）：$y-0.25x=0$，取正侧，绘图区域为 $[0,1]\times[0,1]$；
曲线 2（直线）：$y-3.25x=0$，取负侧，绘图区域为 $[0,1]\times[0,1]$；
曲线 3（圆）：$x^2+y^2-1=0$，取负侧，绘图区域为 $[0,1]\times[0,1]$；
填充区域为 $[0,1]\times[0,1]$，填充模式为 2，特效为 2.

3.2.2 闭曲线所围区域

1. 爱心区域

图 3.2.6 给出了 6 个爱心区域，依次为 3 个用隐式曲线边界区域填充算法绘制、3 个用正弦曲线填充算法绘制，具体绘图参数如下.

图 3.2.6（a），爱心曲线方程为 $x^2+\left(y-\sqrt[3]{x^2}\right)^2-1=0$，取负侧，绘图区域为 $[-1,1]\times[-1.65,1.65]$，填充区域为 $[-1,1]\times[-1.65,1.65]$，填充模式为 11，无特效.

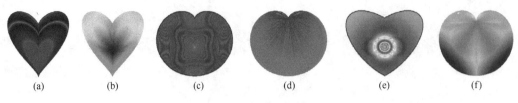

图 3.2.6　爱心区域

图 3.2.6（b），爱心曲线方程为 $\begin{cases} x=\cos\theta\,|\sin 300\theta| \\ y=(\sin\theta+\sqrt[3]{\cos^2\theta})\,|\sin 300\theta| \end{cases}$，绘图区间为 $[0,2\pi]$．该图在 MathTools 中的"空间曲线动画"工具中绘制，其边界曲线的方程是图 3.2.6（a）中的爱心曲线的参数形式．

图 3.2.6（c），爱心曲线方程为 $x^2+(y-1)^2-\sqrt{x^2+(y-1)^2}+y-1=0$，取负侧，绘图区域为 $[-2,2]\times[-1,2]$，填充区域为 $[-2,2]\times[-1,2]$，填充模式为 3，特效为 13．该方程是由爱心曲线的标准方程 $x^2+y^2-\sqrt{x^2+y^2}+y=0$ 演变而来，即将标准的爱心曲线向纵坐标的正向平移一个单位，其目的是使填充的效果更好．

图 3.2.6（d），爱心曲线方程为 $\begin{cases} x=(1-\sin\theta)\cos\theta\,|\sin 300\theta| \\ y=(1-\sin\theta)\sin\theta\,|\sin 300\theta| \end{cases}$，绘图区间为 $[0,2\pi]$．该图在 MathTools 中的"空间曲线动画"工具中绘制，其边界曲线的方程是图 3.2.6（c）中的爱心曲线的参数形式．

图 3.2.6（e），爱心曲线方程为 $5x^2-6|x|y+5y^2-5=0$，取负侧，绘图区域为 $[-2,2]\times[-2,2]$，填充区域为 $[-2,2]\times[-2,2]$，填充模式为 5，特效为 8．

图 3.2.6（f），爱心曲线方程为 $\begin{cases} x=\dfrac{1-\cos 2\theta}{\theta}\cdot|\sin 300\theta| \\ y=-\dfrac{1.25\sin 2\theta}{\theta}\cdot|\sin 300\theta| \end{cases}$，绘图区间为 $[-\pi,\pi]$．该图在 MathTools 中的"空间曲线动画"工具中绘制．

2. 星形线域

星形线域就是由星形线所围成的区域，区域形状如图 3.2.7 所示.

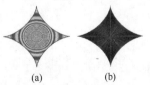

图 3.2.7　星形线域

图 3.2.7（a）在 MathGS 中的"平面区域"中绘制，方程为 $x^{\frac{2}{3}}+y^{\frac{2}{3}}-1=0$，取负侧，绘图区域为 $[-1,1]\times[-1,1]$，填充模式为 6，特效为 9.

图 3.2.7（b），星形线参数方程为 $\begin{cases} x=\cos^3\theta\,|\sin 300\theta| \\ y=\sin^3\theta\,|\sin 300\theta| \end{cases}$，绘图区间为 $[0,2\pi]$．该图在 MathTools 中的"空间曲线动画"工具中绘制.

除上述外，星形线域也可用上下方向（或左右方向）正弦曲线填充算法绘制，请有兴趣的读者自己在"空间曲线动画"工具中绘制.

3. 玫瑰线域

这里只给出三叶和四叶玫瑰线所围成的区域，图 3.2.8 为三叶玫瑰线域，其参数方程等为

图 3.2.8（a），参数方程为 $(x^2+y^2)^2-2x^3+6xy^2=0$，取负侧，绘图区域为 $[-2,2]\times[-2,2]$，填充模式为 4，无特效.

图 3.2.8（b），参数方程为 $\begin{cases}x=\cos3\theta\cos\theta\,|\sin300\theta|\\y=\cos3\theta\sin\theta\,|\sin300\theta|\end{cases}$，绘图区间为 $[0,\pi]$.

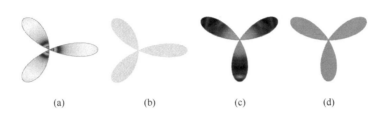

$$\text{图 3.2.8　三叶玫瑰线域}$$

图 3.2.8（c），参数方程为 $(x^2+y^2)^2+2y^3-6x^2y=0$，取负侧，绘图区域为 $[-2,2]\times[-2,2]$，填充模式为 5，特效为 3.

图 3.2.8（d），参数方程为 $\begin{cases}x=\sin3\theta\cos\theta\,|\sin300\theta|\\y=\sin3\theta\sin\theta\,|\sin300\theta|\end{cases}$，绘图区间为 $[0,\pi]$.

注意，图 3.2.8 中（a）（c）在 MathGS 中的"平面区域"中绘制；图 3.2.8 中（b）（d）在 MathTools 中的"空间曲线动画"工具中绘制.

图 3.2.9 为四叶玫瑰线域，其参数方程等为

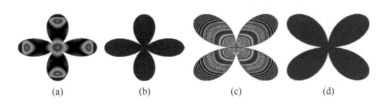

$$\text{图 3.2.9　四叶玫瑰线域}$$

图 3.2.9（a），参数方程为 $(x^2+y^2)^3-4(x^2-y^2)^2=0$，取负侧，绘图区域为 $[-2,2]\times[-2,2]$，填充模式为 6，特效为 5.

图 3.2.9（b），参数方程为 $\begin{cases}x=\cos2\theta\cos\theta\,|\sin1000\theta|\\y=\cos2\theta\sin\theta\,|\sin1000\theta|\end{cases}$，绘图区间为 $[0,\pi]$.

图 3.2.9（c），参数方程为 $(x^2+y^2)^3-16x^2y^2=0$，取负侧，绘图区域为 $[-2,2]\times[-2,2]$，填充模式为 7，特效为 6.

图 3.2.9（d），参数方程为 $\begin{cases}x=\sin2\theta\cos\theta\,|\sin1000\theta|\\y=\sin2\theta\sin\theta\,|\sin1000\theta|\end{cases}$，绘图区间为 $[0,\pi]$.

注意，图 3.2.9 中（a）（c）在 MathGS 中"平面区域"中绘制；图 3.2.9 中（b）（d）在 MathTools 中的"空间曲线动画"工具中绘制.

用参数方程绘制玫瑰线域时，只能用极径方向的正弦曲线填充算法，不能用上下方向的正弦曲线填充算法和左右方向的正弦曲线填充算法.

4. 阿基米德螺线域

阿基米德螺线不是闭曲线，这里的阿基米德螺线域是指阿基米德螺线在$[0,2\pi]$的部分与极轴所围成的区域，如图 3.2.10 所示.

图 3.2.10（a）在 MathGS 中的"平面区域"模块中绘制，但不是一次性完成，因为阿基米德螺线的直角坐标方程不是唯一的. 阿基米德螺线的极坐标方程为 $\rho = a\theta$，该极坐标方程在化为直角坐标方程时，需分成三部分.

图 3.2.10（b）是用极径方向的正弦曲线填充算法绘制，方程为 $\begin{cases} x = \theta\cos\theta \,|\sin 1000\theta| \\ y = \theta\sin\theta \,|\sin 1000\theta| \end{cases}$，绘图区间 $[0,2\pi]$. 阿基米德螺线域在此不能用上下（或左右）方向的正弦曲线填充算法绘制.

下面的讨论只在区间 $[0,2\pi]$ 中进行.

第一部分（第一象限，$x>0, y>0$），方程为 $\sqrt{x^2+y^2} - \arctan\dfrac{y}{x} = 0$，（在这里 $a=1$，下同），取负侧，绘图区域和填充区域均为 $[0.0001,2]\times[0,2]$，填充模式为 6，特效为 8，图形如图 3.2.11（a）所示.

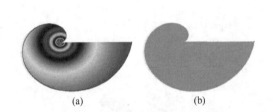

(a)   (b)

图 3.2.10   阿基米德螺线域

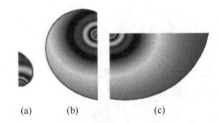

(a)   (b)   (c)

图 3.2.11   阿基米德螺线域的绘制过程

第二部分（第二、三象限 $x<0$），方程为 $\sqrt{x^2+y^2} - \arctan\dfrac{y}{x} - \pi = 0$，取负侧，绘图区域和填充区域均为 $[-5,-0.0001]\times[-5,2]$，图形如图 3.2.11（b）所示.

第三部分（第四象限 $x>0, y<0$），方程为 $\sqrt{x^2+y^2} - \arctan\dfrac{y}{x} - 2\pi = 0$，取负侧，绘图区域和填充区域均为 $[0.0001,2\pi]\times[-5,0]$，图形如图 3.2.11（c）所示.

在 MathGS 中的"平面区域"模块中绘制时，应先绘图 3.2.11（c），利用它调整好图形的大小以及其他参数，图 3.2.11（c）绘制完成后，不要关闭"平面区域"模块，也不要修改任何参数，依次绘制图 3.2.11（a）和图 3.2.11（b），然后利用 Powerpoint 演示文稿软件对三幅图进行剪裁，注意先不要调整大小，拼接起来后，3 个图形中的填充图案就能拼成一个完整的图案，最后将拼接起来的三幅图组合起来并另存成图片文件，图形绘制工作结束.

5. 摆线域

图 3.2.12 给出了分别用极径方向和上下方向的正弦曲线填充算法绘制的摆线域.

图 3.2.12（a）用极径方向的正弦曲线填充算法绘制，方程为 $\begin{cases} x = (t - \sin t)\,|\sin 1000t| \\ y = (1 - \cos t)\,|\sin 1000t| \end{cases}$，绘图区间为 $[-2\pi, 2\pi]$．

图 3.2.12（b）用上下方向的正弦曲线填充算法绘制，方程为 $\begin{cases} x = t - \sin t \\ y = (1 - \cos t)\,|\sin 900t| \end{cases}$，绘图区间为 $[-4\pi, 4\pi]$．

图 3.2.12　摆线域

用极径方向的正弦曲线填充算法绘制摆线域时，只能绘制原点左右两边各一个周期图形，用上下方向的正弦曲线填充算法可以绘制任意一个周期图形，不能用左右方向的正弦曲线填充算法绘制，也不能在"平面区域"模块中绘制，因为求不出摆线的直角坐标方程．

6. 伯努利双纽线域

伯努利双纽线域就是伯努利双纽线所围成的区域，如图 3.2.13 所示．

图 3.2.13（a），在 MathGS 中的"平面区域"中绘制，方程为 $(x^2 + y^2)^2 - 16xy = 0$，取负侧，绘图区域和填充区域均为 $[-3,3] \times [-3,3]$，填充模式为 9，特效为 11．

图 3.2.13（b），参数方程为 $\begin{cases} x = 2\sqrt{2}\sqrt{\sin 2\theta}\cos\theta\,|\sin 1000\theta| \\ y = 2\sqrt{2}\sqrt{\sin 2\theta}\sin\theta\,|\sin 1000\theta| \end{cases}$，绘图区间为 $\left[0, \dfrac{\pi}{2}\right] \cup \left[\pi, \dfrac{3\pi}{2}\right]$．该图在 MathTools 中的"空间曲线动画"工具中绘制．在输入方程时，平方根应使用 MathTools 自定义的平方根函数 sqr2(sin(2 * x1))，这样绘图区间就变成 $[0, 2\pi]$．

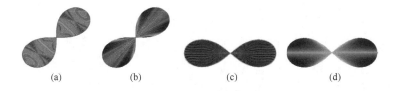

图 3.2.13　伯努利双纽线域

图 3.2.13（c），在 MathGS 中的"平面区域"中绘制，方程为 $(x^2 + y^2)^2 - 16(x^2 - y^2) = 0$，取负侧，绘图区域和填充区域均为 $[-3,3] \times [-3,3]$，填充模式为 9，特效为 10．

图 3.2.13（d），参数方程为 $\begin{cases} x = 2\sqrt{2}\sqrt{\cos 2\theta}\cos\theta\,|\sin 1000\theta| \\ y = 2\sqrt{2}\sqrt{\cos 2\theta}\sin\theta\,|\sin 1000\theta| \end{cases}$，绘图区间为 $\left[-\dfrac{\pi}{4}, \dfrac{\pi}{4}\right] \cup \left[\dfrac{3\pi}{4}, \dfrac{5\pi}{4}\right]$．该图在 MathTools 中的"空间曲线动画"工具中绘制．在输入方程时，平方根应使用 MathTools 自定义的平方根函数 sqr2(cos(2 * x1))，这样绘图区间就变成 $[0, 2\pi]$．

7. 五角星域

五角星域是由五角星曲线所围成的区域，如图 3.2.14 所示. 图中的 3 个五角星域都是用正弦曲线填充算法绘制，其方程如下.

图 3.2.14（a），用极径方向的正弦曲线填充算法绘制，方程为

$$\begin{cases} x = \exp(-|\sin 2.5\theta|)\cos\theta \, |\sin 1000\theta| \\ y = \exp(-|\sin 2.5\theta|)\sin\theta \, |\sin 1000\theta| \end{cases}$$

绘图区间为 $[0, 2\pi]$.

图 3.2.14（b），用极径方向的正弦曲线填充算法绘制，方程为

$$\begin{cases} x = \left(\dfrac{2}{3}\cos\theta + \cos\dfrac{2}{3}\theta\right)\cos\theta \, |\sin 1000\theta| \\ y = \left(\dfrac{2}{3}\sin\theta - \sin\dfrac{2}{3}\theta\right)\sin\theta \, |\sin 1000\theta| \end{cases}$$

绘图区间为 $[0, 6\pi]$.

图 3.2.14（c），用极径方向的正弦曲线填充算法绘制，方程为

$$\begin{cases} x = \exp\left(\dfrac{\theta}{150}\right)(|\cos 1.25\theta|^7 + |\sin 1.25\theta|^7)^{-0.333}\cos\theta \, |\sin 300\theta| \\ y = \exp\left(\dfrac{\theta}{150}\right)(|\cos 1.25\theta|^7 + |\sin 1.25\theta|^7)^{-0.333}\sin\theta \, |\sin 300\theta| \end{cases}$$

绘图区间为 $[0, 2\pi]$.

这 3 个五角星域不能使用上下方向或左右方向的正弦曲线填充算法进行绘制，也不能用隐式曲线边界区域绘制算法绘制，因为求不出曲线的直角坐标方程. 编者到目前为止没有设计出由直角坐标方程绘制的五角星，有兴趣的读者，可以对此进行相关研究.

8. Cayley Sextic 曲线域

Cayley's Sextic 曲线域是由 Cayley's Sextic 曲线围成的区域. 它的曲线一般方程为 $(x^2 + y^2 - x)^3 + a(x^2 + y^2)^2 + b = 0$，当参数 a, b 取不同的值时，得到不同形状的曲线. 图 3.2.15 给出了几种曲线所围成的区域，均在 MathGS 中的"平面区域"模块中绘制.

图 3.2.15（a），参数 $a = -7, b = 0.5$，绘图区域为 $[-2, 4.5] \times [-3, 3]$，填充模式为 11，特效为 3.

（a）　　　　（b）　　　　（c）　　　　　　　（a）　　　　（b）　　　　（c）

图 3.2.14　五角星域　　　　　　　图 3.2.15　Cayley's Sextic 曲线域

图 3.2.15（b），参数 $a = -6.75, b = 0$，绘图区间为 $[-2, 4] \times [-3, 3]$，填充模式为 12，特效为 5.

图 3.2.15（c），参数 $a=-16,b=500$，绘图区间为 $[-4.5,5.5]\times[-4.5,4.5]$，填充模式为 12，特效为 14.

9. "井"字形域

方程 $(x\sin x)^{55}+(y\sin y)^{55}-1=0$ 在 $[-4,4]\times[-4,4]$ 内的部分围成的区域，因区域形状像"井"字造型，故称为"井"字形域. 图 3.2.16 给出了该区域以及两个变形区域.

图 3.2.16（a）为"井"字形区域，方程为 $(x\sin x)^{55}+(y\sin y)^{55}-1=0$，取正侧，绘图区域和填充区域均为 $[-4,4]\times[-4,4]$，填充模式为 3，特效为 2.

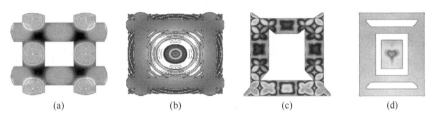

(a)　　　　　　　　(b)　　　　　　　　(c)　　　　　　　　(d)

图 3.2.16　　"井"字形域

图 3.2.16（b）为另一种形式的"井"字形区域，方程为

$$\left(\frac{x}{3}\right)^{55}\sin^{55}x+\left(\frac{y}{3}\right)^{55}\sin^{55}y-10\sin^{55}(x^2+y^2)=0$$

取负侧，绘图区域和填充区域均为 $[-7.6,7.6]\times[-7.6,7.6]$，填充模式为 6，特效为 8.

图 3.2.16（c）为"井"字形曲线的方程变形而得到的，方程为

$$\left(\frac{x}{3}\right)^{55}\sin x+\left(\frac{y}{2}\right)^{66}\sin y+12=0$$

取负侧，绘图区域和填充区域均为 $[-8,8]\times[-10,9]$，填充模式为 13，特效为 2.

图 3.2.16（d）为"井"字形曲线的方程变形而得到的，方程为

$$\left(\frac{x}{2}\right)^{55}\sin x+\left(\frac{y}{3}\right)^{55}\sin 2y-20=0$$

取负侧，绘图区域和填充区域均为 $[-7,7]\times[-10,10]$，填充模式为 11，特效为 8.

图 3.2.16（a）～（d）均在 MathGS 中的"平面区域"中绘制.

10. "镜子"形域

"镜子"形域是因区域的形状像镜子而得名. 图 3.2.17（a）（b）给出了两个镜子形域，（c）则是由镜子形域的方程变形而得到的类似于"牙齿"的区域，这三个区域均在 MathGS 中的"平面区域"中绘制.

图 3.2.17（a），方程为 $(x^4+y^4-3x^2y-3xy^2)^4-x^8-y^8-3xy=0$，取正侧，绘图区域和填充区域均为 $[-4,4]\times[-4,4]$，着色模式为 6，特效为 12.

图 3.2.17（b），方程为 $(x^4+y^4-3x^2y-3xy^2)^4-x^8-y^8-3xy-16=0$，取正侧，绘图区域和填充区域均为 $[-4,4]\times[-4,4]$，着色模式为 7，特效为 15.

图 3.2.17（c），方程为 $(x^4 + y^4 - 3x^2y - 3xy^2)^4 - x^{15} - y^{15} - 3xy + 24 = 0$，取正侧，绘图区域和填充区域均为 $[0,7] \times [0,7]$，着色模式为 13，特效为 14.

11. "剪刀"形域

因形似剪刀而得名. 图 3.2.18 给出的这三个区域均是在 MathGS 中的"平面区域"中绘制.

图 3.2.18（a），方程为 $(x^3 + y^3)^2 - x^8 - y^8 - 3x^2y - 3xy^2 = 0$，取正侧，绘图区域和填充区域均为 $[-2,2] \times [-2,2]$，着色模式为 13，特效为 15.

图 3.2.18（b），方程为 $(x^3 + y^3)^2 - x^8 - y^8 - 3x^2y - 3xy^2 - 0.1 = 0$，取正侧，绘图区域和填充区域均为 $[-2,2] \times [-2,2]$，着色模式为 13，特效为 9.

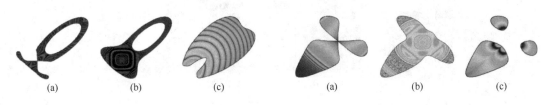

(a)　　　　　(b)　　　　　(c)　　　　　　　　(a)　　　　　(b)　　　　　(c)

图 3.2.17　"镜子"形域　　　　　　　　图 3.2.18　"剪刀"形域

图 3.2.18（c），方程为 $(x^3 + y^3 - 3xy)^2 - x^8 - y^8 - 3x^2y - 3xy^2 + 1 = 0$，取正侧，绘图区域和填充区域均为 $[-3,2] \times [-3,2]$，着色模式为 12，特效为 10.

12. "叶子"形域

因形似叶子而得名. 图 3.2.19 给出的这三个区域均是在 MathGS 中的"平面区域"中绘制.

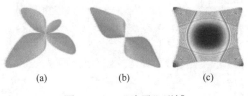

(a)　　　　　(b)　　　　　(c)

图 3.2.19　"叶子"形域

图 3.2.19（a），方程为 $(x^3 + y^3 - 3xy)^2 - x^8 - y^8 = 0$，取正侧，绘图区域和填充区域均为 $[-3,2] \times [-3,2]$，着色模式为 2，无特效.

图 3.2.19（b），方程为 $(x^4 + y^4 - 3xy)^3 - x^{16} - y^{16} - x^3y^4 - x^4y^3 = 0$，取正侧，绘图区域和填充区域均为 $[-3,3] \times [-3,3]$，着色模式为 2，无特效.

图 3.2.19（c），方程为 $((x^2+1)^2 + (y^2+1)^2)^3 - x^{16} - y^{16} - 6x^4y^7 - 6x^7y^4 = 0$，取正侧，绘图区域和填充区域均为 $[-3,3] \times [-3,3]$，着色模式为 3，特效为 2.

3.2.3　曲线与渐近线所围区域

1. 正态曲线域

正态曲线域是标准正态曲线与其渐近线所围成的开口区域. 标准正态曲线的方程为 $y = f(x) = \dfrac{1}{\sqrt{2\pi}\sigma} e^{-\frac{x^2}{2\sigma^2}}$，它的渐近线为 x 轴. 图 3.2.20 给出了 3 条用不同方法绘制的且 σ 互不相同的正态曲线域.

图 3.2.20（a），在 MathGS 中的"平面区域"模块中可以用两条曲线来绘制，具体分别如下.

曲线 1　标准差 $\sigma = 0.35$ 的标准正态曲线

$$\frac{1}{\sqrt{2\pi} \cdot 0.35} e^{-\frac{x^2}{2 \cdot 0.35^2}} - y = 0$$，取正侧，绘图区域为 $[-1,1] \times [0,2]$.

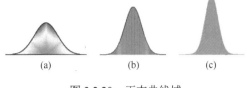

图 3.2.20　正态曲线域

曲线 2　$y = 0$，取正侧，绘图区域为 $[-1.2, 1.2] \times [-0.2, 0.2]$.

填充区域为 $[-1.2, 1.2] \times [0, 2]$，填充模式为 13，特效为 7.

图 3.2.20（b），在 MathTools 中的"曲边梯形面积"工具中绘制. 标准差 $\sigma = 0.25$，绘图区间为 $[-1,1]$. 在将绘图区间分割成 1000 个子区间时，计算出该区域面积的近似值为 0.99995.

图 3.2.20（c），在 MathTools 中的"空间曲线动画"工具中用极径方向的正弦曲线填充算法绘制，方程为

$$\begin{cases} x = t \, |\sin 1000t| \\ y = \dfrac{1}{\sqrt{2\pi} \cdot 0.2} e^{-\frac{t^2}{2 \cdot 0.2^2}} |\sin 1000t| \end{cases} \quad (-1 \leqslant t \leqslant 1).$$

这三条正态曲线域尽管形状各不相同，但它们的面积却相等，且等于 1，这正是正态曲线的一个重要性质.

2. 箕舌线域

箕舌线域就是由箕舌线与其渐近线所围成的区域. 箕舌线的方程为 $y = \dfrac{8a^3}{x^2 + 4a^2}$，渐近线是 x

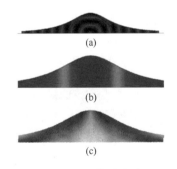

图 3.2.21　箕舌线域

轴，箕舌线域的面积为 $4\pi a^2$. 图 3.2.21 给出了 3 条用不同方法绘制的且参数 a 各不相同的箕舌线域.

图 3.2.21（a），在 MathGS 中的"平在区域"模块中可以用两条曲线来绘制，具体各曲线方程如下.

曲线 1　参数 $a = 0.5$ 时的箕舌线方程为 $\dfrac{1}{1 + x^2} - y = 0$，取正侧，绘图区域为 $[-2.8, 2.8] \times [0, 2]$.

曲线 2　$y = 0$，取正侧，绘图区域为 $[-3, 3] \times [-0.2, 0.2]$.

填充区域为 $[-2.8, 2.8] \times [0, 2]$，填充模式为 8，无特效.

图 3.2.21（b），在 MathTools 中的"曲边梯形面积"工具中绘制. 参数 $a = 0.75$，绘图区域为 $[-2.8, 2.8]$.

图 3.2.21（c），在 MathTools 中的"空间曲线动画"工具中用上下方向的正弦曲线填充算法绘制，参数 $a = 1$，方程为

$$\begin{cases} x = t \\ y = \dfrac{8}{(4 + t^2)} |\sin 778.551t| \end{cases} \quad (-2.8 \leqslant t \leqslant 2.8).$$

3. 蔓叶线域

蔓叶线域是蔓叶线与其渐近线所围成的区域. 蔓叶线的直角坐标方程为 $y^2(2a - x) = x^3$，参

数方程为 $\begin{cases} x = \dfrac{2at^2}{1+t^2} \\ y = \dfrac{2at^3}{1+t^2} \end{cases}$，渐近线为 $x = 2a$，蔓叶线域的面积为 $3\pi a^2$．图 3.2.22 给出 3 个当参数 $a = 1$

时用 3 种不同方法绘制的蔓叶线域．

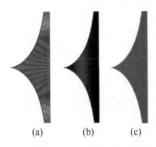

图 3.2.22　蔓叶线域

图 3.2.22（a），在 MathGS 中的"平面区域"模块中用两条曲线绘制具体各曲线的方程等如下．

曲线 1　参数 $a = 1$ 时的蔓叶线方程为 $y^2(2-x) - x^3 = 0$，取负侧，绘图区域为 $[0,2] \times [-4,4]$．

曲线 2　$2 - x = 0$，取正侧，绘图区域为 $[1.9, 2.1] \times [-4, 4]$．

填充曲域为 $[0,2] \times [-4,4]$，填充模式为 9，无特效．

图 3.2.22（b），在 MathTools 中的"曲边梯形面积"工具中绘制．参数 $a = 1$，绘图区间为 $[0, 1.999]$．由 x 轴上方和下方两个曲边梯

形组合而成，其曲边的方程分别为 $y = \sqrt{\dfrac{x^3}{2-x}}$ 和 $y = -\sqrt{\dfrac{x^3}{2-x}}$（注：因为在"曲边梯形面积"工

具中制作，所以曲边的方程只能显式直角坐标方程）．

图 3.2.22（c），在 MathTools 中的"空间曲线动画"工具中用上下方向的正弦曲线填充算

法绘制，参数 $a = 1$，方程为 $\begin{cases} x = \dfrac{2t^2}{1+t^2} \\ y = \dfrac{2t^3}{1+t^2} \cdot \sin 500t \end{cases}$ $(0 \leqslant t \leqslant \pi)$．

4. 笛卡儿叶形线域

笛卡儿叶形线域是笛卡儿叶形线与其渐近线所围成的区域．笛卡儿叶形线的直角坐

标方程为 $x^3 + y^3 - 3axy = 0$，参数方程为 $\begin{cases} x = \dfrac{3at}{1+t^3} \\ y = \dfrac{3at^2}{1+t^3} \end{cases}$ $(t = \tan\theta \neq -1)$．笛卡儿叶形线的渐近线

为 $x + y + a = 0$．

图 3.2.23 给出了在 MathGS 中的"平面区域"模块中用两条曲线绘制的笛卡儿叶形线域，具体各曲线的方程等如下．

曲线 1　参数 $a = 1$ 的笛卡儿叶形线的直角坐标方程 $x^3 + y^3 - 3xy = 0$，取负侧，绘图区域为 $[-2.5, 2.5] \times [-2.5, 2.5]$．

曲线 2　$x + y + 1 = 0$，取正侧，绘图区域为 $[-2.8, 2.8] \times [-2.8, 2.8]$．

填充区域为 $[-2.5, 2.5] \times [-2.5, 2.5]$，图 3.2.23（a）的填充模式

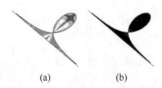

图 3.2.23　笛卡儿叶形线域

为 10，特效为 6，图 3.2.23（b）的填充模式为 8，特效为 6．

因求不出笛卡儿叶形线的显式直角坐标方程，故不能在"曲边梯形面积"工具中绘制区域．尽管笛卡儿叶形线的参数方程已给出，但也不能用正弦曲线填充算法绘制区域．

5. 等边双曲线域

等边双曲线域是由等边双曲线 $xy=1$ 或 $xy=-1$ 与其渐近线 x 轴和 y 轴所围成的区域，具体如图 3.2.24 所示.

图 3.2.24（a）为一、三象限的等边双曲线与渐近线所围成的等边双曲线域，其方程为 $xy=1$. 在此，等边双曲线域不是一次性绘制成功，必需分成第一象限和第三象限两个图分别进行绘制. 第一象限部分由 3 条曲线围成：

曲线 1　等边双曲线 $xy-1=0$ ，取负侧，绘图区域为 $[0,4]\times[0,4]$ ；

曲线 2　x 轴 $y=0$ ，取正侧，绘图区域为 $[0,4]\times[-0.2,0.2]$ ；

曲线 3　y 轴 $x=0$ ，取正侧，绘图区域为 $[-0.2,0.2]\times[0,4]$.

填充区域为 $[0,4]\times[0,4]$ ，着色模式为 11，特效为 6.

第三象限部分也由 3 条曲线围成：

曲线 1　等边双曲线 $xy-1=0$ ，取负侧，绘图区域为 $[-4,0]\times[-4,0]$ ；

曲线 2　x 轴 $y=0$ ，取负侧，绘图区域为 $[-4,0]\times[-0.2,0.2]$ ；

曲线 3　y 轴 $x=0$ ，取负侧，绘图区域为 $[-0.2,0.2]\times[-4,0]$.

填充区域为 $[-4,0]\times[-4,0]$ ，着色模式为 11，特效为 6.

图 3.2.24（b）为二、四象限的等边双曲线与渐近线所围成的等边双曲线域，其方程为 $xy=-1$. 该区域的绘制也要分成第二象限部分和第四象限部分分别绘制，具体绘制过程与图 3.2.24（a）完全类似，这里不再说明.

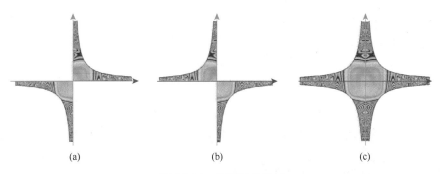

(a)　　　　　　　　　　(b)　　　　　　　　　　(c)

图 3.2.24　等边双曲线域

从图 3.2.24（c）的图形可知，图 3.2.24（c）是将图 3.2.24（a）和图 3.2.24（b）合并而成. 所以图 3.2.24（c）可以分别绘制四个象限的区域，然后将这四个部分组合成一个整体即得. 但这种方法效率不高，费时费力. 另一种有效方法是将该区域看成是由等边双曲线 $xy=1$ 和 $xy=-1$ 围成，并将这两个方程合二为一，方程为 $|xy|=1$ 或 $x^2y^2=1$. 在此，编者是用方程 $x^2y^2=1$ 绘制图 3.2.24（c），参数设置如下.

曲线 1　$x^2y^2-1=0$ ，取负侧，绘图区域和填充区域为 $[-4,4]\times[-4,4]$ ，着色模式为 11，特效为 6.

图 3.2.24 中的 3 个区域均是无限区域，即面积都是无穷大. 这说明，并不是所有曲线与其渐近线之间能围成一个有限区域.

赏析　（1）绘制图 3.2.24（c）的主要方法是将方程 $xy=1$ 和 $xy=-1$ 合并成一个方程 $|xy|=1$ 或 $x^2y^2=1$ ，然后用一个方程绘制，这样可提高效率，这也是数学技术的威力.

（2）为了得到一个分辨率较高的图形，可以将绘图区域分割成几个部分，依次绘出这几个部分的图形，然后组合成起来即可，并且只要绘图参数保持一致，组合起来的图形的填充效果并不会改变.

3.2.4　曲边梯形域

曲边梯形域是有一条边是曲线边的梯形域，如图 3.2.25 所示. 它的特点是一条直线边是 x 轴上的区间 $[a,b]$，另外两条直线边平行且垂直于 x 轴，第四条边为曲线边，其方程为 $y=f(x)$.

曲边梯形域之所以重要，是因为只要会求解曲边梯形域的面积，即能求出任意不规则图形的面积. 例如，图 3.2.26（a）为一个不规则的平面区域，其面积的计算可以分解成图 3.2.26（b）所示的大的曲边梯形域的面积减去图 3.2.26（c）所示的小的曲边梯形域的面积.

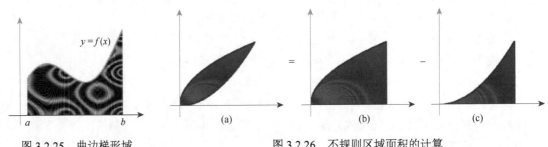

图 3.2.25　曲边梯形域　　　　　　　　图 3.2.26　不规则区域面积的计算

在对曲边梯形面积的研究，产生了微积分学中的一个重要概念——定积分. 图 3.2.25 中的曲边梯形的面积有计算公式为

$$A = \int_a^b f(x)\mathrm{d}x$$

1. 圆弧曲边域

圆弧曲边域是指曲边梯形的曲边为圆弧的曲边梯形域. 图 3.2.27 给出了两个这种区域.

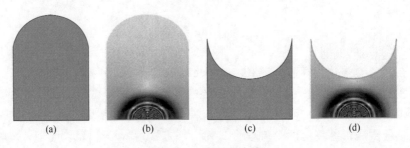

图 3.2.27　圆弧曲边域

图 3.2.27（a）和图 3.2.27（b）的曲边方程为 $y=2+\sqrt{1-x^2}$，底边所在的区间为 $[-1,1]$. 图 3.2.27（a）在"曲边梯形面积"工具中绘制. 图 3.2.27（b）在"平面区域"模块中绘制，参数设置如下.

曲线 1　$2+\sqrt{1-x^2}-y=0$，取正侧，绘图区域为 $[-1,1]\times[0,3]$.

填充区域为 $[-1,1]\times[0,3]$，着色模式为 6，特效为 8.

图 3.2.27（c）和图 3.2.27（d）的曲边方程为 $y = 2 - \sqrt{1-x^2}$，底边所在的区间为 $[-1,1]$. 图 3.2.27（c）在"曲边梯形面积"工具中绘制. 图 3.2.27（d）在"平面区域"模块中绘制，参数设置如下

曲线 1　$2 - \sqrt{1-x^2} - y = 0$，取正侧，绘图区域为 $[-1,1] \times [0,2]$.

填充区域为 $[-1,1] \times [0,2]$，着色模式为 6，特效为 8.

赏析　曲边梯形域由底边所在的区间和曲边确定，所以在"平面区域"模块中绘制曲边梯形域时，只需要曲边这一条曲线就行了，没必要用 4 条曲线，这样可提高绘制效率.

2. 正弦曲边域

正弦曲边域是指曲边是正弦函数或曲边方程中含有正弦函数的曲边梯形域. 图 3.2.28 和图 3.2.29 共给出了 6 个正弦曲边域.

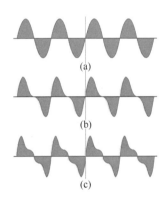

图 3.2.28　正弦曲边域

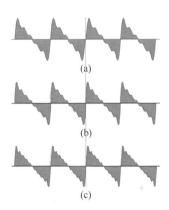

图 3.2.29　正弦曲边域（续）

图 3.2.28 中正弦曲边域的曲边方程为 $y = 3\sum\limits_{k=1}^{n} \dfrac{\sin kx}{k}$，底边所在的区间为 $[-4\pi, 4\pi]$，均在"曲边梯形面积"工具中绘制. 方程中当 $n=1$ 时为图 3.2.28（a），$n=2$ 时为图 3.2.28（b），$n=3$ 时为图 3.2.28（c）.

图 3.2.29 中的曲边方程与图 3.2.28 中相同，方程中当 $n=4$ 为图 3.2.29（a），$n=5$ 为图 3.2.29（b），$n=6$ 为图 3.2.29（c）.

赏析　（1）从图 3.2.28 和图 3.2.29 中可以观察出一个规律：有限个不同周期的正弦函数之和是周期为 2π 的周期函数. 这一结论可进行推广为无穷多个不同周期的正弦函数之和是周期为 2π 的周期函数.

（2）正弦函数是奇函数，其图形关于原点对称. 有限个不同周期的正弦函数之和的也是奇函数，其图形也关于原点对称.

（3）周期为 2π 的奇函数满足一定条件时，可分解成无穷多个正弦函数之和.

3. 抛物曲边域

抛物曲边域就是曲边为抛物线的曲边梯形域. 图 3.2.30 给出了 5 组曲边梯形域，它们曲边的方程可以用通式 $y = x^n$（$n > 0$ 为偶数）表示.

a 组 $n=2$，b 组 $n=4$，c 组 $n=6$，d 组 $n=8$，e 组 $n=400$. 图（a1）～图（e1）均在"曲边梯形面积"工具中绘制，图（a2）～图（e2）均在"平面区域"模块中绘制，绘图区域和填充区域均为 $[-1.2,1.2] \times [0,6]$，着色模式为 3，特效为 9.

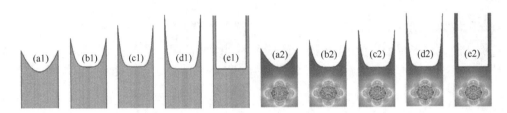

图 3.2.30　抛物曲边域

赏析　抛物线 $y=x^n$ $(n>0$ 为偶数$)$ 当 n 增大时，其形状从弧形到"U"字形最后到开口矩形. 不论其形状如何变，填充效果不变，因为区域的填充效果由着色模式和特效决定，而与区域的形状无关.

4. 其他曲边域

其他曲边域是指曲边为其他曲线时的曲边梯形域. 图 3.2.31 给出了 3 个曲边方程为同一类型的其他曲边域具体如下.

图 3.2.31（a），曲边方程为 $y = \dfrac{1}{2} + 2\pi \sin^2 \dfrac{x}{2} + \dfrac{4}{\pi}\cos^2 5x$，底边所在区间为 $[-3\pi, 3\pi]$.

图 3.2.31（b），曲边方程为 $y = \dfrac{1}{2} + 2\pi \sin^{20} \dfrac{x}{2} + \dfrac{4}{\pi}\cos^5 4x$，底边所在区间为 $[-3\pi, 3\pi]$.

图 3.2.31（c），曲边方程为 $y = \dfrac{1}{2} + 2\pi \sin^4 \dfrac{x}{2} + \dfrac{4}{\pi}\cos^{12} 10x$，底边所在区间为 $[-3\pi, 3\pi]$.

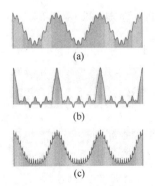

图 3.2.31　其他曲边域

赏析　（1）这 3 个区域具有对称性和周期性，因而非常美.

（2）这 3 个区域的曲边曲线在一个周期内有多个极大值和多个极小值，特别是图 3.2.31（a）看得更加清楚，并且极小值可能比极大值还大. 因此可用图 3.2.31（a）来说明极值是一个局部概念.

3.2.5　连通区域

在数学和物理中研究有些问题时,需要将平面区域分成连通区域和非连通区域. 设 G 是一个平面区域，如果 G 中任意两点均可用完全属于 G 的折线连接起来，那么称 G 是连通区域，或称区域 G 是连通的，否则称 G 是非连通区域.

例如，在图 3.2.32 中，图 3.2.32（a）是连通区域，因为对于区域中的任意两点 P_1、P_2，可直接用线段将其连接起来. 图 3.2.32（b）也是连通区域，因为对于区域中的任意两点 P_1、P_2，可用折线将其连接起来. 图 3.2.32（c）不是连通区域，因为对于区域中的两点 P_1、P_2，如果用折线将其连接起来，那么折线上总有一线段要穿过白色的环形区域，而白色的环形区域不在我们考虑的区域中.

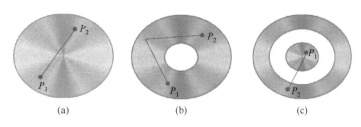

图 3.2.32　区域的边通性示例

连通区域又可分成单连通区域和多连通区域.

1. 单连通区域

若一个连通区域中任意闭曲线所围区域全部都在该区域中，则称该连通区域为单连通区域，如图 3.2.32（a）为单连通区域. 图 3.2.33 中的 6 个区域都为单连通区域.

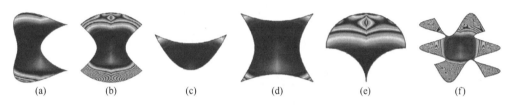

图 3.2.33　单连通区域

图 3.2.33（a），双尖牙曲线所围成的区域，方程 $(x^2-1)(x-1)^2+(y^2-1)^2=0$，取负侧，绘图区域和填充区域均为 $[-1,1]\times[-2,2]$.

图 3.2.33（b），由圆与双曲线所围成的区域. 其中圆的方程为 $x^2+y^2-4=0$，取负侧，绘图区域为 $[-2,2]\times[-2,2]$；

双曲线的方程为 $x^2-y^2-0.5=0$，取负侧，绘图区域为 $[-2,2]\times[-2,2]$；它们的填充区域为 $[-2,2]\times[-2,2]$.

图 3.2.33（c），由两条抛物线所围成的区域，各抛物线的方程和参数设置如下.

抛物线 1　方程为 $1+\dfrac{x^2}{4}-y=0$，取负侧，绘图区域为 $[-3,3]\times[-2,2]$.

抛物线 2　方程为 $x^2-y=0$，取正侧，绘图区域为 $[-3,3]\times[-2,2]$.

填充区域为 $[-3,3]\times[-2,2]$.

图 3.2.33（d），由两条双曲线所围成的区域，各双曲线的方程和参数设置如下.

双曲线 1　方程为 $2x^2-y^2-1=0$，取负侧，绘图区域为 $[-2,2]\times[-2,2]$.

双曲线 2　方程为 $2y^2-x^2-2=0$，取负侧，绘图区域为 $[-2,2]\times[-2,2]$.

填充区域为 $[-2,2]\times[-2,2]$.

图 3.2.33（e），由三个单位圆所围成的区域，各单位圆的方程和参数设置如下.

单位圆 1　方程为 $(x-1)^2+y^2-1=0$，取正侧，绘图区域为 $[0,2]\times[-1,1]$.

单位圆 2　方程为 $(x+1)^2+y^2-1=0$，取正侧，绘图区域为 $[-2,0]\times[-1,1]$.

单位圆 3　方程为 $x^2+(y-1)^2-1=0$，取负侧，绘图区域为 $[-1,1]\times[0,2]$.

填充区域为 $[-1,1]\times[0,2]$.

图 3.2.33（f），由两条正弦曲线和两条余弦曲线所围成的区域，各曲线的方程和参数设置如下.

两条正弦曲线　方程为 $(y - \sin 2x - 2)(y - \sin 2x + 2) = 0$，取负侧，绘图区域为 $[-\pi, \pi] \times [-3, 3]$.

两条余弦曲线　方程为 $(x - \cos \pi y - 2)(x + \cos \pi y + 2) = 0$，取负侧，绘图区域为 $[-3, 3] \times [-\pi, \pi]$.

填充区域为 $[-\pi, \pi] \times [-\pi, \pi]$，

上述着色模式均为着色模式 11，特效为 6.

2. 多连通区域

若一个连通区域 G 中存在一条闭曲线所围区域中既有 G 中的点，也有不属于 G 的点，则称该连通区域为多连通区域，如图 3.2.34（b）就是多连通区域，简单地说就是有"洞"的连通域. 图 3.2.34 中的 4 个区域都是多连通区域.

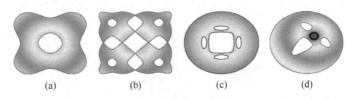

（a）　　　　　（b）　　　　　（c）　　　　　（d）

图 3.2.34　多连通区域

图 3.2.34（a），区域由一条闭曲线所围成，方程为 $x \sin x + y \sin y - 1 = 0$，取正侧，绘图区域和填充区域均为 $[-5, 5] \times [-5, 5]$.

图 3.2.34（b），区域由一条闭曲线所围成，方程为 $(x \sin x - 1)^2 + (y \sin y - 1)^2 - 1 = 0$，取正侧，绘图区域和填充区域均为 $[-5, 5] \times [-5, 5]$.

图 3.2.34（c），区域由两条曲线所围成，方程为 $(\mathrm{e}^{-|\sin 3x|} x^2 + \mathrm{e}^{-|\sin 3y|} y^2 - 0.95)(x^2 + y^2 - 9) = 0$，取负侧，绘图区域和填充区域均为 $[-3, 3] \times [-3, 3]$.

图 3.2.34（d），区域由两条曲线所围成，各曲线的方程及参数设置如下.

曲线 1　方程为 $(x^3 + y^3 - 3xy)^2 - x^8 - y^8 - 3x^2 y - 3xy^2 - 2 = 0$，取负侧，绘图区域为 $[-3, 2] \times [-3, 2]$.

曲线 2　方程为 $(x + 0.8)^2 + (y + 0.8)^2 - 16 = 0$，取负侧，绘图区域为 $[-5, 4] \times [-5, 4]$.

填充区域为 $[-5, 4] \times [-5, 4]$，图中的 4 个区域的着色模式均为着色模式 4，无特效.

赏析　（1）多连通区域可以由一条或多条曲线围成，图 3.2.34（a）和图 3.2.34（b）是由一条曲线围成，而图 3.2.34（c）和图 3.2.34（d）由两条曲线围成.

（2）由多条曲线围成一个区域时，可以将这多条边界曲线组合成一条曲线，这样可以提高绘图效率. 如图 3.2.34（c）的边界曲线有两条，但其方程只有一个.

3.2.6　两个精彩区域

1. 大红"囍"字

1）王安石与大红"囍"字的故事

中国传统习俗在春节、婚嫁、乔迁等喜庆日子里，喜爱在门窗上、房间里、嫁妆上贴上一

个大红"囍"字，以增添喜庆气氛. 关于这个习俗的形成有很多精典的传说，其中有一个与我国北宋著名的思想家、政治家、文学家王安石有关.

相传王安石 23 岁赴京赶考，途径汴梁（今河南开封）城东马家镇的舅父家住宿. 饭后上街散步，走到乡绅马员外家门口，见众人围着门前悬挂的走马灯指指点点. 王安石走进细看，只见灯上分明写着"走马灯，马灯走，灯熄马停步"的半幅对子，他不禁拍手连称："好对！好对！"这时，旁边站着一位老人向他作揖后便说道："这上联已经贴了好几个月，至今尚无人对出，相公既然说是好对，请略等片刻，我进去禀报我家老爷，一定求教."老人马上进去禀告宅院的主人马员外，而王安石只是欣赏上联出得好，并未想到对下联，因还要去赴考，无时间思考答对，便急冲冲地回舅父家.

在考场上，王安石答题发挥得淋漓尽致，答卷十分出色. 考官见他聪明机敏，便传来面试，他均对答如流. 考官指着考场门前的飞虎旗说："飞虎旗，旗虎飞，旗卷虎身藏."王安石想起马员外家门前的走马灯，不假思索地答道："走马灯，灯马走，灯熄马停步."考官大为赞赏.

王安石考完后，回到马家镇，刚进舅父家门，就被请去马员外家. 马员外见到王安石后，请他写答下联. 王安石便将考官的上联挥笔写道："飞虎旗，虎旗飞，旗卷虎身藏."马员外大喜，便对王安石说道："此上联是为小女选婿而出，现在，王相公对出，联句成对，姻缘成双."马员外征得王安石舅父同意后，择良辰吉日，为他们两人完婚. 结婚那天，忽然马府门外两个报子高声前来报道："王大人官星高照，金榜题名，明朝一早，皇上召见，请赴琼林宴！."

王安石与马小姐拜过天地，进入洞房. 新娘子笑着对王安石说："王郎才高学广，一举成名，今晚又逢洞房花烛，真是大登科与小登科，喜上加喜，双喜临门."

王安石带着三分醉意，挥毫在红纸上写了一个大"囍"字，让人贴在门上，并又吟道："巧对联成红双喜，天媒地证结丝罗."

从此以后，人们遇有喜庆吉日，在大门上、器具上，都要贴上大红"囍"字.

2）大红"囍"字的设计

大红"囍"字图案最开始使用大红纸剪裁而成，属于剪纸作品. 在科学技术发达的今天，"囍"字图案由贴纸类延伸为用红线编织等各种形式的图案、样式表达渴望幸福快乐的人生愿望. 作者利用数学图形设计了 4 个大红"囍"字，分别如下.

（1）大红"囍"字一

图 3.2.35 中的大红"囍"字由 3 个基本形状组成：上方共字头，4 个正方形，中间的草字头.

形状 1：共字头，这个部首有 4 个笔画，2 横 2 竖，每一笔画用一个矩形表示，矩形的一般方程为 $\left(\dfrac{x}{a}\right)^{2n}+\left(\dfrac{y}{b}\right)^{2n}=1$. 为了达到图 3.2.35 所示的效果（每个矩形内部的线条要擦除），将 2 横设计成一个方程，2 竖设计成一个方程，分别如下.

曲线 1　2 横，方程为 $\left(\left(\dfrac{x}{4}\right)^{120}+\left(\dfrac{y-1}{0.5}\right)^{120}-1\right)\cdot\left(\left(\dfrac{x}{4}\right)^{120}+\left(\dfrac{y+1}{0.5}\right)^{120}-1\right)=0$，取正侧，绘图区域为 $[-4,4]\times[-2,2]$.

曲线 2　2 竖，方程为

$$\left(\left(\dfrac{x-1.5}{0.5}\right)^{120}+\left(\dfrac{y-0.73}{2.2}\right)^{120}-1\right)\cdot\left(\left(\dfrac{x+1.5}{0.5}\right)^{120}+\left(\dfrac{y-0.73}{2.2}\right)^{120}-1\right)=0$$

取正侧，绘图区域为 $[-2,2]\times[-2,3]$.

填充模式为 11，特效为 8，填充设置为并填充. 注意，用交填充会出现 4 个正方形空洞.

形状 2　正方形，方程为 $\left(\dfrac{x}{2}\right)^{60}+\left(\dfrac{y}{2}\right)^{60}-1=0$，取负侧，绘图区域为 $[-2,2]\times[-2,2]$，填充模式为 11，特效为 8，填充设置为交填充或并填充.

形状 3　草字头，它由 2 个心形曲线和 1 个矩形构成，将这 3 个形状构成 2 条曲线.

曲线 1　2 个心形曲线，方程为

$$\left((x-1.7)^2+\left(y-\sqrt[3]{(x-1.7)^2}\right)^2-1\right)\cdot\left((x+1.7)^2+\left(y-\sqrt[3]{(x+1.7)^2}\right)^2-1\right)=0$$

取正侧，绘图区域为 $[-3,3]\times[-3,3]$. 这 2 个心形曲线是将以 y 轴为对称轴的心形线 $x^2+(y-\sqrt[3]{x^2})^2=1$ 分别向 x 轴正向和负向平移 1.7 个单位而得到.

曲线 2　矩形，方程为 $\left(\dfrac{x}{4}\right)^{120}+\left(\dfrac{y-0.25}{0.5}\right)^{120}-1=0$，取正侧，绘图区域 $[-4,4]\times[-3,3]$.

填充模式为 11，特效为 8，填充设置为并填充.

（2）大红"囍"字二

图 3.2.36 中的大红"囍"字由 3 个基本形状组成：上半部分为共字头以及 4 个椭圆，中间为草字头.

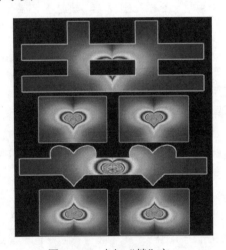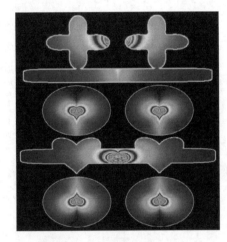

图 3.2.35　大红"囍"字一　　　　　　　图 3.2.36　大红"囍"字二

形状 1　共字头，这个部首有 4 个笔画，2 横 2 竖，但在设计这个部首时，主要分别用 3 个形状来表示：2 个类似于"+"的形状和 1 个圆角矩形. 并将这 3 个形状设计成 1 条曲线，方程为

$$(((x-1.25)^2+y^2)^3-((x-1.25)^2-y^2)^2-0.005)$$

$$\cdot(((x+1.25)^2+y^2)^3-((x+1.25)^2-y^2)^2-0.005)\cdot\left(\left(\dfrac{x}{3}\right)^8+\left(\dfrac{y+1.25}{0.25}\right)^8-1\right)=0$$

绘图区域和填充区域均为 $[-3,3]\times[-2.6,2]$，填充模式为 11，特效为 8，填充设置为并填充.

形状 2　椭圆，方程为 $\left(\dfrac{x}{3}\right)^2+\left(\dfrac{y-0.2}{2.7}\right)^2-1=0$，取负侧，绘图区域和填充区域均为 $[-3,3]\times[-3,3]$，填充模式为 11，特效为 8，填充设置为交填充或并填充.

形状 3　草字头，它由 2 个心形曲线和 1 个矩形构成，将这 3 个形状构成 2 条曲线分别如下.

曲线 1　2 个心形曲线，方程为

$$\left((x-1.7)^2+\left(y-\sqrt[3]{(x-1.7)^2}\right)^2-1\right)\cdot\left((x+1.7)^2+\left(y-\sqrt[3]{(x+1.7)^2}\right)^2-1\right)=0$$

取正侧，绘图区域为 $[-3,3]\times[-3,3]$. 这 2 个心形曲线是将以 y 轴为对称轴的心形线 $x^2+(y-\sqrt[3]{x^2})^2=1$ 分别向 x 轴正向和负向平移 1.7 个单位而得到.

曲线 2　矩形，方程为 $\left(\dfrac{x}{4}\right)^8+\left(\dfrac{y-0.25}{0.5}\right)^8-1=0$ ，取正侧，绘图区域为 $[-4,4]\times[-3,3]$.

填充模式为 11，特效为 8，填充设置为并填充.

（3）大红"囍"字三和大红"囍"字四

大红"囍"字三和大红"囍"字四分别如图 3.2.37 和图 3.2.38 所示.

大红"囍"字三是将大红"囍"字二中的椭圆换成了心形线，心形线的方程为

$$x^2+(y-1.7)^2-2\sqrt{x^2+(y-1.7)^2}+2(y-1.7)=0$$

取负侧，绘图区域和填充区域均为 $[-4,4]\times[-4,4]$ ，填充模式为 11，特效为 8.

大红"囍"字四是将大红"囍"字一和大红"囍"字二中的基本形状重新组合而成.

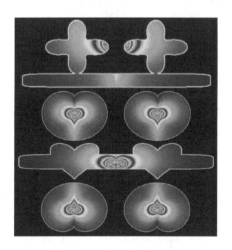

图 3.2.37　大红"囍"字三

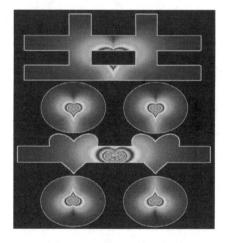

图 3.2.38　大红"囍"字四

3）赏析

（1）双"喜"字造型结构巧妙，是中国美术民俗中的一绝，两个并列的"喜"字方正、对称，骨架结构稳定，从形状上看如男女并肩携手而立，又有四个口子，既象征男女欢喜，又象征子孙满堂，家庭融洽与美满. 相传，双"喜"字是象征男女婚姻成立的一种特殊符号. 一般有女出嫁，大门上贴单"喜"字，有子娶媳妇，则贴双"喜"字.

（2）编者设计的大红"囍"字是用于办婚嫁喜事时使用，故在设计时将囍字上方的两个"士"合并成一个共字头，这使得"囍"字的结构更稳定，象征婚姻更加牢固. 中间的两个草字头用一根红丝带连接两个爱心曲线表示，一方面增加"囍"字的稳定性，另一方面寓意从此以后两个年轻人的心紧紧连在一起，心心相印，共同创造美好生活.

（3）大红"囍"字中的基本形状都填有爱心图案，它们各有寓意. 共字头中显示的图形的

"心",在所有心的上方,希望两个年轻人要对国家对社会有大爱之心. "囍"字中间四个口字中的四个"心",其中中间两个心朝下,下方的两个心朝上,它们都是朝向两个年轻人的心. 这四个心代表男女双方的四位父母,寓意着四位父母的心永远向着两位新人,永远和他们在一起.

(4)图 3.2.26 和图 3.2.27 中的"+"形状的方程是由四叶玫瑰线的方程改造而来. 四叶玫瑰线的方程为 $(x^2+y^2)^3-(x^2-y^2)^2=0$,若将方程等号右边的零改成非零数,即 $(x^2+y^2)^3-(x^2-y^2)^2=d$,则四叶玫瑰线将退化成各种形状,当 $|d|$ 较小时,退化成的形状与四叶玫瑰线相似,图 3.2.26 和图 3.2.27 中的"+"形状就是其中的一种. 这给我们一个启示,在设计曲线时可以将形似的已知曲线进行改造.

2. 极值脸谱

1)极值脸谱设计

极值脸谱共有两组,分别表示为男生脸谱和女生脸谱,每组都有一个"笑脸"形状和一个"哭脸"形状,如图 3.2.39 所示.

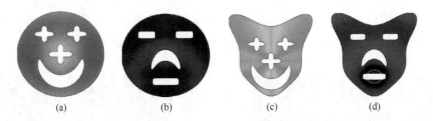

(a)   (b)   (c)   (d)

图 3.2.39　极值脸谱

图 3.2.39(a)为男生笑脸形状,由 5 个形状组成:3 个"+"形状,1 个弯月,1 个椭圆.

形状 1　表示"眼睛"和"鼻子"形状的 3 个"+",方程为

$$(((x-0.75)^2+(y-1.1)^2)^3-0.2((x-0.75)^2-(y-1.1)^2)^2-0.0001)$$
$$\cdot(((x+0.75)^2+(y-1.1)^2)^3-0.2((x+0.75)^2-(y-1.1)^2)^2-0.0001)$$
$$\cdot((x^2+y^2)^3-0.3(x^2-y^2)^2-0.0001)=0$$

取正侧,绘图区域为 $[-2,2]\times[-2,2]$.

其中

$$((x-0.75)^2+(y-1.1)^2)^3-0.2((x-0.75)^2-(y-1.1)^2)^2-0.0001=0$$

为表示眼睛的两个"+"的方程,即

$$(x^2+y^2)^3-0.3(x^2-y^2)^2-0.0001=0$$

为表示鼻子的"+"的方程. 它们均是由四叶玫瑰线变形而成.

形状 2　"弯月"形状,方程为 $\left(\left(\dfrac{x}{0.75}\right)^2+y^2+0.22y\right)^3-2.55\left(\left(\dfrac{x}{0.75}\right)^2+y^2\right)^2+3=0$,取

正侧,绘图区域为 $[-2,2]\times[-3,0]$. 它是 Cayley's Sextic 曲线,方程中变量 x 除以 0.75 的目的是使弯月形状更加弯曲一些.

形状 3　"椭圆"形状,方程为 $\left(\dfrac{x}{2}\right)^2+\left(\dfrac{y}{2.3}\right)^2-1=0$,取负侧,绘图区域为 $[-2,2]\times[-2.3,2.3]$.
填充区域为 $[-2,2]\times[-3,2.3]$,填充模式为 2,无特效.

图 3.2.39（b）为男生哭脸形状，主要由 3 个小圆角矩形，1 个弯月，1 个椭圆 5 个形状组成.

形状 1　表示眼睛和嘴巴的 3 个小圆角矩形，方程为

$$\left(\left(\frac{x}{0.6}\right)^6+\left(\frac{y}{0.2}\right)^6-1\right)\cdot\left(\left(\frac{x-0.85}{0.4}\right)^6+\left(\frac{y-2.5}{0.2}\right)^6-1\right)\cdot\left(\left(\frac{x+0.85}{0.4}\right)^6+\left(\frac{y-2.5}{0.2}\right)^6-1\right)=0$$

取正侧，绘图区域为 $[-2,2]\times[-3,3]$.

形状 2　"弯月"形状，方程为 $\left(\left(\frac{x}{0.5}\right)^2+\left(\frac{y}{0.9}\right)^2-0.36y\right)^3-2.4\left(\left(\frac{x}{0.5}\right)^2+\left(\frac{y}{0.9}\right)^2\right)^2+4=0$，

取正侧，绘图区域为 $[-1,1]\times[0,2]$. 这也是 Cayley's Sextic 曲线，通过调整参数，可得到满意的弯月形状.

形状 3　"椭圆"形状，方程为 $\left(\frac{x}{2}\right)^2+\left(\frac{y-1.4}{2.3}\right)^2-1=0$，取负侧，绘图区域为 $[-2,2]\times[-4,4]$.

填充区域为 $[-2,2]\times[-1,4]$，填充模式为 2，无特效.

图 3.2.39（c）～（d）分别为女生笑脸形状和女生哭脸形状. 女生笑脸形状是将男生笑脸形状中"脸"的椭圆轮廓线换成曲线 $(x^2+y^2)^3-21x^2y^3+13x^4-120=0$，取负侧，绘图区域为 $[-3,3]\times[-3,3]$；女生哭脸是将男生哭脸中的脸的椭圆轮廓线换成曲线 $(x^2+(y-1)^2)^3-21x^2(y-1)^3+13x^4-120=0$，取负侧，绘图区域为 $[-3,3]\times[-2,4]$.

2）赏析

极值脸谱是为"高等数学"的学习而设计，在"高等数学"中，有这样两个结论：

（1）若在区间 I 内有 $f''(x)>0$，则曲线在 I 内是凹弧；若在区间 I 内有 $f''(x)<0$，则曲线在 I 内是凸弧.

（2）设 $f'(x_0)=0$，若 $f''(x_0)>0$，则 $f(x_0)$ 是函数 $y=f(x)$ 的极小值；若 $f''(x_0)<0$，则 $f(x_0)$ 是函数 $y=f(x)$ 的极大值.

很多学生在学习高等数学时，对这两个结论的记忆容易出错，为了帮助同学们记住这两个结论，专门设计了这两个极值脸谱.

二阶导数大于零，是凹弧，取得极小值，在记忆时要找出它们的对应关系：正数对应于凹弧，凹弧有最低点. 将这个对应关系形象化就产生了笑脸，大于零的数是正数，符号是"+"，所以在笑脸中，用"+"分别表示两只眼睛和鼻子，将嘴巴就画成凹弧的形状. 因为嘴巴画成了凹弧形状，就像开心时笑得合不拢嘴，所以脸谱用暖色填充，并且色彩较丰富.

二阶导数小于零，是凸弧，取得极大值，其对应关系是：负数对应于凸弧，凸弧有最高点. 将这个对应关系形象化就产生了哭脸，负数的符号是"–"，所以在哭脸中，用小圆角矩形表示眼睛和嘴巴，用向上凸的弯月表示鼻子. 用小圆角矩形表示的嘴巴就像人在生气时抿着的嘴巴，所以在填充时填成深色.

3.2.7　平面艺术图

下面介绍几组艺术图，它们将让读者从另一个角度欣赏到数学之美. 用计算机绘制平面艺术图，首先要确定画布的形状和大小，画布的形状一般有矩形、圆形和菱形等. 然后设计一种着色模式对画布上的每一点进行着色，所有点着色完成后，一幅精美的艺术图也就绘制完成.

1. 显式矩形画布艺术图

画布的形状为矩形，当然包括正方形，所谓显式是指将画布看成是一个平面，且其方程为参数方程. 图 3.2.40～图 3.2.44 等 5 个显式矩形画布艺术图是在 MathGS 中的"空间曲面"模块中绘制，画布的方程为

$$\begin{cases} x=u \\ y=v \\ z=0 \end{cases} \begin{pmatrix} -4\leqslant u\leqslant 4 \\ -4\leqslant v\leqslant 4 \end{pmatrix},$$

即 xoy 平面，也可以是其他坐标面或平行于坐标面的平面，大小为以原点为中心，边长为 8 的正方形.

图 3.2.40 的着色模式为 10，渐变系数为 0.

图 3.2.41 的着色模式为 4，渐变系数为 0.5.

图 3.2.42 的着色模式为 5，渐变系数为 $\dfrac{\pi}{4}$.

图 3.2.43 的着色模式为 6，渐变系数为 $\dfrac{\pi}{3}$.

图 3.2.44 的着色模式为 11，渐变系数为 5.

图 3.2.40　显式矩形画布艺术图（一）

图 3.2.41　显式矩形画布艺术图（二）

图 3.2.42　显式矩形画布艺术图（三）

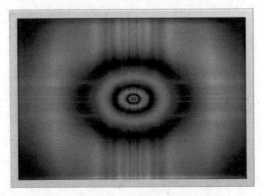

图 3.2.43　显式矩形画布艺术图（四）

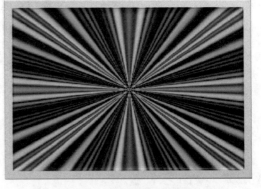

图 3.2.44　显式矩形画布艺术图（五）

2. 显式圆形画布艺术图

画布的形状为圆形，所谓显式是指将画布当作一个平面，且其方程为参数方程. 图 3.2.45～

图 3.2.49 中的 5 个显式圆形画布艺术图是在 MathGS 中的"空间曲面"模块中绘制,画布的

方程为 $\begin{cases} x = u\cos v \\ y = u\sin v \\ z = 0 \end{cases}$ $\begin{pmatrix} 0 \leqslant u \leqslant 4 \\ 0 \leqslant v \leqslant 2\pi \end{pmatrix}$,即 xOy 面

上圆心在原点半径为 4 的圆,也可以是其他坐标面或平行于坐标面的平面上的圆.

图 3.2.45 的着色模式为 7,渐变系数为 0.

图 3.2.46 的着色模式为 8,渐变系数为 0.25.

图 3.2.47 的着色模式为 10,渐变系数为 0.5.

图 3.2.48 的着色模式为 11,渐变系数为 π/3.

图 3.2.45 显式圆形画布艺术图（一）

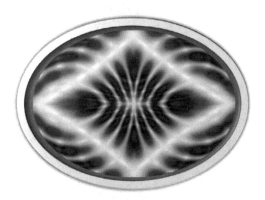

图 3.2.46 显式圆形画布艺术图（二）

图 3.2.47 显式圆形画布艺术图（三）

图 3.2.48 显式圆形画布艺术图（四）

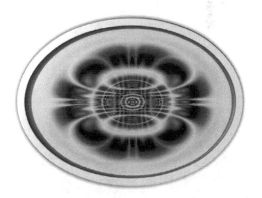

图 3.2.49 显式圆形画布艺术图（五）

图 3.2.49 的着色模式为 12,渐变系数为 π/3.

3. 隐式矩形画布艺术图

画布的形状为矩形,所谓隐式是指将画布当作一个平面,且其方程为隐式方程. 下面的图 3.2.50～图 3.2.54 中的 5 个隐式矩形画布艺术图是在 MathGS 中的"隐式曲面"模块中绘制,画布的方程为 $z = -1$,

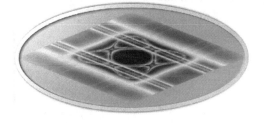

图 3.2.50 隐式矩形画布艺术图（一）

绘图区域为[−2,2]×[−2,2]×[−1.5,1.5]，也可以是其他坐标面或平行于坐标面的平面.

图 3.2.50 的着色模式为 16，渐变系数为 0.5.

图 3.2.51 的着色模式为 2，渐变系数为 5.

图 3.2.52 的着色模式为 4，渐变系数为 0.

图 3.2.53 的着色模式为 8，渐变系数为π/3.

图 3.2.54 的着色模式为 10，渐变系数为π.

图 3.2.51　隐式矩形画布艺术图（二）　　　　　图 3.2.52　隐式矩形画布艺术图（三）

图 3.2.53　隐式矩形画布艺术图（四）　　　　　图 3.2.54　隐式矩形画布艺术图（五）

4. 矩形填充艺术图

下面图 3.2.55～图 3.2.59 中的 5 个矩形填充艺术图均是在 MathGS 中的"平面区域"模块中绘制的平面填充区域，其边界曲线为

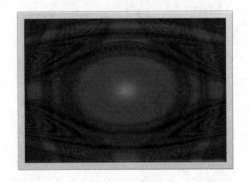

曲线 1　方程为 $x-2=0$，取负侧，
曲线 2　方程为 $x+2=0$，取正侧，
曲线 3　方程为 $y-2=0$，取负侧，
曲线 4　方程为 $y+2=0$，取正侧，
绘图区域和填充区域均为[−2,2]×[−2,2]. 图 3.2.55
的填充模式为 2，特效为 3.

图 3.2.56 的填充模式为 11，特效为 3.

图 3.2.57 的填充模式为 12，特效为 3.

图 3.2.58 的填充模式为 8，特效为 11.

图 3.2.59 的填充模式为 7，特效为 12.

图 3.2.55　矩形填充艺术图（一）

5. 菱形填充艺术图

下面图 3.2.60～图 3.2.64 中的 5 个菱形填充艺术图均是在 MathGS 中的"平面区域"模块中绘

图 3.2.56　矩形填充艺术图（二）

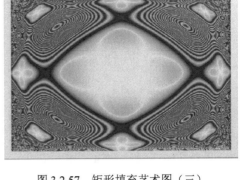

图 3.2.57　矩形填充艺术图（三）

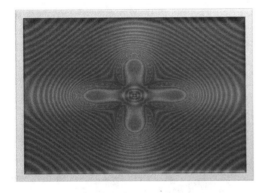

图 3.2.58　矩形填充艺术图（四）

图 3.2.59　矩形填充艺术图（五）

制的平面填充区域，区域的边界曲线为 $\dfrac{|x|}{3}+\dfrac{|y|}{2.6}-1=0$，
取负侧，绘图区域和填充区域均为 $[-3,3]\times[-2.6,2.6]$.

图 3.2.60 的着色模式为 11，特效为 8.

图 3.2.61 的着色模式为 6，特效为 15.

图 3.2.62 的着色模式为 10，特效为 8.

图 3.2.63 的着色模式为 13，特效为 9.

图 3.2.64 的着色模式为 10，特效为 4.

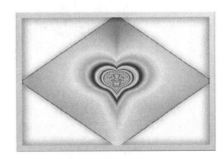

图 3.2.60　菱形填充艺术图（一）

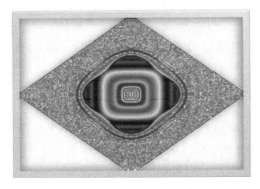

图 3.2.61　菱形填充艺术图（二）

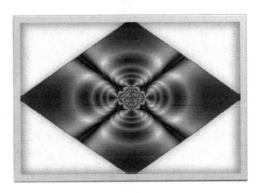

图 3.2.62　菱形填充艺术图（三）

图 3.2.63　菱形填充艺术图（四）

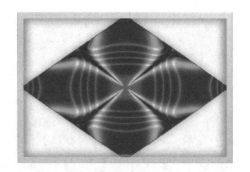

图 3.2.64　菱形填充艺术图（五）

扫码见 3.2 节中部分彩图

3.3　空间立体赏析

3.3.1　常见空间立体

1. 长方体和正方体

如图 3.3.1 中给出了 2 个长方体，2 个正方体，它们可以分别用不同的方式绘制.

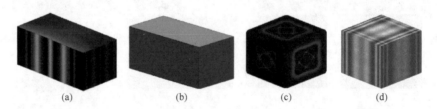

图 3.3.1　长方体和正方体

图 3.3.1（a）为长方体，在 MathTools 中的"曲顶柱体体积"工具中绘制，也即将长方体看成一个特殊的曲顶柱体：曲顶方程 $z = 2$ ，底域为 $[-1,1] \times [-2,2]$.

图 3.3.1（b）为长方体，在 MathTools 中的"多面体"工具中绘制，长方体为一个特殊的平行六面体，其六个面均为矩形. 在绘制时，先输入 8 个顶点的坐标，再输入边，即哪些顶点之间加连线，然后对六个面进行填充，经过这三步后绘制工作结束.

图 3.3.1（c）为正方体，在 MathGS 中的"隐式曲面"模块中绘制. 设正方体的对称中心在坐标原点，6 个面平行于坐标面，则边长为 4 的正方体的 6 个面的方程分别为：$x = \pm 2$ ，$y = \pm 2$ ，$z = \pm 2$. 将这 6 个平面组合一个组合曲面 $(x^2 - 4)(y^2 - 4)(z^2 - 4) = 0$ ，并将绘图区域设为 $[-2,2] \times [-2,2] \times [-2,2]$ ，着色模式设为着色模式 16，渐变系数设为 5，则得如图 3.3.1（c）所示的正方体.

图 3.3.1（d）为正方体，在 MathGS 中的"空间立体"模块中绘制. 设正方体的对称中心在坐标原点，6 个面平行于坐标面，则围成边长为 4 的正方体的 6 个面分别为

平面 1：$x + 2 = 0$ ，取正侧；

平面 2：$x - 2 = 0$ ，取负侧；

平面 3：$y + 2 = 0$ ，取正侧；

平面 4：$y-2=0$，取负侧；

平面 5：$z+2=0$，取正侧；

平面 6：$z-2=0$，取负侧.

绘图区域：$[-2,2]\times[-2,2]\times[-2,2]$.

在"曲顶柱体体积"工具中绘制长方体非常容易，只需几个简单操作即可. 图 3.3.2 给出了具体参数和绘制出的长方体.

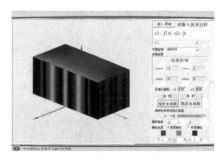

图 3.3.2　在"曲顶柱体体积"
工具中绘制长方体

赏析　长方体是最常见的一个立体之一，在日常生活中随处可见长方体形状的物体，原因是长方体的结构简单，容易制作. 长方体的绘制主要有图 3.3.1（a）的曲顶柱体绘制法、图 3.3.1（b）的多面体绘制法、图 3.3.1（c）的隐式曲面绘制法和图 3.3.1（d）的多个曲面围成法 4 种方法.

2. 圆柱体

图 3.3.3 中给出了用两种方法绘制的圆柱体.

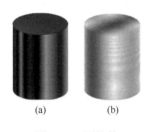

图 3.3.3　圆柱体

图 3.3.3（a）是将圆柱体当成曲顶柱体在 MathTools 中的"曲顶柱体体积"工具中绘制，底域为圆域：$x^2+y^2\leqslant 1$，顶的方程为：$z=3$.

图 3.3.3（b）是将圆柱体当成由 3 个曲面所围成的立体，在 MathGS 中的"空间立体"模块中绘制. 具体绘图参数如下.

曲面 1　方程 $z=0$，取正侧；

曲面 2　方程 $z-3=0$，取负侧；

曲面 3　方程 $x^2+y^2-1=0$，取负侧.

绘图区域：$[-1,1]\times[-1,1]\times[0,3]$.

3. 椭球体

图 3.3.4 中给出了用不同方法绘制的 2 个椭球体和 1 个球体.

图 3.3.4（a）是将椭球体看成是由椭球面所围立体，用参数方程在 MathGS 中的"空间曲面"模块中绘制. 具体绘图参数如下.

方程为 $\begin{cases} x=1.75\sin u\cos v \\ y=2\sin u\sin v \\ z=1.5\cos u \end{cases}$ $\left(\begin{array}{c} 0\leqslant u\leqslant 2\pi \\ -\dfrac{\pi}{2}\leqslant v\leqslant\dfrac{\pi}{2} \end{array}\right)$，着色模式为 2，渐变系数为 5.

图 3.3.4（b）是一个球体，绘制时将该球体看成是由球面所围立体，在 MathGS 中的"空间立体"模块中绘制. 具体绘图参数如下.

方程为 $x^2+y^2+z^2-1=0$，取负侧，绘图区域为 $[-1,1]\times[-1,1]\times[-1,1]$.

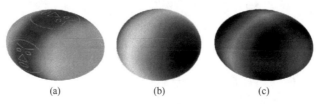

图 3.3.4　椭球体和球体

图 3.3.4（c）是将椭球体看成是由椭球面所围立体，用隐式方程在 MathGS 中的"隐式曲面"模块中绘制. 具体绘图参数如下.

方程为 $\dfrac{x^2}{1.75^2}+\dfrac{y^2}{2^2}+\dfrac{z^2}{1.5^2}=1$ $\begin{pmatrix} -1.75\leqslant x\leqslant 1.75 \\ -2\leqslant y\leqslant 2 \\ -1.5\leqslant z\leqslant 1.5 \end{pmatrix}$，着色模式为 1，渐变系数为 0.

4. 锥体

图 3.3.5 中给出了两个用两种不同方式绘制的圆锥体.

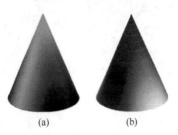

图 3.3.5　圆锥体

图 3.3.5（a）是将圆锥体当成曲顶柱体在 MathTools 的"曲顶柱体体积"中绘制，底域为 $x^2+y^2\leqslant 1$，曲顶方程为 $z=3-3\sqrt{x^2+y^2}$.

图 3.3.5（b）是将圆锥体当成是由圆锥面和 xOy 面围成.

圆锥面　方程为 $3-3\sqrt{x^2+y^2}-z=0$，取正侧，绘图区域为 $[-1,1]\times[-1,1]\times[0,3]$；

xOy 面　方程为 $z=0$，取正侧，绘图区域为 $[-1,1]\times[-1,1]\times[0,3]$.
填充区域为 $[-1,1]\times[-1,1]\times[0,3]$.

5. 平行六面体

如图 3.3.6 给出了用 3 种不同方法绘制的平行六面体.

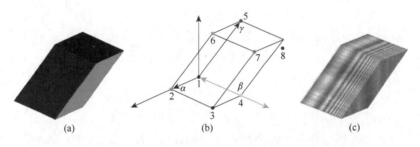

图 3.3.6　平行六面体

图 3.3.6（a）在 MathTools 的"多面体"工具中绘制的面模型，8 个顶点坐标如表 3.3.1 所示.

表 3.3.1　平行六面体的 6 个顶点坐标

坐标	顶点序号							
	1	2	3	4	5	6	7	8
横坐标	0	2	2	0	-3	-1	-1	-3
纵坐标	0	0	3	3	0	0	3	3
竖坐标	0	0	0	0	3	3	3	3

顶点序号如图 3.3.6（b）所示. 6 个面分别为

序号 1～4 面、5～8 面为一对平行平面，填充蓝色；

序号 1、4、8、5 面，2、3、7、6 面为一对平行平面，填充红色；

序号 1、2、6、5 面、3、4、8、7 面为一对平行平面，填充绿色.

图 3.3.6（b）在 MathTools 的"多面体"工具中绘制的线框模型. 本平行六面体由 3 个向量

$$\alpha = \begin{pmatrix} 2 \\ 0 \\ 0 \end{pmatrix}, \quad \beta = \begin{pmatrix} 0 \\ 3 \\ 0 \end{pmatrix}, \quad \gamma = \begin{pmatrix} -3 \\ 0 \\ 3 \end{pmatrix}$$

生成. 如图 3.3.6（b）所示，将这 3 个向量的起点平移到坐标原点，则由向量加法的平行四边形法则可计算出该平行六面体的 8 个顶点坐标. 例如

顶点 6 的坐标　
$$\begin{pmatrix} x \\ y \\ z \end{pmatrix} = \alpha + \gamma = \begin{pmatrix} 2 \\ 0 \\ 0 \end{pmatrix} + \begin{pmatrix} -3 \\ 0 \\ 3 \end{pmatrix} = \begin{pmatrix} -1 \\ 0 \\ 3 \end{pmatrix}$$

顶点 7 的坐标　
$$\begin{pmatrix} x \\ y \\ z \end{pmatrix} = \alpha + \beta + \gamma = \begin{pmatrix} 2 \\ 0 \\ 0 \end{pmatrix} + \begin{pmatrix} 0 \\ 3 \\ 0 \end{pmatrix} + \begin{pmatrix} -3 \\ 0 \\ 3 \end{pmatrix} = \begin{pmatrix} -1 \\ 3 \\ 3 \end{pmatrix}$$

顶点 8 的坐标　
$$\begin{pmatrix} x \\ y \\ z \end{pmatrix} = \beta + \gamma = \begin{pmatrix} 0 \\ 3 \\ 0 \end{pmatrix} + \begin{pmatrix} -3 \\ 0 \\ 3 \end{pmatrix} = \begin{pmatrix} -3 \\ 3 \\ 3 \end{pmatrix}$$

图 3.3.6（c）在 MathGS 的"空间立体"中绘制，平行六面体是由 6 个两两平行的平面围成，因此绘制平行六面体时只要确定这 6 个平面方程即可. 图 3.3.6（c）所示的平行六面体的 6 个面的方程分别为

1、2、3、4 面的方程为 $z = 0$，取正侧，5、6、7、8 面的方程为 $z = 3$，取负侧；

1、2、6、5 面的方程为 $y = 0$，取正侧，3、4、8、7 面的方程为 $y = 3$，取负侧；

1、4、5、8 面的方程为 $x + z = 0$，取正侧，2、3、7、6 面的方程为 $x + z - 2 = 0$，取负侧.

赏析　平行六面体也是一个常见立体，因为它的结构简单，容易制作. 平行六面体可以由 3 个不共面的向量确定，因此在绘制一个平行六面体时，可以先任意取 3 个不共面的向量，然后用向量加法的平行四边形法则计算出平行六面体的 8 个顶点坐标. 若在 MathGS 的"空间立体"模块中绘制，则还需求出平行六面体的 6 个平面的方程. 由 3 个向量确定的平行六面体的体积也可由这 3 个向量的坐标计算. 例如图 3.3.6 中的平行六面体的体积为

$$V = |\alpha, \beta, \gamma| = \begin{vmatrix} 2 & 0 & -3 \\ 0 & 3 & 0 \\ 0 & 0 & 3 \end{vmatrix} = 18$$

3.3.2　单个闭曲面所围的空间立体

1. 鸡蛋

1）鸡蛋形状的奥秘

鸡蛋一般呈椭球形，头钝-头略尖，这是长期进化的结果. 鸡蛋钝端有一个气室，使蛋的重心向尖端偏移. 由于形状和重心的原因，当鸡蛋平置时，卵黄总是倾向与尖的一端. 如果滚动，会转圈滚动而不至于滚远，而且滚动时，总是钝端在外，如果有小损伤，不至于影响全卵. 如

果气室不在钝端，鸡蛋就成了"不倒翁"，不利于胚胎的保护和孵化. 当小鸡快要孵化出来时，它的头往往朝向有气室的钝端，以便将嘴穿入气室，呼吸气室里的空气.

2）鸡蛋外形的数学模型

鸡蛋光滑的外形是它难以竖立的原因，也是其魅力所在. 欧洲文艺复兴时期著名画家达·芬奇，曾废寝忘食练习画"蛋"曲线，为其后来成功塑造"蒙娜丽莎"的微笑打下了坚实的基础. 我国民间称脸庞为"脸蛋"，并以蛋形作为脸庞美丽与否的标准，充分说明我国人民高超的美学鉴赏水平和蛋形的美学属性.

可是在很长一段时间里，人们一直未找到蛋形曲线的数学表达式，数学家也只能凭借直尺和圆规来近似作出蛋曲线. 所谓"画了成千上万个蛋圆，没有两个一模一样". 直到现在，数学家找到了蛋曲线的数学方程，解决了蛋曲线作图这个困惑了几代人的难题. 比如，现在造型为蛋形的汽车、飞艇、桥梁、隧道、体育馆、音乐厅和其他建筑物，在世界各地都可以看到，它们完美地实现了科学与文化、科学与艺术、科学与美学的结合.

图 3.3.7　麦克斯韦

3）蛋圆曲线和蛋壳曲面方程一

麦克斯韦，苏格兰数学家、物理学家（图 3.3.7）. 他第一个给出了卵形线（蛋圆曲线）的方程时，年仅 14 岁. 麦克斯韦系统地研究当时所有物理学科分支，他的关于电磁学和气体运动的相关著作至今依然被奉为经典. 麦克斯韦研究电磁现象，得出了著名的麦克斯韦方程组；研究光学与视觉，不仅给出了颜色的理论，还拍出了第一张彩色照片；研究气体的运动，得出了麦克斯韦分布有关微分形式下的麦克斯韦方程组，如下.

$$
\begin{cases}
\nabla \cdot D = \rho \\
\nabla \cdot B = 0 \\
\nabla \times E = -\dfrac{\partial B}{\partial t} \\
\nabla \times H = J + \dfrac{\partial D}{\partial t}
\end{cases}
$$

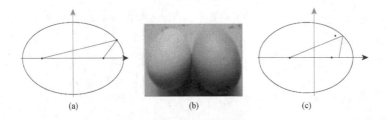

(a)　　　　　　　　(b)　　　　　　　　(c)

图 3.3.8　从椭圆到蛋圆

麦克斯韦选择与蛋圆曲线最相似的椭圆进行研究. 椭圆可以定义为到两个点（焦点）距离之和为常数的动点的轨迹，如图 3.3.8（a）所示. 麦克斯韦希望将椭圆的这一定义推广，得到蛋圆曲线的定义，如图 3.3.8（c）所示. 麦克斯韦按照这一思路，首先将椭圆定义中的条件写成的方程是 $d_1 + d_2 = C$，其中 $d_1 = \sqrt{(x+a)^2 + y^2}$，$d_2 = \sqrt{(x-a)^2 + y^2}$. 为了便于推广，进一步将

方程写成 $1 \times d_1 + 1 \times d_2 = C$. 到两点的距离，都有同样的倍数值 1，因此椭圆关于这两个焦点是对称的. 如果到两点的距离有不同的倍数，也即把方程变成 $k \times d_1 + 1 \times d_2 = C$，即

$$k\sqrt{(x+a)^2+y^2} + \sqrt{(x-a)^2+y^2} = C \qquad (3.3.1)$$

其中：$k > 0, a > 0, C > 2a$. 那么方程一表示怎样的曲线呢？麦克斯韦对方程（3.3.1）的图形进行了研究，发现方程（3.3.1）就是自己苦苦寻找的鸡圆曲线的方程. 麦克斯韦的父亲非常为儿子感到自豪，他把麦克斯韦的研究结果呈送给爱丁堡大学的教授 Forbes，得到了高度评价. 1846 年，麦克斯韦关于蛋圆曲线的研究成果发表在苏格兰皇家科学院的院刊上，那一年他 15 岁.[9]

在方程（3.3.1）中，当参数取不同值时，可以得到不同形状的蛋圆曲线，特别地，当 $k=1$ 时即为椭圆. 图 3.3.9 给出了 3 个蛋圆曲线. 若用 $-y$ 代替 y，方程（3.3.1）不变，故方程（3.3.1）表示的蛋圆曲线关于 x 轴对称. 若将蛋圆曲线绕其对称轴旋转，便得到蛋壳曲面，其方程为

$$k\sqrt{(x+a)^2+y^2+z^2} + \sqrt{(x-a)^2+y^2+z^2} = C$$

在图 3.3.9 中，蛋圆曲线（a）～（c）的参数分别为 $k=0.5, a=1, C=2.5$；$k=1.5, a=1, C=3.5$；$k=1.5, a=2, C=5.5$. 蛋壳曲面（d）～（f）分别是蛋圆曲线（a）～（c）绕对称轴旋转而成的旋转曲面.

4）蛋圆曲线和蛋壳曲面方程二

麦克斯韦从椭圆的定义中发现了蛋圆曲线的方程，即

$$d_1 + d_2 = C \Rightarrow k \times d_1 + d_2 = C$$

顺着麦克斯韦的思路，将双曲线的定义公式进行如下推广

$$d_1 - d_2 = C \Rightarrow k \times d_1 - d_2 = C，即\ k\sqrt{(x+a)^2+y^2} - \sqrt{(x-a)^2+y^2} = C$$

那么所得方程表示怎样的曲线呢？作者研究发现，当 $C > 0, 0 < k < 1$ 或 $C < 0, k > 1$ 时，该方程的图形为蛋圆曲线，如图 3.3.10 所示. 将该蛋圆曲线绕其对称轴旋转即得蛋壳曲面，其方程为

$$k\sqrt{(x+a)^2+y^2+z^2} - \sqrt{(x-a)^2+y^2+z^2} = C$$

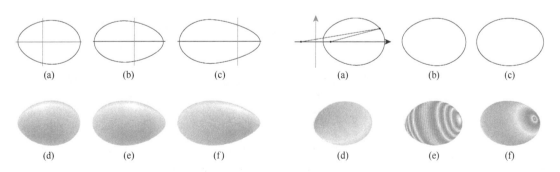

图 3.3.9　蛋圆曲线与蛋壳曲面　　　　　　　图 3.3.10　蛋圆曲线与蛋壳曲面

在图 3.3.10 中，蛋圆曲线（a）～（c）的参数分别为 $k=0.75, a=2, C=1.2$；$k=0.85, a=1, C=0.6$；$k=1.5, a=2, C=-2.5$. 蛋壳曲面（d）～（f）分别是蛋圆曲线（a）～（c）绕对称轴旋转而成的旋转曲面.

5）蛋圆曲线和蛋壳曲面方程三

我们知道二元方程 $\frac{x^2}{a^2}+\frac{y^2}{b^2}=1$ 在平面上表示椭圆，现在将方程中的常数 b 换成变量 z 得到一个三元方程 $\frac{x^2}{a^2}+\frac{y^2}{z^2}=1$，这个三元方程的图形如图 3.3.11（a）和图 3.3.11（b）所示，称为正劈锥面，椭圆称为准线，x 轴称为正劈锥面的轴. 那么由这个正劈锥面如何得到椭圆呢？大部分读者可能会认为，这个问题比较简单，将正劈锥面的方程中的变量 z 还原成常数 b 吗？最后的结果确实是这样，但在数学上正确的方法是，用平面 $z=b$ 去截正劈锥面，其交线方程为

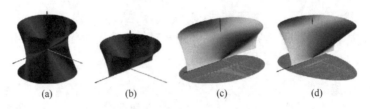

图 3.3.11　蛋圆曲线的发现

$$\begin{cases}\dfrac{x^2}{a^2}+\dfrac{y^2}{z^2}=1\\z=b\end{cases}\Leftrightarrow\begin{cases}\dfrac{x^2}{a^2}+\dfrac{y^2}{b^2}=1\\z=b\end{cases}$$

即交线为平行于 xOy 面的平面 $z=b$ 上的椭圆，如图 3.3.11（c）所示，将其平移到 xOy 面即得.

现在又一般化，以平行于劈锥面轴的平面 $z=ky+b$ 去截正劈锥面，得交线 $\begin{cases}\dfrac{x^2}{a^2}+\dfrac{y^2}{z^2}=1\\z=ky+b\end{cases}$，将该空间曲线向 xOy 面作投影，如图 3.3.11（d）所示，其投影曲线的方程为

$$\frac{x^2}{a^2}+\frac{y^2}{(ky+b)^2}=1$$

这就是蛋圆曲线的直角坐标方程. 若用 $-x$ 代替方程中的 x，方程不变，故蛋圆曲线变于 y 轴对称.

在蛋圆曲线的直角方程中，参数 $a>0,b>0$，k 是 yOz 坐标面上的直线 $z=ky+b$ 的斜率，$|k|<1$. 当 $|k|>1$ 时，平面 $z=ky+b$ 与正劈锥面的交线不是闭曲线；当 $k=0$，平面 $z=ky+b$ 变为 $z=b$ 为平行于 xOy 面的平面，此时截线为准线.

类似于求椭圆的参数方程，容易得到蛋圆曲线的参数方程为

$$\begin{cases}x=a\cos\theta\\y=\dfrac{b\sin\theta}{1-k\sin\theta}\end{cases}\begin{pmatrix}|k|<1\\0\leqslant\theta\leqslant2\pi\end{pmatrix}$$

蛋圆曲线方程中的参数 a,b,k 取不同值时可得到形状各异的蛋圆曲线，图 3.3.12 给出了 3 条蛋圆曲线. 图 3.3.12 中，蛋圆曲线（a）～（c）的参数值分别为 $a=2,b=4,k=0.1$；$a=2,b=3,k=0.2$；$a=5,b=6,k=0.3$.（a）和（b）用直角坐标方程在 MathGS 的"隐式曲线"模块中绘制，（c）用参数方程在 MathGS 的"平面曲线"模块中绘制.

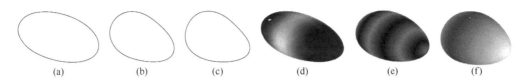

图 3.3.12 蛋圆曲线与蛋壳曲面

将蛋圆曲线绕对称轴 y 轴旋转，便得到蛋壳曲面，其直角坐标方程和参数方程为分别如下

$$\frac{x^2+z^2}{a^2}+\frac{y^2}{(ky+b)^2}=1$$

$$\begin{cases} x=a\cos t\cos\theta \\ y=\dfrac{b\sin t}{1-k\sin t} \\ z=a\cos t\sin\theta \end{cases} \begin{pmatrix} |k|<1 \\ -\dfrac{\pi}{2}\leqslant t\leqslant\dfrac{\pi}{2} \\ 0\leqslant\theta\leqslant 2\pi \end{pmatrix}$$

图 3.3.12 中给出了 3 个不同形状的蛋壳曲面. 图（d）是图（a）中的蛋圆曲线绕对称轴 y 轴旋转而成，是在 MathGS 的"隐式曲面"中利用隐式方程绘制. 图（e）是利用蛋圆曲线（b）的参数方程在 MathGS 的"旋转曲面"中绘制. 图（f）是利用蛋壳曲面的参数方程在 MathGS 的"空间曲面"中绘制.

6）与鸡蛋相关的物理现象

（1）捏不碎的鸡蛋

当鸡蛋均匀受力时，可以承受 34.1kg 的力. 鸡蛋具有如此大的承受力，是与它特有的蛋形曲线和科学的结构分不开的. 蛋的结构有三层，外层为表皮层，又称闪光层；中层为海绵层；内层为乳头层，不同的鸟类具有不同的三层显微结构. 薄薄的鸡蛋壳之所以能承受这么大的压力，是因为它能够把受到的压力均匀地分散到蛋壳的各个部分. 但是捏鸡蛋也不是随便捏都不会碎，正确是用两只手指捏在蛋的两端，鸡蛋不会被捏碎；如果是捏蛋的两侧面，还是很容易将蛋捏碎的.

具有曲线的外形、厚度又很薄的结构在建筑上称为薄壳结构，鸡蛋就是典型的薄壳结构，且是圆顶薄壳. 圆顶薄壳是正高斯曲率的旋转曲面壳，由面与支座环组成，壳面厚度很薄，跨度大. 支座环对圆顶壳起箍的作用，并通过它将整个薄壳搁置在支承构件上. 因壳结构容易制作，稳定性好，容易适应建筑功能和造型需要，所以应用较为广泛. 世界上许多建筑都是应用薄壳结构建造的，如意大利佛罗伦萨主教堂、澳大利亚悉尼歌剧院、中国北京火车站等.

（2）竖鸡蛋

我们知道要让一个物体竖起来是有条件的. 每个物体都一个重心，把物体与地面交界处的面叫作底面，从物体的重心向地面引一条垂线，如果垂线穿过底面，该物体就不会倒. 鸡蛋壳的表面是高低不平的，有大量小凸起，每个小凸起约高 0.03mm,每两个凸起之间的距离约 0.5～0.8mm. 鸡蛋之所以能竖起来，关键在于这些小凸起. 当鸡蛋跟桌面接触时，根据"不在一条直线上的三点决定一个平面"的公理，桌面上至少有三个凸起能构成一个三角形，当鸡蛋的重心通过该三角形时，鸡蛋就能竖起来了.

据有关研究发现，只有生鸡蛋才能竖起来，熟鸡蛋则几乎不可能竖起来. 就像熟鸡蛋能够旋转，而生鸡蛋则不能旋转一样. 英国《自然》杂志中有关文章称：熟鸡蛋在旋转的时候部分能量在蛋壳与桌面之间的摩擦力作用下转换成为一个水平方向的推力使熟鸡蛋的长轴方向改变（在一系列的摇晃震荡中由水平变为垂直），使推力消失，而生鸡蛋则不能. 在竖鸡蛋时，因为生鸡蛋内核是液态，会吸收部分能量，所以不易倒，熟鸡蛋则不能，所以熟鸡蛋几乎不能竖起来.

2. 超椭球体

图 3.3.13 中的 6 个立体为超椭球面所围成的立体，超椭球面的方程为

$$\left(\sqrt{\frac{x^2+y^2}{a^2}}\right)^n+\left|\frac{z}{b}\right|^n=1$$

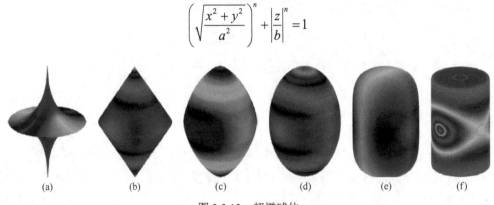

(a)　　　　(b)　　　　(c)　　　　(d)　　　　(e)　　　　(f)

图 3.3.13　超椭球体

图 3.3.13（a），参数值为 $a=1,b=2,n=0.5$；图 3.3.13（b），参数值为 $a=1,b=2,n=1$；图 3.3.13（c），参数值为 $a=1,b=2,n=1.5$；图 3.3.13（d），参数值为 $a=1,b=2,n=2$；图 3.3.13（e），参数值为 $a=1,b=2,n=4$；图 3.3.13（f），参数值为 $a=1,b=2,n=64$.

赏析　超椭球体是旋转曲面，是由 xOz 平面上的曲线 $\left|\frac{x}{a}\right|^n+\left|\frac{z}{b}\right|^n=1$，绕 z 轴旋转而成，或由 yOz 平面上的曲线 $\left|\frac{y}{a}\right|^n+\left|\frac{z}{b}\right|^n=1$，绕 z 轴旋转而成. 若将超椭球体方程中的参数 a,b 固定，则超椭球体的形状随参数 n 变化时可分为 3 类：当 $n<1$ 时，形状类似于伪球面所围立体，图 3.3.13（a）所示；当 $n=1$ 时，形状如图 3.3.13（b）所示，是两个相同的圆锥体拼起来的立体；当 $1<n<2$ 时，形状如图 3.3.13（c）所示；当 $n=2$ 时，形状如图 3.3.13（d）所示，为旋转椭球体；当 $2<n<\infty$ 时，形状如图 3.3.13（e）所示，像胶囊；当 $n\to\infty$ 时，极限形状为圆柱体，如图 3.3.13（f）所示. 其中 $n=1$ 和 $n=2$ 时的曲面为这 3 类曲面之间的临界曲面.

3. 牙齿

在四次方程 $x^4+y^4+z^4+a(x^2+y^2+z^2)^2+b(x^2+y^2+z^2)+c=0$ 中，当参数 a,b,c 取不同值时，可得到几种形状的图形. 图 3.3.14 给出了其中的 6 幅图形，其中图 3.3.14（c）和图 3.3.14（d）像人的牙齿图形.

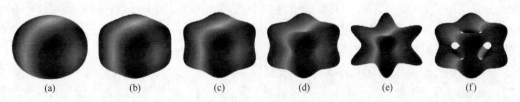

(a)　　　　(b)　　　　(c)　　　　(d)　　　　(e)　　　　(f)

图 3.3.14　牙齿

图 3.3.14（a），参数值为 $a=1,b=0,c=-1$；图 3.3.14（b），参数值为 $a=0,b=0,c=-1$；图 3.3.14（c），参数值为 $a=0,b=-2,c=-1$；图 3.3.14（d），参数值为 $a=0,b=-2,c=1$；图 3.3.14（e），参数值为 $a=-0.25,b=-2,c=0$；图 3.3.14（f），参数值为 $a=0,b=-2.5,c=2.5$.

4. 造型气球

造型气球的方程为

$$(x^2+y^2+z^2)^n+a(x^2+y^2-kz^2)^m+b(y^2+z^2-kx^2)^m+c(z^2+x^2-ky^2)^m+d=0，$$

当 7 个参数取不同值时，可得各种不同形状的气球. 图 3.3.15 给出了 6 种造型气球.

图 3.3.15（a），参数值 $n=3,a=-20,b=0,c=0,k=1,m=2,d=-120$；

图 3.3.15（b），参数值 $n=2,a=-25,b=0,c=0,k=2,m=2/3,d=-20$；

图 3.3.15（c），参数值 $n=2,a=-7,b=0,c=0,k=1.5,m=2/5,d=4$；

图 3.3.15（d），参数值 $n=3,a=-2,b=-2,c=0,k=2,m=2,d=-1$；

图 3.3.15（e），参数值 $n=2,a=-25,b=-25,c=-25,k=1,m=2/3,d=32$；

图 3.3.15（f），参数值 $n=2,a=-8,b=-8,c=-8,k=1.5,m=2/5,d=20$.

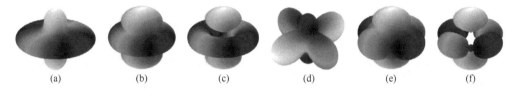

(a)　　(b)　　(c)　　(d)　　(e)　　(f)

图 3.3.15　各种造型气球

3.3.3　多个闭曲面所围空间立体

1. 球缺

一个球被平面截下的一部分叫作球缺，截面叫作球缺的底面，垂直于截面的直径被截下的线段长叫作球缺的高，球缺表面中的曲面部分称为球冠. 如图 3.3.16 所示.

设球的半径为 R，球缺的高为 H，则

球冠面积 $S=2\pi RH$，

球缺体积 $V=\pi H^2\left(R-\dfrac{H}{3}\right)$.

若球缺的高为 H，截面直径为 D，则球缺体积 $V=\dfrac{\pi H(3D^2+4H^2)}{24}$.

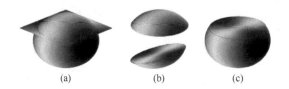

(a)　　(b)　　(c)

图 3.3.16　球缺

图 3.3.16 中的球缺是在 MathGS 的"空间立体"模块中绘制. 球面方程为 $x^2+y^2+z^2-4=0$；

平面方程为 $z-1=0$．图 3.3.16（a），没有消去曲面上的多余部分，并画出了球面与平面的交线．图 3.3.16（b），即为球缺．在绘制球缺时，球面取负侧，平面取正侧．图 3.3.16（c），为球去掉球缺后剩余部分．在绘制时，球面取负侧，平面也取负侧．

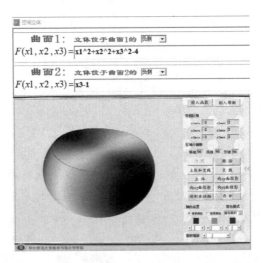

图 3.3.17　在"空间立体"中绘制球缺

图 3.3.17 为图 3.3.16（c）在"空间立体"工具中绘制时的方程及各种参数的输入．

2. 球锥体

球锥体是球面和圆锥面所围成的立体，是球体被圆锥面挖出的部分，其侧面为圆锥面，顶为球面．球锥体由一个圆锥和一个球缺构成，因此其体积等于圆锥的体积加球缺的体积．如图 3.3.18（b）所示．

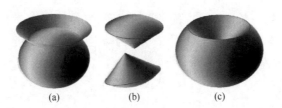

(a)　　　　　(b)　　　　　(c)

图 3.3.18　球锥体

图 3.3.18（a）中，球面方程为 $x^2+y^2+z^2-8=0$，圆锥面方程为 $z-\sqrt{x^2+y^2}=0$，顶点在坐标原点，对称轴为 z 轴．图 3.3.18（b）即为球锥体，在 MathGS 的"空间立体"模块中绘制，球面取负侧，圆锥面取正侧．图 3.3.18（c）球体挖掉球锥体后剩下的立体，在绘制时，球面取负侧，圆锥面也取负侧．

3. 球柱体

球柱体就是球体被圆柱面截下的部分立体，球与柱的位置不同，所得的球柱体的形状也不同．如图 3.3.19（b）所示的球柱体，圆柱面的对称轴过球心，此时，球柱体由圆柱体与两个球缺构成．

图 3.3.19（a）中，球面方程为 $x^2+y^2+z^2-4=0$，圆柱面方程为 $x^2+y^2-1=0$. 图 3.3.19（b）即为球柱体，在 MathGS 的"空间立体"模块中绘制，球面取负侧，圆柱面也取负侧. 图 3.3.19（c）球体挖掉球柱体后剩下的立体，在绘制时，球面取负侧，圆锥面取正侧.

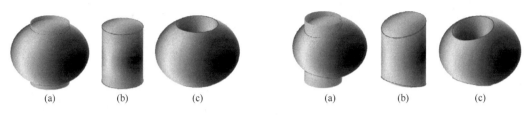

图 3.3.19　球柱体一　　　　　　　　　　图 3.3.20　球柱体二

图 3.3.20（a）中，球面方程为 $x^2+y^2+z^2-4=0$，圆柱面方程为 $\left(x-\dfrac{1}{2}\right)^2+y^2-1=0$，圆柱面的对称轴不过原点. 图 3.3.20（b）即为球柱体，在 MathGS 的"空间立体"模块中绘制，球面取负侧，圆柱面也取负侧. 此时的球柱体由三个曲面围成：侧面为圆柱面，上下曲面为球面上的一小块曲面，并且这一小块曲面不是球冠. 图 3.3.20（c）球体挖掉球柱体后剩下的立体，在绘制时，球面取负侧，圆锥面取正侧.

图 3.3.21 中的球柱体称为维维安尼体，球与柱的交线称为维维安尼曲线. 球的方程为 $x^2+y^2+z^2-4=0$，圆柱面方程为 $(x-1)^2+y^2-1=0$.

维维安尼是意大利数学家和物理学家，生于意大利佛罗伦萨. 维维安尼是伽利略晚年的得意门生和亲密助手，他以维维安尼定理和维维安尼曲线为世人所知. 维维安尼和托里拆利在 1643 年提出了气压概念，并发明了水银气压计.

维维安尼曲线的一般方程为 $\begin{cases} x^2+y^2+z^2=4a^2 \\ (x-a)^2+y^2=a^2 \end{cases}$，参数方程为

$$\begin{cases} x=a+a\cos\theta \\ y=a\sin\theta \\ z=2a\sin\dfrac{\theta}{2} \end{cases} \quad (-2\pi\leqslant\theta\leqslant 2\pi)$$

维维安尼体的体积为 $V=\dfrac{32}{3}\left(\dfrac{\pi}{2}-\dfrac{2}{3}\right)a^3$，表面积为 $S=8\pi a^2$.

4. 两球面体

两球面体就是两个相交的球所围立体. 图 3.3.22 中的（b）和（d）为两个两球面体. 图 3.3.22（a）中的两个球面方程为分别为 $x^2+y^2+(z-0.7)^2-1=0,x^2+y^2+(z+0.7)^2-1=0$，它们所围成的两球面体为图 3.3.22（b）. 图 3.3.22（c）中的两个球面方程为分别为

$$x^2+y^2+(z-0.1)^2-1=0,x^2+y^2+(z+0.1)^2-1=0$$

它们所围成的两球面体为图 3.3.22（d）.

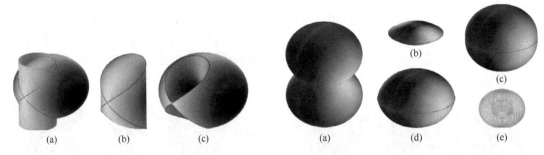

图 3.3.21　球柱体二——维维安尼体　　　　　　图 3.3.22　两球面体

赏析　两球面体的大小与形状只与两球的半径和两球球心间的距离有关，而与两球的摆放位置无关. 两球面体的大小与两球球心距离成反比，距离越小，两球面体越大，当距离等于零时，两球面体达到最大. 此时，若两球的半径相等，则两球面体即为球体；若半径不相等，则两球面体为一个大球中挖掉一个小球所成立体，也就是球壳，如图 3.3.22（d）所示.

5. 多球面体

多球面体是由多个球面所围成的立体. 图 3.3.23 给出了一个三球面体，图 3.3.24 给出了一个四球面体.

图 3.3.23（a）中的三球的球心构成一个正三角形，具体方程分别为

$$(x-a)^2+y^2+z^2=4a^2 \quad (x+a)^2+y^2+z^2=4a^2 \quad x^2+y^2+(z-\sqrt{3}a)^2=4a^2$$

图 3.3.23（b）画出了球面间交线的三球面体. 图 3.3.23（c）和图 3.3.23（d）均为三球面体，只是着色模式不同，图 3.3.23（c）将三个球面当成一个曲面进行着色，其优点是整体性强，颜色协调，其缺点是立体感不强，不易看清立体的结构；图 3.3.23（d）中，将三球面体的三个球面分别用纯色进行填充，使得立体的结构更清晰.

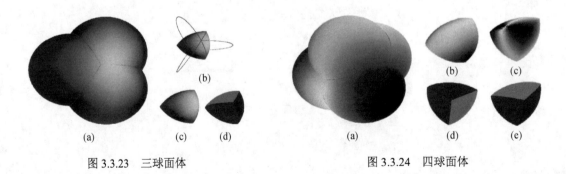

图 3.3.23　三球面体　　　　　　　　　　图 3.3.24　四球面体

图 3.3.24（a）为围成四球面体的四个球面，它们的半径相等，球心构成一个正四面体，其方程分别为

$$x^2+(y-a)^2+z^2=4a^2,\ x^2+(y+a)^2+z^2=4a^2$$

$$\left(x-\sqrt{3}a\right)^2+y^2+z^2=4a^2,\left(x-\frac{\sqrt{3}}{3}a\right)^2+y^2+\left(z-\frac{2\sqrt{6}}{3}a\right)^2=4a^2$$

图 3.3.24（b）和图 3.3.24（c）为四球面体从不同的视角所看到的视图. 图 3.3.24（d）和图 3.3.24（e）也为四球面体从不同的视角所看到的视图，在此，为了使四球面体的结构更清晰，将四个球面分别用红、绿、蓝、灰等四种颜色进行着色处理.

6. 两柱面体

两柱面体是指两个直交的圆柱面所围成的立体. 如图 3.3.25 所示.

图 3.3.25（a）中两个圆柱面的方程为 $x^2 + y^2 - 1 = 0$，$x^2 + z^2 - 1 = 0$，均取负侧，在 MathGS 的"空间立体"模块中绘制. 图 3.3.25（b）和图 3.3.25（c）均为两柱面体，两个柱面用相同的着色模式着色，图 3.3.25（b）中绘制了两柱面的交线. 图 3.3.25（d）将围成立体的两个柱面分别用两种不同的颜色进行着色，这样使得立体的结构更清楚. 图 3.3.25（e）为位于第一封限的八分之一的两柱面体.

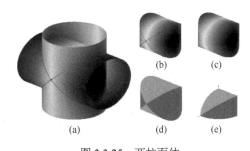

图 3.3.25　两柱面体

7. 三柱面体

三柱面体是指三个直交的圆柱面所围成的立体. 如图 3.3.26 所示.

图 3.3.26（a）中三个圆柱面的方程为 $x^2 + y^2 - 1 = 0$，$x^2 + z^2 - 1 = 0$，$y^2 + z^2 - 1 = 0$，均取负侧，在 MathGS 的"空间立体"模块中绘制. 图 3.3.26（b）和图 3.3.26（c）为三柱面体，图 3.3.26（b）中围成三柱面体的三个圆柱面用相同的着色模式着色，因而立体的结构不太清晰，而图 3.3.26（c）中围成三柱面体的三个圆柱面分别用红、绿、蓝三种颜色进行着色，使得立体的结构更清楚. 从图 3.3.26（c）可以看出三柱面体是一个 12 曲面体，即由 12 块曲面围成，三个圆柱面上各有 4

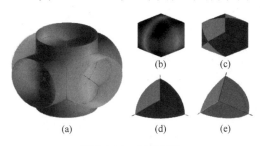

图 3.3.26　三柱面体

块. 图 3.3.26（d）和图 3.3.26（e）均为位于第 1 封限中的部分，图 3.3.26（d）为视点在 (3,3,3) 处的视图，图 3.3.26（e）为视点在 (−3,−3,3) 处的视图. 由对称性可知，三个坐标面将三柱面体分割成 8 个大小相同的部分，分别位于 8 个封限.

8. 金元宝

"金元宝"是旋转抛物面和抛物柱面所围立体，因形状像古代的"金元宝"而得名. 如图 3.3.27（b）所示.

图 3.3.27（a）中，旋转抛物面的方程为 $x^2 + y^2 - z = 0$，抛物柱面的方程为 $0.35y^2 - z + 2 = 0$. 图 3.3.27（b）为"金元宝"图形，在 MathGS 的"空间立体"模块中绘制，旋转抛物面取负侧，抛物柱面取正侧，绘图区域为 $[-2,2] \times [-2,2] \times [0,3.5]$. 图 3.3.27（c）和图 3.3.27（d）为用 xOz 面和 yOz 面将金元宝切掉了一半.

图 3.3.27 中的"金元宝"的底部是尖的，因而放不稳，与实际的"金元宝"不符. 下面对

其进行改造，得到平底"金元宝"．只需将旋转抛物面改成方口抛物面：$x^4 + y^4 - z = 0$，再对"金元宝"的形状进行微调即得图 3.3.28 所示的"金元宝"．

图 3.3.28（a）中，方口抛物面方程为 $0.8(x^4 + 3y^4) - z = 0$，抛物柱面方程为 $0.4x^2 - z + 1 = 0$．图 3.3.28（b）为"小金元宝"，在 MathGS 的"空间立体"模块中绘制，方口抛物面取负侧，抛物柱面取正侧，绘图区域为 $[-2,2] \times [-2,2] \times [0,3]$．

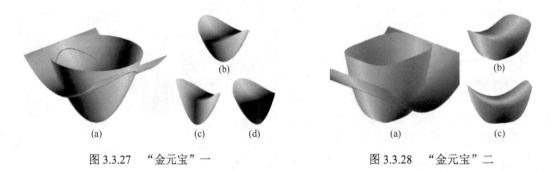

图 3.3.27 "金元宝"一 图 3.3.28 "金元宝"二

图 3.3.28（c）为"大金元宝"，在 MathGS 的"空间立体"模块中绘制，方口抛物面方程为 $0.8\left(\dfrac{x^4}{4} + y^4\right) - z = 0$，取负侧，抛物柱面方程为 $0.35x^2 - z + 1.5 = 0$，取正侧，绘图区域为 $[-2, 2.3] \times [-2, 2.3] \times [0, 3.2]$．

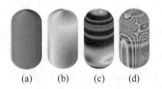

图 3.3.29 胶囊体一

9. 胶囊体

如图 3.3.29 所示的胶囊体由一个圆柱面和两个单球面围成，其方程分别为

圆柱面的参数方程为 $\begin{cases} x = \cos u \\ y = \sin u \\ z = v \end{cases}$ $\begin{pmatrix} 0 \leqslant u \leqslant 2\pi \\ -1.5 \leqslant v \leqslant 1.5 \end{pmatrix}$

上半球面的参数方程为 $\begin{cases} x = \sin u \cos v \\ y = \sin u \sin v \\ z = 1.5 + \cos u \end{cases}$ $\begin{pmatrix} 0 \leqslant u \leqslant \dfrac{\pi}{2} \\ 0 \leqslant v \leqslant 2\pi \end{pmatrix}$

下半球面的参数方程为 $\begin{cases} x = \sin u \cos v \\ y = \sin u \sin v \\ z = -1.5 + \cos u \end{cases}$ $\begin{pmatrix} \dfrac{\pi}{2} \leqslant u \leqslant \pi \\ 0 \leqslant v \leqslant 2\pi \end{pmatrix}$

在 MathGS 的"空间曲面"模块中依次绘制上述三个曲面，并将这三个曲面的基颜色均设置成绿色，即得图 3.3.29（a），然后依次将着色模式设置成 3，5 和 9，则得到图 3.3.29（b），图 3.3.29（c）和图 3.3.29（d）所示的胶囊体．

图 3.3.29 所示的胶囊体由三个曲面围成，那么能不能用一个方程画胶囊体呢？答案是肯定的．胶囊体是一个旋转体，因此只要能找到如图 3.3.30（a）所示的关于坐标轴对称的平面图形的方程即可．图 3.3.30（a）所示的图形绕对称轴旋转一周即得图 3.3.30（c）和图 3.3.30（d）所示的胶囊体．

现在的问题是图 3.3.30（a）的直角坐标方程是什么．编者在设计"圆锥曲线定义"工具时，发现了该曲线的直角坐标方程. 设动点 $P(x,y)$ 到两定点 $A(-a,0)$、$B(a,0)$ 的距离为 d_1,d_2，令 $d_1 \cdot d_2 = C$，$C>0$ 为常数. 则当 $C<a^2$ 时，图形为包围 A、B 两个定点的两个蛋圆曲线；当 $C=a^2$ 时，图形为著名的伯努利双纽线；当 $C>a^2$ 时，便可得到图 3.3.30（a）所示的曲线，其方程为

$$((x-1.25)^2+y^2)((x+1.25)^2+y^2)=9$$

由方程可知，曲线 3.3.30（a）关于 x 轴对称. 将曲线 3.3.30（a）绕 x 轴旋转一周，所得旋转曲面即为胶囊体（c）和（d），其方程为

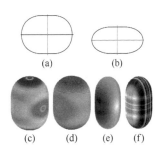

图 3.3.30 胶囊体二

$$((x-1.25)^2+y^2+z^2)((x+1.25)^2+y^2+z^2)=9$$

胶囊体（c）和（d）太"胖"了，与我们生活中见到的胶囊体如感冒药胶囊形状等胖多了，如何给它"减肥瘦身"呢？只需将曲线 3.3.30（a）瘦身成曲线 3.3.30（b）即可. 将曲线 3.3.30（a）的方程中的 y 替换为 ky $(k>1)$，即可实现对曲线 3.3.30（a）的"瘦身". 因为若在曲线 3.3.30（a）中有 $|y| \leqslant y_0$，即 $|ky| \leqslant y_0$，则 $|y| \leqslant \dfrac{y_0}{k}$，且有 $\dfrac{y_0}{k}<y_0$，故在新图形中 y 的范围缩小了，从而实现了 y 轴方向的压缩. 曲线 3.3.30（b）的方程就是由曲线 3.3.30（a）的方程这么变换而来，方程为

$$((x-1.25)^2+2y^2)((x+1.25)^2+2y^2)=9.$$

"瘦身"后的胶囊体 3.3.30（e）和 3.3.30（f）的方程为

$$((x-1.25)^2+2y^2+2z^2)((x+1.25)^2+2y^2+2z^2)=9.$$

赏析 图 3.3.29 中的胶囊体是在 MathGS 的"空间曲面"中依次画出上半球面、圆柱面和下半球面而得到，但从填充的纹理上根本看不出是由三个曲面拼成的立体，反而像由一个方程绘制而成. 这就是数学的神奇之处.

10. 劈锥体

劈锥体有多种形状，图 3.3.31 中的劈锥体是将圆柱体切割而成，也可看成是由圆柱面、V 型曲面和平面围成，其轴为 x 轴. 圆柱面的方程为 $x^2+y^2-1=0$，取负侧；V 型曲面的方程为 $z+2.5|y|-2.51=0$，取负侧；平面的方程为 $z=0$，取正侧，绘图区域为 $[-1,1]\times[-1,1]\times[0,2.5]$.

图 3.3.31（a）为围成劈锥体的三个完整曲面，图 3.3.31（b）和图 3.3.31（c）为从两个不同角度所看到的劈锥体，图 3.3.31（d）为用垂直于劈锥体轴的平面截劈锥体时所得的截面，截面上方为一个等腰三角形，下方为一个矩形.

第二种形状的劈锥体如图 3.3.32 所示.

图 3.3.32 中的劈锥体在 MathTools 的"劈锥体"工具中绘制，图 3.3.32（a）和图 3.3.32（b）为从两个不同角度所看到的劈锥体，其底为圆 $x^2+z^2=4$，高为 $y=5$，轴为 x 轴. 图 3.3.32（c）为与轴垂直的平面截劈锥体所得截面为等腰三角形. 图 3.3.32（d）为刀口有缺口的劈锥体，其底为椭圆 $\dfrac{x^2}{9}+\dfrac{z^2}{4}=1$，高为 $y=5+0.5\sin 3x$.

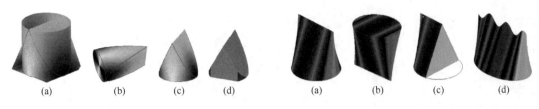

图 3.3.31　劈锥体一　　　　　　　　　　图 3.3.32　劈锥体二

第三种形状的劈锥体如图 3.3.33 所示. 在图 3.3.33 中, 劈锥体 3.3.33（a）由正劈锥面和平面围成, 正劈锥面的方程为 $\dfrac{x^2}{16}+\dfrac{y^2}{z^2}-1=0$, 取负侧, 平面的方程为 $z-5=0$, 取负侧, 绘图区域为 $[-4,4]\times[-5,5]\times[0,5]$. 图 3.3.33（b）为与劈锥体轴垂直的平面截劈锥体的截面, 该截面为等腰三角形.

对于劈锥体（a）, 由于其截面中的等腰三角形的顶角过大, 使得该劈锥体契入待劈物体时所受阻力很大, 造成契入困难. 而劈锥体（c）则容易契入得多, 那么如何将劈锥体（a）瘦身成劈锥体（c）呢? 方法还是用胶囊体瘦身方法: 将劈锥体中正劈锥面方程中的 y 用 ky $(k>1)$ 替换, 在这里瘦身方向还是 y 方向. 由此方法设计的劈锥体（c）中的正劈锥面方程为 $\dfrac{x^2}{4}+\dfrac{4y^2}{z^2}-1=0$, 劈锥体（c）中的平面方程为 $z-4=0$.

3.3.4　曲顶柱体

1. 半球面曲顶柱体

曲顶柱体是指底为 xOy 面上的平面区域, 侧面是以底域的边界曲线为准线, 母线平行于 z 轴, 顶是空间曲面的立体. 半球面曲顶柱体是指顶是半球面的曲顶柱体, 如图 3.3.34 所示.

图 3.3.33　劈锥体三　　　　　　　　　图 3.3.34　半球面曲顶柱体

在图 3.3.34 中, 曲顶柱体（a）的底域为 $x^2+y^2\leqslant 1$, 曲顶（半球面）方程为 $z=1+\sqrt{1-x^2-y^2}$. 曲顶柱体（b）是曲顶柱体（a）的透视图. 曲顶柱体（c）的底域为 $x^2+y^2\leqslant 1$, 曲顶（半球面）方程为 $z=2-\sqrt{1-x^2-y^2}$. 曲顶柱体（d）是曲顶柱体（c）的透视图.

2. 锥面曲顶柱体

锥面曲顶柱体是指顶为圆锥面的曲顶柱体, 如图 3.3.35 所示.

在图 3.3.35 中, 曲顶柱体（a）的底域为 $x^2+y^2\leqslant 1$, 曲顶（圆锥面）方程为 $z=2-\sqrt{x^2+y^2}$. 曲顶柱体（b）是曲顶柱体（a）的透视图. 曲顶柱体（c）的底域为 $x^2+y^2\leqslant 1$, 曲顶（圆锥面）方程为 $z=1+\sqrt{x^2+y^2}$. 曲顶柱体（d）是曲顶柱体（c）的透视图.

3. 旋转抛物面曲顶柱体

旋转抛物面曲顶柱体是指曲顶为旋转抛物面的曲顶柱体，如图 3.3.36 所示.

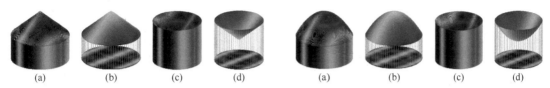

图 3.3.35　圆锥面曲顶柱体　　　　　　　　图 3.3.36　旋转抛物面曲顶柱体

在图 3.3.36 中，曲顶柱体（a）的底域为 $x^2+y^2 \leqslant 1$，曲顶（旋转抛物面）方程为 $z=2-(x^2+y^2)$.曲顶柱体（b）是曲顶柱体（a）的透视图.曲顶柱体（c）的底域为 $x^2+y^2 \leqslant 1$，曲顶（旋转抛物面）方程为 $z=1+x^2+y^2$.曲顶柱体（d）是曲顶柱体（c）的透视图.

赏析　图 3.3.33、图 3.3.35 和图 3.3.36 中的曲顶柱体（a），形状像蒙古族居住的蒙古包.

4. 抛物柱面曲顶柱体

曲顶为抛物柱面的曲顶柱体称为抛物柱面曲顶柱体，如图 3.3.37 所示.

在图 3.3.37 中，曲顶柱体（a）的底域为矩形域 $[-1,1] \times [-2,2]$，曲顶（抛物柱面）方程为 $z=2-x^2$.曲顶柱体（b）是曲顶柱体（a）的透视图.曲顶柱体（c）的底域为矩形域 $[-1,1] \times [-2,2]$，曲顶（抛物柱面）方程为 $z=1+x^2$.曲顶柱体（d）是曲顶柱体（c）的透视图.

赏析　图 3.3.37 中的曲顶柱体（a）像建筑中工业用房中的房子图形，曲顶柱体（c）像开凿的水渠.

5. 正态曲面曲顶柱体

曲顶为二维正态分布的密度函数的曲顶柱体称为正态曲面曲顶柱体，如图 3.3.38 所示.

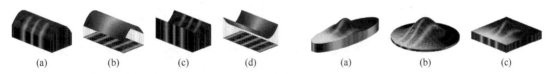

图 3.3.37　抛物柱面曲顶柱体　　　　　　　图 3.3.38　正态曲面曲顶柱体

在图 3.3.38 中，曲顶柱体（a）的底为椭圆域 $\dfrac{x^2}{9}+y^2=1$，曲顶方程为 $z=0.75+\mathrm{e}^{-\frac{x^2+y^2}{2}}$.曲顶柱体（b）的底为圆域 $x^2+y^2=9$，曲顶方程为 $z=0.2+\mathrm{e}^{-\frac{x^2+y^2}{2}}$.曲顶柱体（c）的底为矩形域 $[-3,3] \times [-3,3]$，曲顶方程为 $z=0.75+\mathrm{e}^{-\frac{x^2+y^2}{2}}$.

赏析　图 3.3.38 中的曲顶柱体（a）像一条小船，曲顶柱体（b）像一顶斗笠，曲顶柱体（c）像一个沙盘.

6. "丛山峻岭"（一）

"丛山峻岭"（一）是如图 3.3.39 所示的曲顶柱体.图 3.3.39（a）的曲顶方程为 $z=2+1.5\sin\dfrac{x^2}{2}\sin\dfrac{y^2}{2}$，

图 3.3.39（b）的曲顶方程为 $z=2+1.5\sin\dfrac{x^5}{10}\sin\dfrac{y^5}{10}$，它们的底均为矩形域 $[-\pi,\pi]\times[-\pi,\pi]$.

7. "丛山峻岭"（二）

"丛山峻岭"（二）也是一种曲顶柱体，如图 3.3.40 所示. 图 3.3.40（a）的曲顶方程为 $z=2+1.5\cos\dfrac{x^2}{2}\cos\dfrac{y^2}{2}$，图 3.3.40（b）的曲顶方程为 $z=2+1.5\cos\dfrac{x^5}{10}\cos\dfrac{y^5}{10}$，它们的底均为矩形域 $[-\pi,\pi]\times[-\pi,\pi]$.

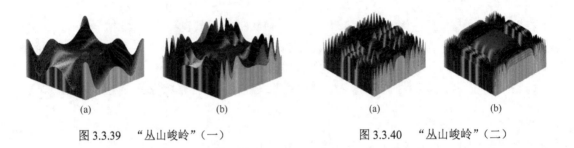

图 3.3.39   "丛山峻岭"（一）　　　　　　图 3.3.40   "丛山峻岭"（二）

8. 极限曲面曲顶柱体

极限曲面曲顶柱体是指曲顶柱体的曲顶是极限曲面，而极限曲面是指曲面的方程以重要极限公式为原型设计出来的. 下面给出 3 类精彩的极限曲面曲顶柱体.

图 3.3.41 所示的极限曲面曲顶柱体因其形状像寺庙中的塔，编者在此故称为"宝塔". "宝塔"（a）的底为半径为 π 的圆域，曲顶方程为 $z=2+\dfrac{1.5\sin(x^2+y^2)}{x^2+y^2}\cdot\dfrac{\sin 3\sqrt[5]{x^2+y^2}}{\sin\sqrt[5]{x^2+y^2}}$. "宝塔"（b）的底域为矩形域 $[-\pi,\pi]\times[-\pi,\pi]$，曲顶方程为 $z=2+\dfrac{1.5\sin(2-|x|)(2-|y|)(x^2+y^2)}{x^2+y^2}$. "宝塔"（c）的底为半径为 π 的圆域，曲顶方程为 $z=2+\dfrac{1.25\arctan(2-\sqrt[3]{x^6})(2-\sqrt[3]{y^6})(x^2+y^2)}{x^2+y^2}$.

图 3.3.42 所示的极限曲面曲顶柱体因其形状像"电视塔"而得名. "电视塔"（a）和（b）的底域均为矩形域 $[-\pi,\pi]\times[-\pi,\pi]$，"电视塔"（c）和（d）的底域均为半径为 π 的圆域，曲顶方程分别为

电视塔（a）：$z=2+\dfrac{\sin 2\sqrt[8]{x^8+y^8}}{\sqrt[4]{x^8+y^8}}$；电视塔（b）：$z=2+\dfrac{\sin 2\sqrt[8]{x^8+y^8}}{\sqrt[6]{x^8+y^8}}$；

电视塔（b）：$z=2+\dfrac{\sin 2\sqrt[8]{x^8+y^8}}{\sqrt[6]{x^8+y^8}}$；电视塔（d）：$z=2+\dfrac{\sin 3\sqrt[8]{x^8+y^8}}{\sqrt[6]{x^8+y^8}}$.

图 3.3.43 所示的极限曲面曲顶柱体因其形状像"印章"而得名. 这 4 个印章的底域都是半径为 π 的圆域，曲顶的方程分别为

印章（a）：$z=1+\dfrac{\arctan 2(x^8+y^8)}{x^8+y^8}$；印章（b）：$z=1+\dfrac{\arctan((3-x^2-y^2)(x^8+y^8))}{x^8+y^8}$；

印章（c）：$z = 1 + \dfrac{\arctan((x^2 + y^2 + 1)(x^8 + y^8))}{x^8 + y^8}$；印章（d）：$z = 1 + \dfrac{\mathrm{asin}\, 2(x^8 + y^8)}{x^8 + y^8}$.

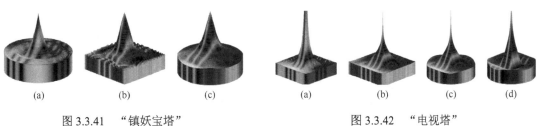

图 3.3.41　"镇妖宝塔"　　　　　　　　　图 3.3.42　"电视塔"

图 3.3.43　印章

印章（d）的方程中，$a\sin x = \begin{cases} \arcsin x, & |x| \leqslant 1 \\ 0, & |x| > 1 \end{cases}$.

　　图 3.3.43 中的 4 个印章都是圆形的，只要将底域设置成矩形、椭圆，便可绘制矩开印章和椭圆形印章.

　　图 3.3.44 中的极限曲面曲顶柱体的名称也是因其形状像"钢钉"而得名. 它们的底域都是半径为 π 的圆域，曲顶的方程分别为

图 3.3.44　巨型钢钉

巨型钢钉（a）：$z = 2 + \dfrac{1.5\sin(2 - |x|)(2 - |y|)(x^8 + y^8)}{x^8 + y^8}$；

巨型钢钉（b）：$z = 2 + \dfrac{1.5\sin(2 - |x + y|)(2 - |x - y|)(x^8 + y^8)}{x^8 + y^8}$；

巨型钢钉（c）：$z = 1.2 + \dfrac{1.5\arctan(2 - 1.3\sqrt[5]{x^4})(2 - 1.3\sqrt[5]{y^4})(x^8 + y^8)}{x^8 + y^8}$.

　　赏析　利用重要极限公式可以设计出很多非常精彩的极限曲面，再辅之以其他曲面使之成为立体（比如曲顶柱体），则所得立体图形就能惟妙惟肖地描述实现生活中的某些实物. 这说明，数学不仅能揭示自然界中的很多现象的内在规律，也能形象地描述自然界.

3.3.5　球体艺术

　　在平面上作画，画布可以是矩形、菱形、圆形等；在空间上作画，可以用球面作画布. 利用空间曲面的着色算法，可以在球面上画出很多非常漂亮的艺术图.

　　1. 参数球体艺术图

　　下面 5 幅图是用半径为 2 的球的参数方程在 MathGS 的"空间曲面"模块中绘制.

　　图 3.3.45 的着色模式为 2，渐变系数为 0. 该图将编者设计的平面脸谱映射到球面上. 方法是将脸谱上的每一点的横坐标和纵坐标代入球面的直角坐标方程计算出竖坐标，可以得到正负两个竖坐标. 这 3 个数可以构成球面上的 6 个点：（横坐标，纵坐标，±竖坐标）、（横坐标，±竖坐标，纵坐标）、（±竖坐标，横坐标，纵坐标）. 这 6 个点分别生成 z 轴方向、y 轴方向、x 轴方向的各 2 个脸谱，共 6 个脸谱.

　　图 3.3.46 的着色模式为 5，渐变系数为 0.

　　图 3.3.47 的着色模式为 8，渐变系数为 0.

　　图 3.3.48 的着色模式为 9，渐变系数为 2.5.

　　图 3.3.49 的着色模式为 13，渐变系数为 0.5.

图 3.3.45　参数球体艺术图（一）

图 3.3.46　参数球体艺术图（二）

图 3.3.47　参数球体艺术图（三）

图 3.3.48　参数球体艺术图（四）

2. 隐式球体艺术图

　　下面 5 幅图是用半径为 2 的球的直角坐标方程在 MathGS 的"隐式曲面"模块中绘制.

　　图 3.3.50 的着色模式为 4，渐变系数为 2.56.

　　图 3.3.51 的着色模式为 5，渐变系数为 0.5.

　　图 3.3.52 的着色模式为 8，渐变系数为–3.

　　图 3.3.53 的着色模式为 10，渐变系数为 5.

图 3.3.54 的着色模式为 12，渐变系数为 5.

图 3.3.49　参数球体艺术图（五）

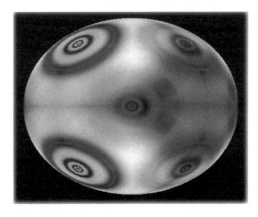

图 3.3.50　隐式球体艺术图（一）

图 3.3.51　隐式球体艺术图（二）

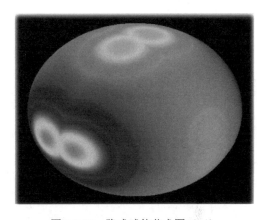

图 3.3.52　隐式球体艺术图（三）

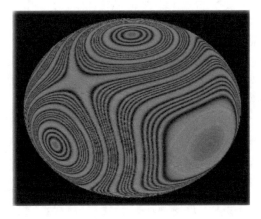

图 3.3.53　隐式球体艺术图（四）

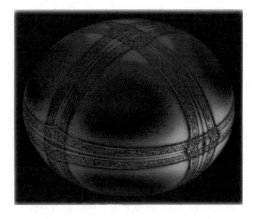

图 3.3.54　隐式球体艺术图（五）

扫码见 3.3 节中部分彩图

第4章

分　形

4.1　分　形　理　论

4.1.1　分形理论概述

　　分形理论是非线性科学的重要分支之一，在分形造型、自然景物模拟以及图像压缩等方面具有广泛的应用，随着图形学和软硬件技术的迅速发展，分形理论的研究和应用逐渐受到人们重视. 对具有分形特征的场景建立分形模型、分形图像的生成方法及分形变形技术等分形图形学关键技术的研究也逐渐趋于成熟，使分形图形学成为计算机图形学中重要的研究领域之一.

　　两千多年前希腊人欧几里得创立几何学后，人们对某个数学的集合，总是习惯于在欧几里得空间对其进行研究和度量，比如，有限个点属于 0 维空间，一条线段或者平面上的曲线属于一维空间，一个有限平面属于二维空间，有限的空间几何体属于三维空间，通常欧几里得空间的维数是一个整数. 但是在 1 个世纪以前，相继出现了一些无法用传统欧几里得几何语言描述的“数学怪物”，典型的有科赫曲线、谢尔宾斯基三角形、康托尔集. 根据传统欧几里得理论，它们的度量要么为无穷大，要么为零. 同样在自然界，气象学家 Richardson 在测量英国西海岸线长度时发现绘制地图的比例尺由小变大时，海岸线的长度却变得越来越长了，海岸线的实际长度无法确定. 也就是说自然界的某些现象是不能用欧几里得几何来描述的.

　　70 年代 B. Mandelbrot 提出了分形的概念，创立了分形几何，直观而言，不考虑分形维数，从几何特征观察，Falconer 提出分形具有以下特点.

　　（1）分形集具有精细结构，即有任意小比例（标度）的细节.

　　（2）分形集是如此的不规则，以致它的局部和整体都不能用传统的几何语言来描述.

　　（3）分形集通常有自相似形式，可能是近似的或统计的.

　　（4）分形集有非常简单的定义，可能由迭代算法产生.

　　作为一门新兴的交叉学科，分形学受到非线性学术界的广泛关注和重视. 分形理论主要被用来描述自然界的不规则以及杂乱无章的现象和行为. 分形现象广泛存在于自然科学和社会科学的众多领域，分形几何的应用对自然科学和社会科学的发展产生了深远的影响，正因为如此，人们常说“分形是大自然的几何学”“分形处处可见”.

　　20 世纪 70 年代，自然科学的三大发明是混沌、耗散结构和分形. 分形理论既可以说是现代数学的一个新分支，也可以说是一门有着古老历史渊源的学问. 早在一百多年以前，分形学的初创形式——分形几何学，受到了数学家们的关注，时至今日，分形学的发展已经突破最初几何理论的研究而广泛应用于各类学科和社会生产生活中. 可以认为, 分形学的创立已经成为一次科学革命, 这也是分形理论得以产生和发展的重要原因.

4.1.2　分形图绘制算法

分形几何并没有类似于欧氏几何的几何图元（点、直线、圆等）, 假若存在一种基本图元, 根据分形几何的无限自相似性, 可将此图元放大, 从而图元在更低尺度下呈现出更精细的细节, 而且形状异于图元, 因此势必存在另一种图元, 可用于构建原先图元, 同理, 在更深尺度下, 又被新图元替换, 因此在趋于无限小尺度下, 没有固定的图元. 计算机所能展示的分形几何体只是一种在某尺度下逼近的图形, 在有限固定的尺度下, 分形体的形状可被确定地观察, 因此可以确定当前尺度下的图元, 最常用的图元是"点", 如混沌中的 Lorenz 奇异吸引子的轨迹是逐点计算连成曲线得到的, 随机 IFS 分形图是利用"混沌游戏"方法逐点变换而来的. 可以说, 分形图形学是计算机图形的分形几何学, 使用算法及数学集表示的分形体在有限精度的计算机下被逼真地模拟出来.

根据分形图绘制原理, 可将分形分为 IFS 迭代函数系统和复迭代分形 2 类.

1. IFS 迭代函数系统

迭代函数系统（iterated function system, IFS）是分形的重要分支. 它是分形图像处理中最富生命力而且最具有广阔应用前景的领域之一. 这一工作最早可以追溯到 Hutchinson 于 1981 年对自相似集的研究. 美国科学家 M.F.Barnsley 于 1985 年发展了这一分形构型系统, 并命名为 IFS 系统, 后来又由 Stephen Demko 等人将其公式化, 并引入到图像合成领域中. IFS 将待生成的图像看作是由许多与整体相似的（自相似）或经过一定变换与整体相似的（自仿射）小块拼贴而成.

IFS 系统绘制分形图的原理是设定迭代函数

$$\begin{cases} x_{n+1} = f(x_n, y_n) \\ y_{n+1} = g(x_n, y_n) \end{cases}$$

和迭代次数 N, 对于选定的初始点 (x_0, y_0), 由迭代函数可得一点列 (x_i, y_i) $(i=1,2,\cdots,N)$. 将这一点列绘制出来即得一分形图.

IFS 系统绘制分形图的关键是迭代函数的设计. 传统 IFS 系统中的迭代函数为一个或多个仿射变换, 即迭代函数均为线性函数. 当然迭代函数可以是非线性函数, 如 Mira 和 Martin 迭代分形即属此类.

2. 复迭代分形

复迭代分形的绘制原理是：设定绘图区域（称为画布）并将其网格化, 每一个格点称为像素点. 在画布上绘图就是要将画布上的所有像素点进行着色, 现在的问题是如何确定每个像素点该着什么颜色. 为此需设计一着色规则, 对于每个像素点由该规则确定该像素点所着颜色.

着色规则一般由复迭代函数和逃逸时间算法构成. 常见的复迭代分形有 Julia 集、Mandelbrot 集、牛顿迭代分形、Nova 迭代分形等.

1）逃逸时间算法

设有一复迭代函数

$$Z_{n+1} = f(Z_n)$$

则对初始点 Z_0，可得一点列 $\{Z_0, Z_1, Z_2, \cdots, Z_n, \cdots\}$，这一点列可能收敛也可能发散，收敛时还有快慢之分，由这一性质可以确定像素点 Z_0 所着颜色，这就是逃逸时间算法的着色原理. 算法具体描述如下.

步骤 1　设置迭代函数、迭代次数 N、逃逸半径 R.

步骤 2　设置颜色索引.

步骤 3　设置绘图区域和分辨率并将绘图区域网格化.

步骤 4　依次扫描所有像素点（绘图区域中的网格点），对每个像素点的坐标执行循环迭代，若在第 $k < N$ 次循环时成功逃逸（$\sqrt{x_k^2 + y_k^2} > R$），则在该像素点着 k 色；若在第 N 次仍未逃逸，则着 N 色.

步骤 5　重复步骤 4 直至扫描完所有像素点.

在算法中，k 称为逃逸时间. 在逃逸时间算法中，像素点的颜色由逃逸时间唯一决定，所绘制的分形图尽管有 N 种颜色，但有时这种分形图的着色效果并不理想. 为了得到更炫丽的分形图，还需要考虑初始点在迭代过程中的更具体的细节.

2）Julia 集的逃逸时间算法

法国数学家 Gaston Julia 在 1918 年写的一篇论文中精确地描述了复平面上二次函数的几何结构，Julia 集合便是由他构造的，其基本函数十分简单，即

$$F(Z) = Z^2 + C$$

也即复数域上的非线性映射：

$$Z \to Z^2 + C$$

只不过这里的 Z 和 C 都是复数. 其迭代过程可以写成：

$$Z_{n+1} = Z_n^2 + C (n = 1, 2, 3, \cdots)$$

给定复数 Z_0 作为初始点，通过上式无数次的迭代得到点列 $\{Z_0, Z_1, Z_2, \cdots\}$.

从逃逸时间算法的角度看，Julia 集的内部收敛于某一点或某几个点，而 Julia 集的外部随着逃逸时间的增加，将发散至 ∞，其逃逸边界便是 Julia 集.

逃逸时间算法就是根据点逃向 ∞ 的速度决定逃逸区中各点的着色. Julia 集的逃逸时间算法的具体步骤如下.

步骤 1　设置迭代次数 N、逃逸半径 R 和 C 值.

步骤 2　设置绘图区域、绘图分辨率，并将绘图区域网格化.

步骤 3　将 $\{1, 2, 3, \cdots, N\}$ 映射到色彩空间.

步骤 4　依次扫描所有像素点，对每个像素点的坐标执行循环迭代，若在第 $k < N$ 次循环时成功逃逸，则在该像素点着 k 色，若在第 N 次仍未逃逸则着 N 色.

步骤 5　重复步骤 4 直至扫描完所有像素点.

将迭代公式中的幂函数推广到其他函数，也可得到非常漂亮的分形图，称之为广义 Julia 集. 本书在下一节中将展示 5 个广义 Julia 集.

3）MAndelbrot 集的逃逸时间算法

Mandelbrot 集是分形理论创始人曼德尔布罗特于 1980 年发现，它的数学表达式与 Julia 集很相像，都是采用复平面上的二维迭代关系

$$Z_{n+1} = Z_n^2 + C$$

不过在构造算法上两者有所不同. Julia 集是给定 C 值，搜索 Z 平面上的绘图区域中的所有像素点，得到一点列，根据这一点列的性质，将初始像素点着色，即得到 Julia 分形. 而 Mandelbrot 集是选择一个初始点 Z_0，让参数 C 遍历参数空间的每个像素点，并进行迭代，得到一点列，根据这一点列的性质，将初始像素点着色，即得到 Mandelbrot 分形. Mandelbrot 集的逃逸时间算法的具体步骤如下.

步骤 1 设置迭代次数 N、逃逸半径 R.

步骤 2 设置绘图区域、绘图分辨率，并将绘图区域（即参数域）网格化.

步骤 3 将 $\{1, 2, 3, \cdots, N\}$ 映射到色彩空间.

步骤 4 依次扫描所有像素点，对每个像素点的坐标执行循环迭代，若在第 $k < N$ 次循环时成功逃逸，则在该像素点着 k 色，若在第 N 次仍未逃逸则着 N 色.

步骤 5 重复步骤 4 直至扫描完所有像素点.

迭代公式中的幂函数也可推广到其他函数，也能得到非常漂亮的分形图，称为广义 Mandelbrot 集. 本章 4.2 节将展示 5 个广义 Mandelbrot 集.

4）牛顿迭代分形的逃逸时间算法

17 世纪，牛顿创立了一种依靠简单计算求解方程根的方法.

假设方程 $f(x) = 0$ 在区间 (a, b) 内有唯一根，$x_0 \in (a, b)$. 以 x_0 为初始点，利用牛顿迭代公式

$$x_{k+1} = x_k - \frac{f(x_k)}{f'(x_k)}$$

进行迭代，得到一点列 $\{x_0, x_1, x_2, \cdots, \}$. 则这一点列收敛于方程 $f(x) = 0$ 在区间 (a, b) 内的根.

现在将牛顿迭代公式推广到复数. 考虑从复平面上的某一点 z_0 出发，利用牛顿迭代法求方程 $f(z) = 0$ 的根，即复平面上的牛顿迭代法，其迭代公式为

$$z_{k+1} = z_k - \frac{f(z_k)}{f'(z_k)}$$

其中，z_{k+1}，z_k 都是复数.

例如方程 $f(z) = z^3 - 1 = 0$，容易求得方程的 3 个根分别为 1，$-\frac{1}{2} \pm \frac{\sqrt{3}}{2}i$. 利用牛顿迭代公式求该方程的根时，复平面上的大多数点作为起始点都可以很容易地收敛到这 3 个根，但是，也有一些点会经过很多次迭代才收敛到根，甚至永远也不会收敛到根，在此认为这些点是发散的. 对于收敛的点，则认为这些点是被吸引到了这 3 个根上.

利用牛顿迭代法求根时，可以认为那些不收敛点逃逸了，或者经过一个较大次数迭代后还没有收敛的点逃逸了. 设 z_{k-1}，z_k 分别是第 $k-1$ 次和第 k 次迭代点，$\varepsilon > 0$ 为很小的数，则判断迭代点是否已收敛到根的条件是 $|z_{k-1} - z_k| < \varepsilon$.

基于逃逸时间算法的牛顿迭代法的算法描述如下.

步骤 1 读取迭代函数 $f(z)$.

步骤 2 设置迭代次数 N，求根精度 ε.

步骤 3 计算迭代函数 $f(z)$ 的导函数 $f'(z)$.

步骤 4 设置绘图区域、绘图分辨率，并将绘图区域（即参数域）网格化.

步骤 5 依次扫描所有像素点，对每个像素点的坐标执行循环迭代，若在第 $k < N$ 次循环时 $|z_k - z_{k-1}| < \varepsilon$，则在该像素点着 k 色，若在第 N 次 $|z_k - z_{k-1}| \geqslant \varepsilon$，则着 N 色；

重复步骤 5 直至扫描完所有像素点.

为了得到更为复杂漂亮的牛顿迭代分形，可以在迭代公式

$$z_{k+1} = z_k - \frac{f(z_k)}{f'(z_k)}$$

中植入复参数 u、C，使迭代公式变为

$$z_{k+1} = z_k - u\frac{f(z_k)}{f'(z_k)} + C$$

称为广义牛顿迭代分形.

4.2　精彩分形图赏析

4.2.1　IFS 分形

IFS 迭代分形的迭代函数由若干个仿射变换组成，每次迭代时以概率从这些仿射变换中选择一个进行迭代. 当仿射变换的个数等于 1 时，称为确定 IFS；当仿射变换的个数大于 1 时称为随机 IFS. 设一个 IFS 由 n 个仿射变换组成为

$$W_i\begin{pmatrix} x \\ y \end{pmatrix} = \begin{pmatrix} a_i & b_i \\ c_i & d_i \end{pmatrix}\begin{pmatrix} x \\ y \end{pmatrix} + \begin{pmatrix} e_i \\ f_i \end{pmatrix} \quad (i=1,2,\cdots,n)，运行概率为 p_i，\quad p_1 + p_2 + \cdots + p_n = 1$$

即

$$\begin{pmatrix} x_{k+1} \\ y_{k+1} \end{pmatrix} = \begin{pmatrix} a_i & b_i \\ c_i & d_i \end{pmatrix}\begin{pmatrix} x_k \\ y_k \end{pmatrix} + \begin{pmatrix} e_i \\ f_i \end{pmatrix} \quad (i=1,2,\cdots,n)$$

每个仿射变换有 7 个参数：$a_i,b_i,c_i,d_i,e_i,f_i,p_i$，由 n 个仿射变换构成的 IFS 共有 $7n$ 个参数，称为 IFS 编码.

1. 确定 IFS 分形

确定 IFS 分形的迭代函数为

$$\begin{pmatrix} x_{k+1} \\ y_{k+1} \end{pmatrix} = \begin{pmatrix} a & b \\ c & d \end{pmatrix}\begin{pmatrix} x_k \\ y_k \end{pmatrix} + \begin{pmatrix} e \\ f \end{pmatrix}$$

当迭代矩阵 $A = \begin{pmatrix} a & b \\ c & d \end{pmatrix}$ 为一些特殊矩阵时，可以得到一些非常有趣的分形图.

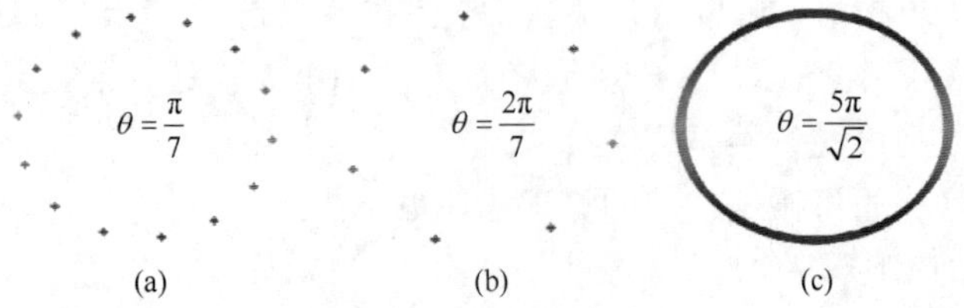

图 4.2.1　不同周期的旋转

图 4.2.1 中的 3 个图形的迭代矩阵均为旋转矩阵 $A = \begin{pmatrix} \cos\theta & -\sin\theta \\ \sin\theta & \cos\theta \end{pmatrix}$，迭代所得到的点列均在以原点为圆心，以 $r = \sqrt{x_0^2 + y_0^2}$ 为半径的圆周上，其中 (x_0,y_0) 为初始点. 迭代次数为 100，图元为四叶玫瑰线.

在上述迭代矩阵中，令 $\theta = k\pi$，若 k 为有理数，且 $k = \dfrac{q}{p}$，则当 p, q 的奇偶性相同时，点列的周期为 $2p$，图 4.2.1（a）为这种情形；当 p, q 的奇偶性不同时，点列的周期为 p，图 4.2.1（b）为这种情形；若 k 为无理数，则周期为无穷大，图 4.2.1（c）为这种情形.

现将上述迭代矩阵变形为 $B = \begin{pmatrix} s\cos\theta & -t\sin\theta \\ s\sin\theta & t\cos\theta \end{pmatrix}$，则当 $s = t = 1$ 时即为矩阵 A，当 s, t 不同时为 1 时，可得到非常漂亮的螺旋，如图 4.2.2 所示.

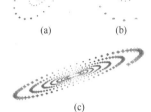

图 4.2.2 美丽的螺旋

在图 4.2.2（a）中，迭代矩阵 $B = \begin{pmatrix} 1.15\cos\dfrac{\pi}{9} & -0.8\sin\dfrac{\pi}{9} \\ 1.15\sin\dfrac{\pi}{9} & 0.8\cos\dfrac{\pi}{9} \end{pmatrix}$，位移向量 $\begin{pmatrix} e \\ f \end{pmatrix} = \begin{pmatrix} 0 \\ 0.009 \end{pmatrix}$，初始点 $\begin{pmatrix} x_0 \\ y_0 \end{pmatrix} = \begin{pmatrix} 1 \\ 0 \end{pmatrix}$. 螺旋方向为由外向内，即迭代点列收敛.

在图 4.2.2（b）中，迭代矩阵 $B = \begin{pmatrix} 1.12\cos\dfrac{\pi}{9} & -\sin\dfrac{\pi}{9} \\ 1.12\sin\dfrac{\pi}{9} & \cos\dfrac{\pi}{9} \end{pmatrix}$，位移向量 $\begin{pmatrix} e \\ f \end{pmatrix} = \begin{pmatrix} 0 \\ 0.009 \end{pmatrix}$，初始点 $\begin{pmatrix} x_0 \\ y_0 \end{pmatrix} = \begin{pmatrix} 0.5 \\ 0 \end{pmatrix}$. 螺旋方向为由内向外，即迭代点列发散.

在图 4.2.2（c）中，迭代矩阵 $B = \begin{pmatrix} 0.8 & 0.5 \\ -0.1 & 1.2 \end{pmatrix}$，位移向量 $\begin{pmatrix} e \\ f \end{pmatrix} = \begin{pmatrix} 0 \\ 0 \end{pmatrix}$，初始点 $\begin{pmatrix} x_0 \\ y_0 \end{pmatrix} = \begin{pmatrix} -0.15 \\ 0 \end{pmatrix}$. 螺旋方向为由内向外，即迭代点列发散.

当迭代矩阵为其他矩阵时也可得到很多非常有意思的图形，有兴趣的读者可以自行在 MathTools 的"实迭代分形"工具中进行探索.

赏析 由 4 个普通的数字构成的数学结构中隐藏着这么多丰富美丽的图形，这正是数学的神奇之处.

2. Sierpinski 垫片

Sierpinski 垫片是波兰数学家谢尔宾斯基在 1915 年构造出来的一种图形，构造过程是这样的，取一个正三角形，将其四等分，舍去中间的一个三角形，然后对保留下的三个小三角形分别按同样的方法操作取舍，如此反复操作下去，直至无穷. 因为这一图形无法用传统的几

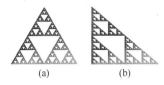

图 4.2.3 Sierpinski 垫片

何学来解释，所以被传统数学排斥在外，称为"病态图形". 直到 70 年代，分形几何学创立之后，人们才认识到 Sierpinski 垫片是一种典型的分形图形.

图 4.2.3 中的两个图形都是 Sierpinski 垫片，图 4.2.3（a）为 Sierpinski 垫片，图 4.2.3（b）为直角 Sierpinski 垫片，其 IFS 码分别如表 4.2.1 和表 4.2.2 所示.

表 4.2.1　Sierpinski 垫片的 IFS 码

i	a_i	b_i	c_i	d_i	e_i	f_i	p_i
1	0.5	0	0	0.5	0	0	0.333
2	0.5	0	0	0.5	0.5	0	0.333
3	0.5	0	0	0.5	0.25	0.5	0.334

表 4.2.2　直角 Sierpinski 垫片的 IFS 码

i	a_i	b_i	c_i	d_i	e_i	f_i	p_i
1	0.5	0	0	0.5	0	0	0.333
2	0.5	0	0	0.5	0.5	0	0.333
3	0.5	0	0	0.5	0	0.5	0.334

3. Koch 曲线

1904 年，瑞典数学家科赫构造了一种"妖魔曲线"，被称为 Koch 曲线，如图 4.2.4 所示，其 IFS 码如表 4.2.3 所示.

表 4.2.3　Koch 曲线的 IFS 码

i	a_i	b_i	c_i	d_i	e_i	f_i	p_i
1	0.333	0	0	0.333	0	0	0.25
2	0.167	−0.289	0.289	0.167	0.333	0	0.25
3	0.167	0.289	−0.289	0.167	0.5	0.289	0.25
4	0.333	0	0	0.333	0.667	0	0.25

4. C 曲线

C 曲线也称 Levy 曲线，如图 4.2.5 所示，C 曲线的 IFS 码如表 4.2.4 所示.

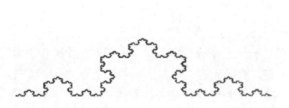

图 4.2.4　Koch 曲线

图 4.2.5　C 曲线

表 4.2.4　C 曲线的 IFS 码

i	a_i	b_i	c_i	d_i	e_i	f_i	p_i
1	0.5	−0.5	0.5	0.5	0	0	0.5
2	0.5	0.5	−0.5	0.5	1	1	0.5

5. 螺旋

螺旋的 IFS 码如表 4.2.5 所示，图形如图 4.2.6 所示.

表 4.2.5　螺旋的 IFS 码

i	a_i	b_i	c_i	d_i	e_i	f_i	p_i
1	0.787 879	−0.424 242	0.242 424	0.859 848	1.758 647	1.408 065	0.9
2	−0.121 212	0.257 576	0.053 03	0.053 03	−6.721 654	1.377 236	0.05
3	0.181 818	−0.136 364	0.090 909	0.181 818	6.086 107	1.568 035	0.05

　　图 4.2.7 为在"实迭代分形"工具中绘制螺旋时，IFS 码和其他参数的输入界面以及所绘制的螺旋.

图 4.2.6　螺旋

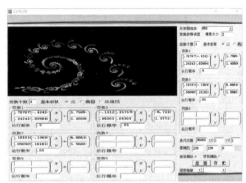

图 4.2.7　在"实迭代分形"中绘制螺旋

6. 雪花

图 4.2.8 中给出了 2 种"雪花"，其 IFS 码分别如表 4.2.6 和表 4.2.7 所示.

表 4.2.6　雪花（a）的 IFS 码

i	a_i	b_i	c_i	d_i	e_i	f_i	p_i
1	0.255	0	0	0.255	0.3726	0.6714	0.2
2	0.255	0	0	0.255	0.1146	0.2232	0.2
3	0.255	0	0	0.255	0.6303	0.2232	0.2
4	0.37	−0.642	0.642	0.37	0.6356	−0.0061	0.4

表 4.2.7　雪花（b）的 IFS 码

i	a_i	b_i	c_i	d_i	e_i	f_i	p_i
1	0.382	0	0	0.382	0.3072	0.619	0.2
2	0.382	0	0	0.382	0.6033	0.4044	0.2
3	0.382	0	0	0.382	0.0139	0.4044	0.2
4	0.382	0	0	0.382	0.1253	0.0595	0.2
5	0.382	0	0	0.382	0.492	0.0595	0.2

7. 圣诞树

圣诞树如图 4.2.9（a）所示，IFS 码如表 4.2.8 所示.

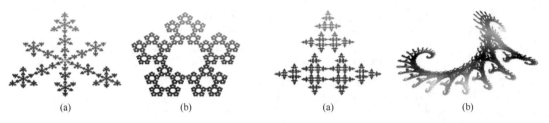

(a)　　　　　　　　(b)　　　　　　　　(a)　　　　　　　　(b)

图 4.2.8　雪花　　　　　　　　　图 4.2.9　圣诞树和龙

表 4.2.8　圣诞树的 IFS 码

i	a_i	b_i	c_i	d_i	e_i	f_i	p_i
1	0	−0.5	0.5	0	0.5	0	0.333
2	0	0.5	−0.5	0	0.5	0.5	0.333
3	0.5	0	0	0.5	0.25	0.5	0.334

8. 龙

龙如图 4.2.9（b）所示，IFS 码如表 4.2.9 所示.

表 4.2.9　龙的 IFS 码

i	a_i	b_i	c_i	d_i	e_i	f_i	p_i
1	0.824074	0.281482	−0.212346	0.864198	−1.88229	−0.110607	0.8
2	0.088272	0.520988	−0.463889	−0.377778	0.78536	8.095795	0.2

9. 树上的蝉

树上的蝉如图 4.2.10（a）所示，IFS 码如表 4.2.10 所示.

表 4.2.10　树上的蝉的 IFS 码

i	a_i	b_i	c_i	d_i	e_i	f_i	p_i
1	0	0	0	0.5	0	0	0.05
2	0.42	−0.42	0.42	0.42	0	0.3	0.4
3	0.42	0.42	−0.42	0.42	0	0.3	0.4
4	0.1	0	0	0.4	0	0.3	0.15

10. 惊虫

惊虫如图 4.2.10（b）所示，IFS 码如表 4.2.11 所示.

表 4.2.11 惊虫的 IFS 码

i	a_i	b_i	c_i	d_i	e_i	f_i	p_i
1	0	0	0	0.5	0	0	0.05
2	0.42	−0.42	0.42	0.42	0	0.3	0.4
3	0.42	0.42	−0.42	0.42	0	0.3	0.4
4	0.1	0	0	0.3	0	0.8	0.15

11. 树 (一)

树 (一) 如图 4.2.11 (a) 所示，IFS 码如表 4.2.12 所示.

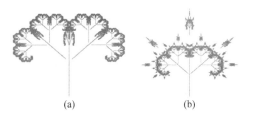

(a)　　　　(b)

图 4.2.10　树上的蝉和惊虫

(a)　　　　(b)

图 4.2.11　树 (一) 和树 (二)

表 4.2.12 树 (一) 的 IFS 码

i	a_i	b_i	c_i	d_i	e_i	f_i	p_i
1	−0.04	0	−0.19	−0.47	−0.12	0.3	0.25
2	0.65	0	0	0.56	0.06	1.56	0.25
3	0.41	0.46	−0.39	0.61	0.46	0.4	0.25
4	0.52	−0.35	0.25	0.74	−0.48	0.38	0.25

12. 树 (二)

树 (二) 如图 4.2.11 (b) 所示，IFS 码如表 4.2.13 所示.

表 4.2.13 树 (二) 的 IFS 码

i	a_i	b_i	c_i	d_i	e_i	f_i	p_i
1	0.05	0	0	0.6	0	0	0.1
2	0.05	0	0	−0.5	0	1	0.1
3	0.46	0.32	−0.386	0.383	0	0.6	0.2
4	0.47	−0.154	0.171	0.423	0	1	0.2
5	0.43	0.275	−0.26	0.476	0	1	0.2
6	0.421	−0.357	0.354	0.307	0	0.7	0.2

13. 树 (三)

树 (三) 如图 4.2.12 (a) 所示，IFS 码如表 4.2.14 所示.

表 4.2.14   树（三）的 IFS 码

i	a_i	b_i	c_i	d_i	e_i	f_i	p_i
1	0.195	−0.488	0.344	0.443	0.4431	0.2452	0.25
2	0.462	0.414	−0.252	0.361	0.2511	0.5692	0.25
3	−0.058	−0.07	0.453	−0.111	0.5976	0.0969	0.25
4	−0.035	0.07	−0.469	−0.022	0.4884	0.5069	0.2
5	−0.637	0	0	0.501	0.8562	0.2513	0.05

14. 嫩枝

嫩枝如图 4.2.12（b）所示，IFS 码如表 4.2.15 所示.

表 4.2.15   嫩枝的 IFS 码

i	a_i	b_i	c_i	d_i	e_i	f_i	p_i
1	0.387	0.43	0.43	−0.387	0.256	0.522	0.333
2	0.441	−0.091	−0.009	−0.322	0.4219	0.5059	0.333
3	−0.468	0.02	−0.113	0.015	0.4	0.4	0.334

15. 羊齿叶

羊齿叶如图 4.2.13（a）所示，IFS 码如表 4.2.16 所示.

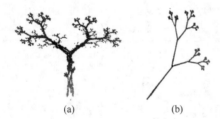

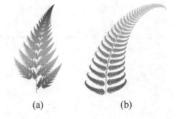

图 4.2.12   树（三）和嫩枝   图 4.2.13   养齿叶和卷曲的叶子

表 4.2.16   羊齿叶的 IFS 码

i	a_i	b_i	c_i	d_i	e_i	f_i	p_i
1	0	0	0	0.16	0	0	0.01
2	0.85	0.04	−0.04	0.85	0	1.6	0.85
3	0.2	−0.26	0.23	0.22	0	1.6	0.07
4	−0.15	0.28	0.26	0.24	0	0.44	0.07

16. 卷曲的叶子

卷曲的叶子如图 4.2.13（b）所示，IFS 码如表 4.2.17 所示.

表 4.2.17 卷曲的叶子的 IFS 码

i	a_i	b_i	c_i	d_i	e_i	f_i	p_i
1	0	0	0	0.25	0	−0.04	0.02
2	0.92	0.05	−0.05	0.93	−0.002	0.5	0.84
3	0.035	−0.2	0.16	0.04	−0.09	0.02	0.07
4	−0.04	0.2	0.16	0.04	0.083	0.12	0.07

17. 树叶

树叶如图 4.2.14（a）所示，IFS 码如表 4.2.18 所示.

表 4.2.18 树叶的 IFS 码

i	a_i	b_i	c_i	d_i	e_i	f_i	p_i
1	−0.82	0.16	−0.16	0.81	1.37	−0.14	0.5
2	0.44	0.32	−0.07	0.61	−0.03	0.7	0.5

18. 枫叶

枫叶如图 4.2.14（b）所示，IFS 码如表 4.2.19 所示.

表 4.2.19 枫叶的 IFS 码

i	a_i	b_i	c_i	d_i	e_i	f_i	p_i
1	0.6	0	0	0.6	0.18	0.36	0.25
2	0.6	0	0	0.6	0.18	0.12	0.25
3	0.4	0.3	−0.3	0.4	0.27	0.36	0.25
4	0.4	−0.3	0.3	0.4	0.27	0.09	0.25

19. 蟹爪兰

蟹爪兰如图 4.2.15（a）所示，IFS 码如表 4.2.20 所示.

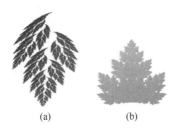

(a)　　　　(b)

图 4.2.14 树叶和枫叶

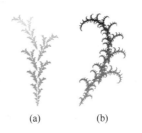

(a)　　　　(b)

图 4.2.15 蟹爪兰和龙爪兰

表 4.2.20　蟹爪兰的 IFS 码

i	a_i	b_i	c_i	d_i	e_i	f_i	p_i
1	0.8	0	0	−0.8	0	0	0.5
2	0.4	−0.2	0.2	0.4	1.1	0	0.5

20. 龙爪兰

龙爪兰如图 4.2.15（b）所示，IFS 码如表 4.2.21 所示.

表 4.2.21　龙爪兰的 IFS 码

i	a_i	b_i	c_i	d_i	e_i	f_i	p_i
1	0.5	0.25	0.25	−0.5	0	0	0.5
2	0.75	−0.25	0.25	0.75	0.75	0	0.5

　　赏析　上述图 4.2.4～图 4.2.15 共给出了 19 个随机 IFS 分形图，这些分形图形态各异，千变万化，在模拟动植物时惟妙惟肖. 并且利用随机 IFS 模拟某种形态时，可以用数学方法来确定 IFS 码，这也正是随机 IFS 有着广泛应用的原因.

4.2.2　Mira 分形和 Martin 分形

1. Mira 分形

　　Mira 分形是 IFS 分形的推广：将 IFS 中的迭代函数由线性函数推广为非线性函数. 具体来说其迭代公式为

$$\begin{cases} x_{n+1} = by_n + f(x_n) \\ y_{n+1} = f(x_n) - x_n \end{cases}$$

公式中的函数 $f(x)$ 常用的有以下 5 个：

（1）$f(x) = ax + \dfrac{2(1-a)x^2}{1+x^2}$;

（2）$f(x) = ax + \dfrac{2(1-a)x^2}{1+x^2} + \tan\dfrac{1}{x}$;

（3）$f(x) = ax + \dfrac{2\,\mathrm{sgn}(x)(1-a)x^2}{1+x^2}$;

（4）$f(x) = \mathrm{sgn}(x)ax + \dfrac{2(1-a)x^2}{1+x^2} + \sin(x)$;

（5）$f(x) = -0.05ax + \dfrac{a(\pi-ax)x^2}{1+x^2}$.

　　下面只讨论 Mira 迭代公式中的函数为 $f(x) = ax + \dfrac{2(1-a)x^2}{x^2}$ 的情形，图 4.2.16 中给出了 6 幅 Mira 分形图.

图 4.2.16（a）像长了 3 个翅膀的老鹰，故命名为"三翅鹰"，其参数值为 $a=-0.49, b=0.985$，$n=500000$；

图 4.2.16（b）的参数值为 $a=-0.49, b=1.001, n=500000$；

图 4.2.16（c）的参数值为 $a=-0.49, b=1.01, n=500000$.

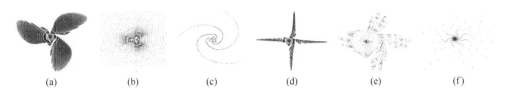

图 4.2.16　Mira 分形

图 4.2.16（a）～（c）的参数 a, n 的值相同，参数 b 的值依次增大. 从图形可以看出，当 $b<1$ 时，迭代点列收敛，当 $b>1$ 时，迭代点列发散. 图形对参数 b 的值非常敏感，特别是在 $b=1$ 的附近更敏感，小小的变动也会引起图形的剧烈变化.

图 4.2.16（d）的参数值为 $a=0, b=0.97, n=500000$；

图 4.2.16（e）的参数值为 $a=0.05, b=0.97, n=500000$；

图 4.2.16（f）的参数值为 $a=0.6, b=0.97, n=500000$.

从图 4.2.16（d）～（f）可以看出，图形对参数 a 也非常敏感. 当 $|a|<1$ 时，迭代点列收敛；当 $|a|\geq 1$ 时，迭代点列发散. 下面再给出 4 个反映参数 a 对图形影响的分形图.

图 4.2.17（a）的参数值为 $a=-0.0111, b=0.9888, n=1000000$；

图 4.2.17（b）的参数值为 $a=-0.052, b=0.9888, n=1000000$；

图 4.2.17（c）的参数值为 $a=0.0111, b=0.9888, n=1000000$；

图 4.2.17（d）的参数值为 $a=0.062, b=0.9888, n=1000000$.

由以上可知，参数 a 决定分形图的形状，且在 $a=0$ 附近对图形的影响最大.

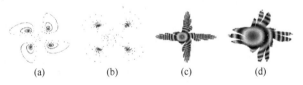

图 4.2.17　参数 a 对 Mira 分形图的影响

有兴趣的读者可以利用 MathTools 中的"实迭代分形"工具研究 Mira 分形迭代公式中的函数为上述 5 个函数中的另外 4 个函数的图形.

2. Martin 分形

Martin 分形也是 IFS 分形的推广：将 IFS 中的迭代函数由线性函数推广为非线性函数. 具体来说其迭代公式为

$$\begin{cases} x_{n+1}=y_n-\mathrm{sgn}(x_n)\sqrt{|bx_n-c|} \\ y_{n+1}=a-x_n \end{cases}$$

其中：a, b, c 为参数，调节这 3 个参数的值，可得到很多非常漂亮的分形图. 图 4.2.18 给出了 6 幅 Martin 分形图.

图 4.2.18（a）的参数为 $a=300, b=6, c=500, x_0=10, y_0=10$；

图 4.2.18（b）的参数为 $a=100, b=1, c=500, x_0=100, y_0=100$；

图 4.2.18（c）的参数为 $a=7, b=3.2, c=-57, x_0=1, y_0=1$；

图 4.2.18（d）的参数为 $a=1, b=0.3, c=0.4, x_0=1, y_0=1$；

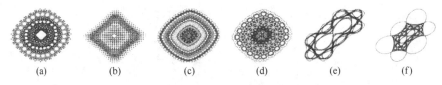

(a)　　　　(b)　　　　(c)　　　　(d)　　　　(e)　　　　(f)

图 4.2.18　Martin 分形

图 4.2.18（e）的参数为 $a=1, b=17.3, c=0, x_0=2.1, y_0=-5.01$；

图 4.2.18（f）的参数为 $a=2.6, b=17.6, c=0, x_0=2.167, y_0=-5$.

图 4.2.18（a）～（d）这 4 个图形花纹工整漂亮，可以作为地毯花纹. 图 4.2.18（e）～（f）没有前 4 个那样美丽的图案，但这两个图形神奇之处在于它们具有周期性，迭代 500000 次与迭代 1000000 次的图形相同.

Martin 分形中的迭代公式可以进行推广，比如推广为

$$\begin{cases} x_{n+1} = y_n - \sqrt[5]{bx_n^3 - c} \\ y_{n+1} = a - x_n \end{cases}$$

也能得到非常漂亮的分形图. 有兴趣的读者可以自行试着编程研究其图形，当然也可以自己设计新的迭代公式并研究其图形.

4.2.3　Julia 集

Julia 分形对迭代公式中的 C 的取值非常敏感，下面给出几个例子，这些例子均是在 MathTools 的"复迭代分形"工具中绘制.

图 4.2.19（a）为 $C=0.32+0.043\,\mathrm{i}$ 的 Julia 集，图 4.2.19（b）为图 4.2.19（a）中的一根链条放大后的效果，图 4.2.19（c）为使用了特效 1 的分形图，着色模式均为着色模式 2.

(a)　　　　(b)　　　　(c)　　　　　　　　(a)　　　　(b)　　　　(c)

图 4.2.19　Julia 集（一）　　　　　　图 4.2.20　Julia 集（二）

图 4.2.20（a）为 $C=-0.199-0.66\,\mathrm{i}$ 的 Julia 集，图 4.2.20（b）为图 4.2.20（a）中的一个旋涡放大后的效果，图 4.2.20（c）为使用了特效 2 的分形图，着色模式均为着色模式 5.

　　图 4.2.21（a）为 $C = -0.615 - 0.43\,\mathrm{i}$ 的 Julia 集，图 4.2.21（b）为图 4.2.21（a）中的一个收敛点放大后的效果，图 4.2.21（c）为使用了特效 3 的分形图，着色模式均为着色模式 4.

图 4.2.21　Julia 集（三）

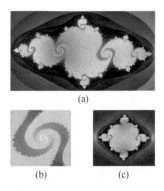

图 4.2.22　Julia 集（四）

　　图 4.2.22（a）为 $C = -0.77 + 0.08\,\mathrm{i}$ 的 Julia 集，图 4.2.22（b）为图 4.2.22（a）中的一个收敛点放大后的效果，图 4.2.22（c）为使用了特效 4 的分形图，着色模式均为着色模式 9.

　　图 4.2.23（a）为 $C = -0.135 - 0.65\,\mathrm{i}$ 的 Julia 集，图 4.2.23（b）为图 4.2.23（a）中的一个收敛点放大后的效果，图 4.2.23（c）为使用了特效 5 的分形图，着色模式均为着色模式 13.

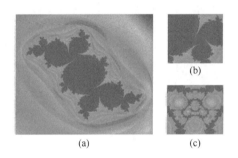

图 4.2.23　Julia 集（五）

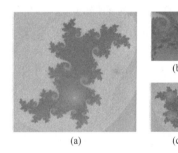

图 4.2.24　Julia 集（六）

　　图 4.2.24（a）为 $C = 0.235 - 0.515\,\mathrm{i}$ 的 Julia 集，图 4.2.24（b）为图 4.2.24（a）中的两个收敛点放大后的效果，图 4.2.24（c）为使用了特效 7 的分形图，着色模式均为着色模式 9.

　　图 4.2.25（a）为 $C = 0.285 + 0.01364\,\mathrm{i}$ 的 Julia 集，图 4.2.25（b）为图 4.2.25（a）中的两个收敛点放大后的效果，图 4.2.25（c）为使用了特效 10 的分形图，着色模式均为着色模式 15.

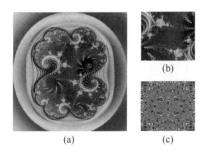

图 4.2.25　Julia 集（七）

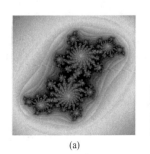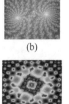

图 4.2.26　Julia 集（八）

图 4.2.26（a）为 $C = 0.077 - \pi / 5\mathrm{i}$ 的 Julia 集，图 4.2.26（b）为图 4.2.26（a）中的两个收敛点放大后的效果，图 4.2.26（c）为使用了特效 12 的分形图，着色模式均为着色模式 5.

4.2.4　广义 Julia 集

1. 广义 Julia 集（一）

现将 Julia 集的迭代公式 $Z_{n+1} = Z_n^2 + C$ 中的指数推广到任意实数，即 $Z_{n+1} = Z_n^k + C$，所得分形称为广义 Julia 集（一）.

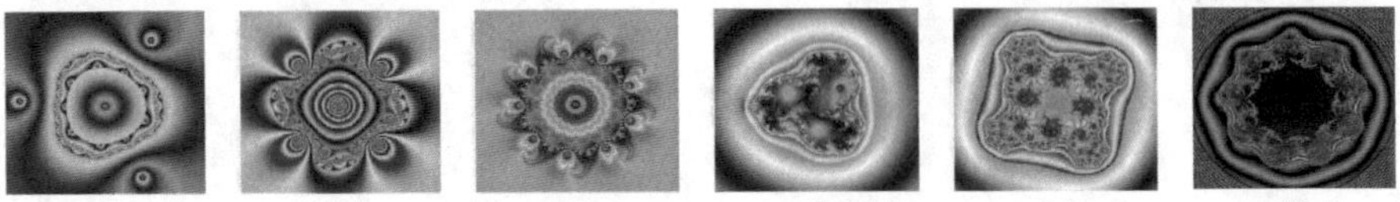

（a）　　　　（b）　　　　（c）　　　　（d）　　　　（e）　　　　（f）

图 4.2.27　广义 Julia 集（一）

图 4.2.27（a）的参数值为 $k = -3, C = 0.21 + 0.043\mathrm{i}$，着色模式 5；

图 4.2.27（b）的参数值为 $k = -4, C = \pi / 5 + 0.08\mathrm{i}$，着色模式 5；

图 4.2.27（c）的参数值为 $k = -9, C = \pi / 5 - \pi / 23\mathrm{i}$，着色模式 10；

图 4.2.27（d）的参数值为 $k = 3, C = 0.5324 + 0.1467\mathrm{i}$，着色模式 2；

图 4.2.27（e）的参数值为 $k = 4, C = 0.5224 + 0.6456\mathrm{i}$，着色模式 2；

图 4.2.27（f）的参数值为 $k = 9, C = \pi / 7 + 0.6865\mathrm{i}$，着色模式 15.

2. 广义 Julia 集（二）

广义 Julia 集（二）的迭代公式为

$$Z_{n+1} = \sin^p k Z_n^q + C$$

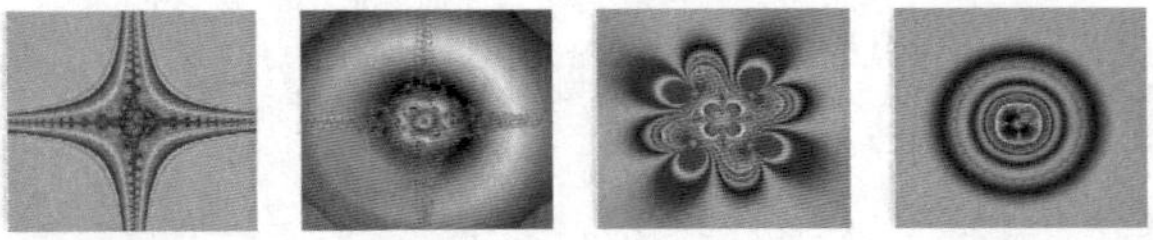

（a）　　　　　（b）　　　　　（c）　　　　　（d）

图 4.2.28　广义 Julia 集（二）

当参数 p, q, k, C 取不同值时也能得到非常漂亮的分形图，图 4.2.28 给出了 4 幅.

图 4.2.28（a）的参数值为 $p = 1, q = 2, k = 2, C = 0.32 - 0.043\mathrm{i}$，着色模式 14；

图 4.2.28（b）的参数值为 $p = -1, q = 2, k = 2, C = 0.05 - 0.75\mathrm{i}$，着色模式 16；

图 4.2.28（c）的参数值为 $p = 2, q = -2, k = 2, C = 0.3562 - 0.0674\mathrm{i}$，着色模式 2；

图 4.2.28（d）的参数值为 $p = -5, q = -2, k = 1, C = 0.2134 + 0.1876\mathrm{i}$，着色模式 2.

3. 广义 Julia 集（三）

广义 Julia 集（三）的迭代公式为

$$Z_{n+1} = e^{pZ_n} \cos aZ_n + e^{qZ_n} \sin bZ_n + C$$

这里有 5 个参数：p, q, a, b, C，它们共同确定图形的形状，图 4.2.29 给出了 4 幅.

图 4.2.29（a）的参数值为 $p=2, q=2, a=2, b=2, C=-0.33+0.876\mathrm{i}$；

图 4.2.29（b）的参数值为 $p=2, q=-2, a=2, b=2, C=0.581+0.0876\mathrm{i}$；

图 4.2.29（c）的参数值为 $p=-2, q=9, a=3, b=2, C=0.181+0.2876\mathrm{i}$；

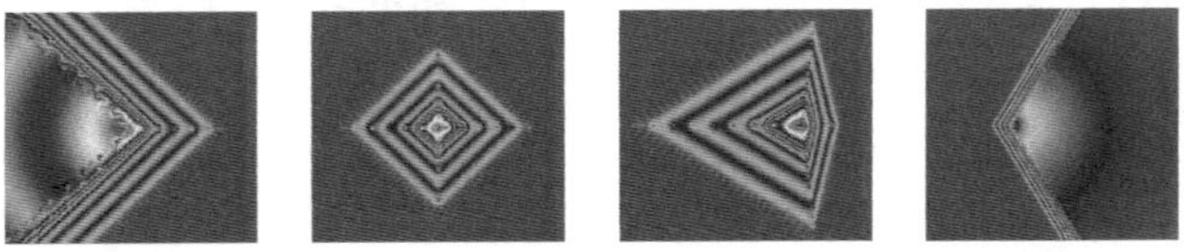

（a）　　　　　（b）　　　　　（c）　　　　　（d）

图 4.2.29　广义 Julia 集（三）

图 4.2.29（d）的参数值为 $p=-9, q=-9, a=5, b=5, C=0.03+0.01\mathrm{i}$.

着色模式均为着色模式 2.

4. 广义 Julia 集（四）

广义 Julia 集（四）的迭代公式为

$$Z_{n+1} = \frac{aZ_n^b + cZ_n^d + e}{fZ_n^g + hZ_n^j + k}$$

公式中有 10 个参数，它们共同确定图形的形状，图 4.2.30 给出了 4 幅.

图 4.2.30（a）中的参数值为 $e=0.6953, f=1, g=4, k=0.678$，没标出的参数值为零，下同，着色模式 2；

图 4.2.30（b）中的参数值为 $e=0.7246, f=1, g=5, k=0.128$，着色模式 2；

图 4.2.30（c）中的参数值为 $a=1, b=1, e=0, f=1, g=6, k=0.128-0.2\mathrm{i}$，着色模式 5；

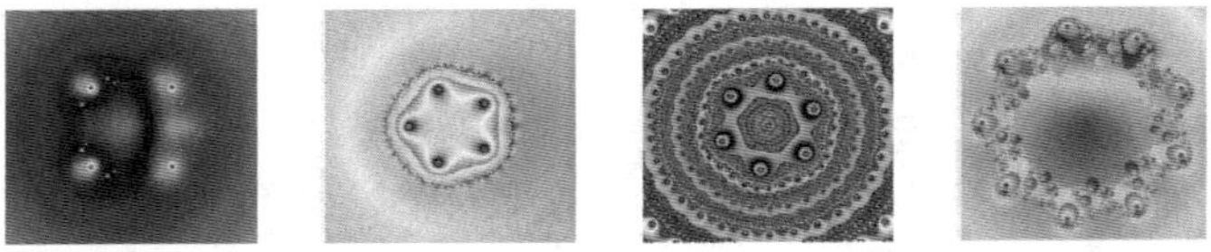

（a）　　　　　（b）　　　　　（c）　　　　　（d）

图 4.2.30　广义 Julia 集（四）

图 4.2.30（d）中的参数值为 $a=1, b=2, e=159\mathrm{i}, f=1, g=9, k=100$，着色模式 2.

5. 广义 Julia 集（五）

广义 Julia 集（五）的迭代公式为

$$Z_{n+1} = aZ_n^b \arctan cZ_n + dZ_n^e \arcsin fZ_n + K$$

公式中有 7 个参数，它们共同确定图形的形状，图 4.2.31 给出了 4 幅.

图 4.2.31（a）中的参数值为 $a=1, b=-3, c=5, d=1, e=-3, f=3, K=0.654$，着色模式 5；

图 4.2.31（b）中的参数值为 $a=1, b=-5, c=9, d=-1, e=-5, f=9, K=0.487-0.005\mathrm{i}$，着色模式 10；

图 4.2.31（c）中的参数值为 $a=1,b=12,c=12,d=0,e=0,f=0,K=3600\mathrm{i}$，着色模式 19；

图 4.2.31（d）中的参数值为 $a=0,b=0,c=0,d=1,e=-0.25,f=1,K=0.567$，着色模式 19.

　（a）　　　　　　（b）　　　　　　（c）　　　　　　（d）

图 4.2.31　广义 Julia 集（五）

4.2.5　Mandelbrot 集和广义 Mandelbrot 集

1. Mandelbrot 集

图 4.2.32（a）为 Mandelbrot 集的图形，从中可以看出，其复杂的结构都显现在集内的混沌区与集外的有序区之间，也就是所谓的混沌的边缘上. 这个边缘结构丰富、精细，具有分形的基本特征，因此 Mandelbrot 集的图形也称为 Mandelbrot 分形.

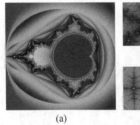

（a）　　　　　（c）

图 4.2.32　Mandelbrot 集

图 4.2.32（b）和图 4.2.32（c）分别为图 4.2.32（a）中的两个局部放大后的图形，从中可以看出，在更细的尺度下，其图元具有相似性.

2. 广义 Mandelbrot 集（一）

在此可以将 Mandelbrot 集的迭代公式由 $Z_{n+1}=Z_n^2+C$ 推广到 $Z_{n+1}=f(Z_n)+C$，所得到的点集称之为广义 Mandelbrot 集. 当 $f(Z)=Z^2$ 时，即为 Mandelbrot 集. 广义 Mandelbrot 集（一）中的复函数为

$$f(Z)=\sin^a bZ^c+k$$

其图形如图 4.2.33 所示.

图 4.2.33（a）中的参数值为 $a=1,b=2,c=2,k=0.38-0.023\mathrm{i}$，着色模式 7；

图 4.2.33（b）中的参数值为 $a=2,b=1,c=-2,k=0.32+0.043\mathrm{i}$，着色模式 2；

图 4.2.33（c）中的参数值为 $a=5,b=1,c=-7,k=0.32+0.043\mathrm{i}$，着色模式 2；

图 4.2.33（d）中的参数值为 $a=27,b=100,c=-12,k=12$，着色模式 2.

　（a）　　　　　　（b）　　　　　　（c）　　　　　　（d）

图 4.2.33　广义 Mandelbrot 集（一）

3. 广义 Mandelbrot 集（二）

迭代公式中的复函数为

$$f(Z) = aZ^b + cZ^d + k$$

其图形如图 4.2.34 所示.

图 4.2.34（a）中的参数值为 $a=7, b=16, c=-20, d=-6, k=40+123\mathrm{i}$，着色模式 9；

图 4.2.34（b）中的参数值为 $a=1, b=5, c=1, d=-5, k=1+\mathrm{i}$，着色模式 9；

图 4.2.34（c）中的参数值为 $a=1, b=0.5, c=1, d=-0.5, k=0.4315-0.05\mathrm{i}$，该图为所得图形中以 $(-0.99881,0)$ 为中心，以 0.5 为半径的局部放大后的效果图；

图 4.2.34（d）中的参数值为 $a=6, b=-6, c=-1, d=-17, k=0$，着色模式 10.

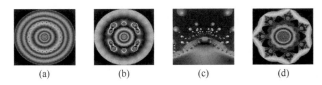

图 4.2.34　广义 Mandelbrot 集（二）

4. 广义 Mandelbrot 集（三）

迭代公式中的复函数为

$$f(Z) = aZ^b \cos cZ + dZ^e \sin fZ$$

其图形如图 4.2.35 所示.

图 4.2.35（a）中的参数值为 $a=1, b=-6, c=1, d=1, e=-6, f=1$；

图 4.2.35（b）中的参数值为 $a=5, b=6, c=4, d=1, e=-6, f=4$；

图 4.2.35（c）中的参数值为 $a=5, b=21, c=5, d=5, e=21, f=5$；

图 4.2.35（d）中的参数值为 $a=0.05, b=1, c=13, d=7, e=-16, f=13$，

着色模式均为着色模式 19.

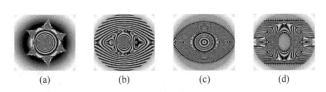

图 4.2.35　广义 Mandelbrot 集（三）

5. 广义 Mandelbrot 集（四）

迭代公式中的复函数为

$$f(Z) = ae^{bZ} \cos cZ + de^{hZ} \sin kZ$$

其图形如图 4.2.36 所示.

图 4.2.36（a）中的参数值为 $a=1, b=15, c=1, d=3, h=-7, k=17$；

图 4.2.36（b）中的参数值为 $a=1, b=7, c=17, d=3, h=-7, k=17$；

图 4.2.36（c）中的参数值为 $a=1, b=-7, c=7, d=\pi, h=7, k=7$；

图 4.2.36（d）中的参数值为 $a=1, b=-0.88, c=0, d=5, h=23, k=13$，

着色模式均为着色模式 2.

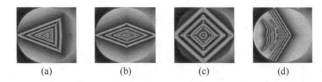

(a)　　　　　　(b)　　　　　　(c)　　　　　　(d)

图 4.2.36　广义 Mandelbrot 集（四）

6. 广义 Mandelbrot 集（五）

迭代公式中的复函数为

$$f(Z) = a\cos\sin bZ + c\sin\cos dZ + eZ^f$$

其图形如图 4.2.37 所示.

图 4.2.37（a）中的参数值为 $a=-0.5, b=3, c=1, d=21, e=0, f=0$；

图 4.2.37（b）中的参数值为 $a=1, b=-21, c=-0.65, d=4, e=0, f=0$；

图 4.2.37（c）中的参数值为 $a=0.25, b=3, c=1, d=6, e=0.1, f=-5$；

图 4.2.37（d）中的参数值为 $a=-0.3, b=6, c=2, d=6, e=-0.4, f=-9$，

着色模式均为着色模式 5.

(a)　　　　　　(b)　　　　　　(c)　　　　　　(d)

图 4.2.37　广义 Mandelbrot 集（五）

图 4.2.33～图 4.2.37 中的广义 Mandelbrot 集在设计时都是着眼于整体，即整个图形非常美观漂亮. 事实上，在每个广义 Mandelbrot 集中都存在一些局部图形，它们也非常精彩，图 4.2.38 给出了 3 个这样的图形.

(a)　　　　　　　　(b)　　　　　　　　(c)

图 4.2.38　广义 Mandelbrot 集的精彩局部图形

图 4.2.38（a）和图 4.2.38（c）是在广义 Mandelbrot 集五中当参数为

$$a=0, b=0, c=1, d=6, e=-0.1, f=-2$$

时所得图形中的两个局部. 这两个图形作者称为"黄金宝塔"，它们结构简单、精巧，富丽堂皇，具有贵族风范. 图 4.2.38（b）为图 4.2.36（d）的局部，图形像一尊佛像，佛像头上戴一白色头饰，胸前有一正一反两个完全相同的缩小版的佛像，乳白色烟雾环绕其头顶和身后，增加其神秘、寂静氛围. 左右两侧的黄金宝塔为保佑佛像净修的神塔.

4.2.6　牛顿迭代分形

1. 牛顿迭代分形（一）

牛顿迭代分形（一）的迭代公式中的函数为
$$f(Z) = aZ^b + c$$

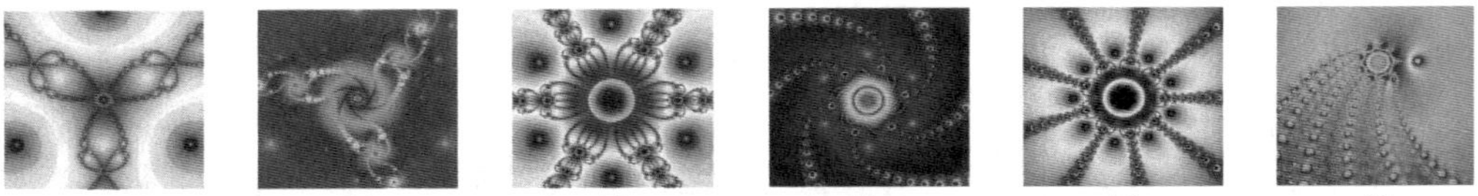

(a)　　　　　(b)　　　　　(c)　　　　　(d)　　　　　(e)　　　　　(f)

图 4.2.39　牛顿迭代分形（一）

图 4.2.39（a）中的参数值为 $a = 1, b = 3, c = 8i$，着色模式为着色模式 9；

图 4.2.39（b）是将分形图 4.2.39（a）中植入参数后，所得分形，植入的参数为 $u = 0.5 + 0.42i$, $C = 0$，着色模式为着色模式 9；

图 4.2.39（c）中的参数值为 $a = 1, b = 6, c = 1$，着色模式为着色模式 9；

图 4.2.39（d）是将分形图 4.2.39（c）中植入参数后，所得分形，植入的参数为 $u = 0.5 + 0.6i$, $C = 0$，着色模式为着色模式 9；

图 4.2.39（e）中的参数值为 $a = 1, b = 9, c = 1$，着色模式为着色模式 9；

图 4.2.39（f）是将分形图 4.2.39（e）中植入参数后，所得分形，植入的参数为 $u = 0.85 + 0.54i$, $C = 0.15 + 0.1i$，着色模式为着色模式 9.

2. 牛顿迭代分形（二）

牛顿迭代分形（二）的迭代公式中的函数为
$$f(Z) = aZ^b \cos cZ + dZ^e \sin fZ + g$$

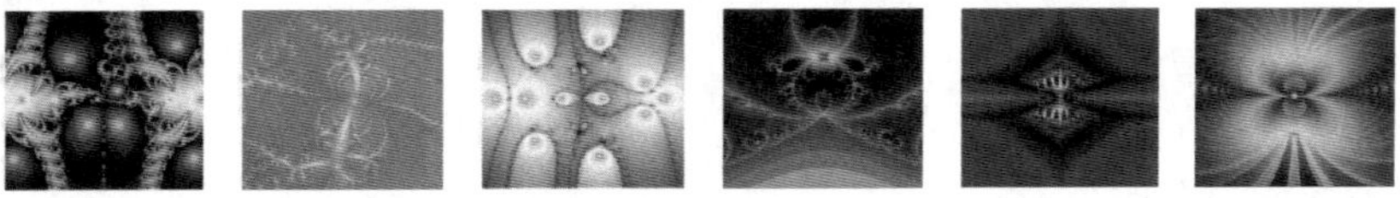

(a)　　　　(b)　　　　(c)　　　　(d)　　　　(e)　　　　(f)

图 4.2.40　牛顿迭代分形（二）

图 4.2.40（a）中的参数值为 $a = 1, b = -3, c = 2, d = 1, e = -3, f = 2, g = 2 + 2i$，着色模式为着色模式 9；

图 4.2.40（b）为图 4.2.40（a）中，中心坐标为 $(1.188775, 1.629049)$，半径 $R = 0.5$ 的局部放大后的效果，着色模式为着色模式 9；

图 4.2.40（c）中的参数值为 $a = 3, b = -3, c = 5, d = 3, e = 3, f = 5, g = 0$，着色模式为着色模式 16；

图 4.2.40（d）为图 4.2.40（c）中，中心坐标为 $(0.41724, 0)$，半径 $R = 0.05$ 的局部放大后的效果，着色模式为着色模式 16；

图 4.2.40（e）中的参数值为

$$a = 12, b = -3, c = 9, d = -7, e = 6, f = 12, g = 21 + 2i$$

着色模式为着色模式 10；

　　图 4.2.40（f）为图 4.2.40（e）中，中心坐标为 $(0.0005, 0.574)$，半径 $R = 0.01$ 的局部放大后的效果，着色模式为着色模式 9；

3. 牛顿迭代分形（三）

牛顿迭代分形（三）的迭代公式中的函数为

$$f(Z) = ae^{bZ} \cos cZ + de^{eZ} \sin fZ + k$$

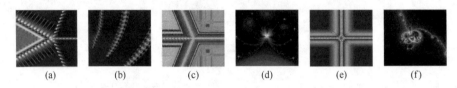

(a)　　　　(b)　　　　(c)　　　　(d)　　　　(e)　　　　(f)

图 4.2.41　牛顿迭代分形（三）

　　图 4.2.41（a）中的参数值为 $a = 1, b = 5, c = 2, d = 4, e = 2, f = 3, k = 3 + 2i$，着色模式为着色模式 9；

　　图 4.2.41（b）为图 4.2.41（a）中，中心坐标为 $(-7.5363, 6.8529)$，半径 $R = 0.015$ 的局部放大后的效果，着色模式为着色模式 9；

　　图 4.2.41（c）中的参数值为 $a = 11, b = -5, c = 2, d = -4, e = 6, f = 6, k = 3 - 7i$，着色模式为着色模式 7；

　　图 4.2.41（d）为图 4.2.41（c）中，中心坐标为 $(-0.61, 0)$，半径 $R = 0.1$ 的局部放大后的效果，着色模式为着色模式 9；

　　图 4.2.41（e）中的参数值为

$$a = 1, b = 8, c = 2\pi, d = 1, e = -8, f = 2\pi, k = 125 - 80i$$

着色模式为着色模式 9；

　　图 4.2.41（f）为图 4.2.41（e）中，中心坐标为 $(0.002, 0.488)$，半径 $R = 0.01$ 的局部放大后的效果，着色模式为着色模式 19.

4. 牛顿迭代分形（四）

牛顿迭代分形（四）的迭代公式中的函数为

$$f(Z) = Z^a \ln(bZ^c + dZ^e + fZ^g + h) + j \sin kZ + p$$

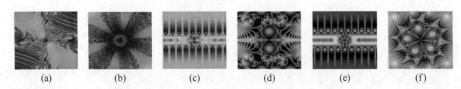

(a)　　　　(b)　　　　(c)　　　　(d)　　　　(e)　　　　(f)

图 4.2.42　牛顿迭代分形（四）

图 4.2.42（a）中的参数值为

$$a=2,b=1,c=2,d=0,e=0,f=0,g=0,h=1,j=0,k=0,p=0.5$$

着色模式为着色模式 2；

　　图 4.2.42（b）为图 4.2.42（a）中，中心坐标为 $(0,0)$，半径 $R=1$ 的局部放大后的效果，着色模式为着色模式 2；

　　图 4.2.42（c）中的参数值为

$$a=-2,b=1,c=4,d=0,e=0,f=0,g=0,h=1000,j=0.05,k=6,p=50$$

着色模式为着色模式 9；

　　图 4.2.42（d）为图 4.2.42（c）中，中心坐标为 $(0,0)$，半径 $R=1$ 的局部放大后的效果，着色模式为着色模式 9；

　　图 4.2.42（e）中的参数值为

$$a=-5,b=1,c=4,d=1,e=-4,f=0,g=0,h=1500,j=0.05,k=6,p=350\mathrm{i}$$

着色模式为着色模式 9；

　　图 4.2.42（f）为图 4.2.42（e）中，中心坐标为 $(0,0)$，半径 $R=1$ 的局部放大后的效果，着色模式为着色模式 9.

5. 牛顿迭代分形（五）

牛顿迭代分形（五）的迭代公式中的函数为

$$f(Z)=\frac{aZ^b+cZ^d+e}{fZ^g+hZ^j+k}$$

　　　(a)　　　　　(b)　　　　　(c)　　　　　(d)　　　　　(e)　　　　　(f)

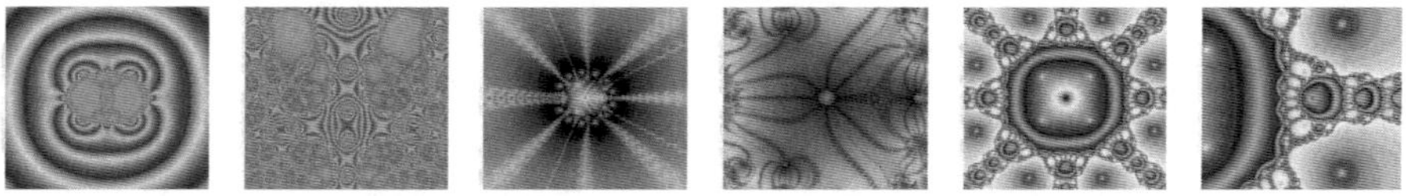

图 4.2.43　牛顿迭代分形（五）

图 4.2.43（a）中的参数值为

$$a=10,b=2,c=0,d=0,f=1,g=4,h=0,j=0,e=-12,k=7$$

着色模式为着色模式 13；

　　图 4.2.43（b）为图 4.2.43（a）中，中心坐标为 $(0,-0.6564)$，半径 $R=0.25$ 的局部放大后的效果，着色模式为着色模式 2；

　　图 4.2.43（c）中的参数值为

$$a=1,b=13,c=0,d=0,f=2,g=5,h=-3,j=2,e=67,k=23$$

着色模式为着色模式 9；

　　图 4.2.43（d）为图 4.2.43（c）中，中心坐标为 $(0,0)$，半径 $R=1$ 的局部放大后的效果，着色模式为着色模式 9；

　　图 4.2.43（e）中的参数值为

$$a=12,b=8,c=0,d=0,f=1,g=8,h=-3,j=4,e=8,k=75$$

着色模式为着色模式 9；

图 4.2.43（f）为图 4.2.43（e）中，中心坐标为 $(0.69479,0)$，半径 $R=1$ 的局部放大后的效果，着色模式为着色模式 9.

赏析　一个数学公式和一个算法（逃逸时间算法）就可绘制出千姿百态、美妙绝伦的分形图，这正是科学技术的威力. 同一个算法，不同的数学公式，所得的分形图就完全不相同，这就是数学的魅力. 分形图具有精细的结构：局部与整体相似，局部与局部相似；分形图也很美，现在已发展成一种艺术称为分形艺术. 用一个数学公式和一个算法来绘制分形图的实质就是"用简单构造复杂，用科学表现艺术".

扫码见 4.2 节中部分影图

参 考 文 献

[1] 邓宗琦. 数学家辞典. 武汉：湖北教育出版社，1990.

[2] 数学辞海编辑委员会. 数学辞海第一卷. 太原：山西教育出版社，2002.

[3] 数学辞海编辑委员会. 数学辞海第六卷. 太原：山西教育出版社，2002.

[4] STILLWELL J. 数学及其历史. 袁向东，冯绪宁，译. 北京：高等教育出版社，2011.

[5] 卡尔·B. 博耶. 数学史（修订版）. 北京：中央编译出版社，2012.

[6] 李雍，顾漫生，郁建辉，等. 数学和谐美. 辽宁：大连理工大学出版社，2009.

[7] 顾沛. 数学文化. 北京：高等教育出版社，2008.

[8] 鲁又文. 数学古今谈. 天津：天津科学技术出版社，1984.

附录 1 高等数学图形系统（MathGS）简介

MathGS 软件系统由华中师范大学数学与统计学学院方文波教授研发，专门为国内高校广大数学教师的数字化教学而打造，是一款拥有完全自主知识产权的国产数学软件. 对教学功能而言，国外数学软件能够做到的，MathGS 也能够做到，国外数学软件不能做到的，MathGS 也能做到，甚至做得更好.

MathGS 的功能和特点可归纳为"三不用十能够".

三不用

1. 不用安装. MathGS 小巧玲珑，文件存储约 200M，可拷入 U 盘，在计算机 Windows 操作系统和 Office 办公软件的计算机上可直接从 U 盘启动.

2. 不用编程. MathGS 所有功能的实现均不用编程，只要具备高中以上数学知识及掌握了基本的 Windows 操作即能使用.

3. 不用手册. MathGS 的功能按类设计成若干模块，每个模块为一个界面，模块的功能在界面上可直接看到，并且一看即懂，一看即会用.

十能够

1. 能够绘制任何显式曲线，并能对绘制的曲线进行诸如更改曲线颜色、线条粗细、图形旋转移动缩放等控制，在一个坐标系中可同时绘制 20 条曲线. 系统还收集整理了 62 条常见曲线和特殊曲线的方程，在绘制这些曲线时您只需单击几次鼠标即可.

2. 能够绘制任何隐式曲线，并能对绘制的曲线进行诸如更改曲线颜色、线条粗细、图形旋转移动缩放等控制. 系统还收集整理了 53 条世界著名曲线，自行设计了 22 条精彩曲线，在绘制这些曲线时只需单击几次鼠标即可.

3. 能够绘制任何空间曲线，能够绘制由参数方程和方程组确定的空间曲线，并能对绘制的曲线进行诸如图形旋转移动缩放以及向坐标轴面投影等控制.

4. 能够绘制任何显式空间曲面，并能对绘制的曲面进行诸如更改着色模式、图形旋转移动缩放等控制，在一个坐标系中可同时绘制 10 个曲面. 系统收集和设计了 74 个精彩的显式曲面，在绘制这些曲面时只需单击几次鼠标即可.

5. 能够绘制任何空间隐式曲面，并能对绘制的曲面进行诸如更改着色模式、图形旋转移动缩放等控制，在绘图区一次只能绘制 1 个曲面. 系统还收集整理了 10 个世界著名曲面，自行设计了 39 个精美曲面，在绘制这些曲面时您只需单击几次鼠标即可.

6. 能够绘制空间柱面，并能动态展示空间柱面的形成过程. 在这里，可以绘制的空间柱面的准线可以是任意空间曲线，母线向量可以是任意向量.

7. 能够绘制旋转曲面，并能动态展示旋转曲面的形成过程. 在这里，可以绘制任何空间曲线绕任何轴旋转所成的旋转曲面.

8. 能够绘制最多由 8 条曲线围成的平面区域，且能消掉每条曲线上的多余部分并填充.

9. 能够绘制最多由 8 个曲面围成的空间立体，并能消掉每个曲面上的多余部分，能绘制各曲面间的交线，能绘制立体在各坐标面上的投影.

10. 能够在同一坐标系中绘制点、曲线、曲面.

附录2　高等数学工具箱（MathTools）简介

MathTools 软件系统由华中师范大学数学与统计学学院方文波教授研发，其主界面如下.

MathTools 中有 27 个工具，分为 5 类：

1. 计算类 1 个：求值器.

2. 动画类 10 个：摆线动画、内摆线动画、外摆线动画、运动轨迹、空间曲线动画、阿基米德螺线、箕舌线、蔓叶线、直纹曲面、圆锥曲线定义.

3. 知识点专题类 13 个：割圆术、数列极限、函数逼近、曲边梯形面积、曲顶柱体体积、曲线的切线、中值定理、劈锥体、偏导数、平面多边形、多面体、动力系统、无穷级数.

4. 图形变换类 1 个：线性变换.

5. 分形类 2 个：实迭代分形和复迭代分形.

求值器能计算任意最多 9 元函数的函数值；10 个动画类工具可以用来绘制相关曲线或演示曲线的绘制过程，在空间曲线动画工具中还可以绘制填充区域；13 个知识点专题类工具均可用来对相关知识点进行自主学习；线性变换工具用来研究二维和三维图形变换；2 个分形类工具可以绘制各类分形图.